Motor Fan

illustrated Vol. 19

4WD·MT/DCT 완전이해

GoldenBell

Motor Fan
illustrated *Special Edition*
CONTENTS

004

도해특집 **4륜구동(4WD)의 새로운 가치**

062 도해특집 MT / DCT 완전이해

MT와 그 주변 기술은 이제부터 점점 중요해진다

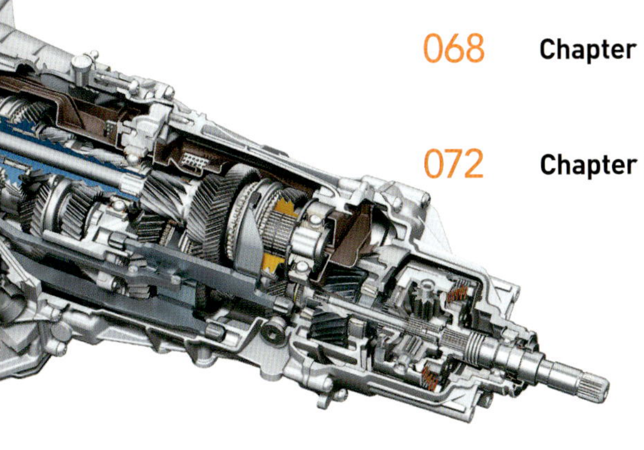

川 302
さ 31-46

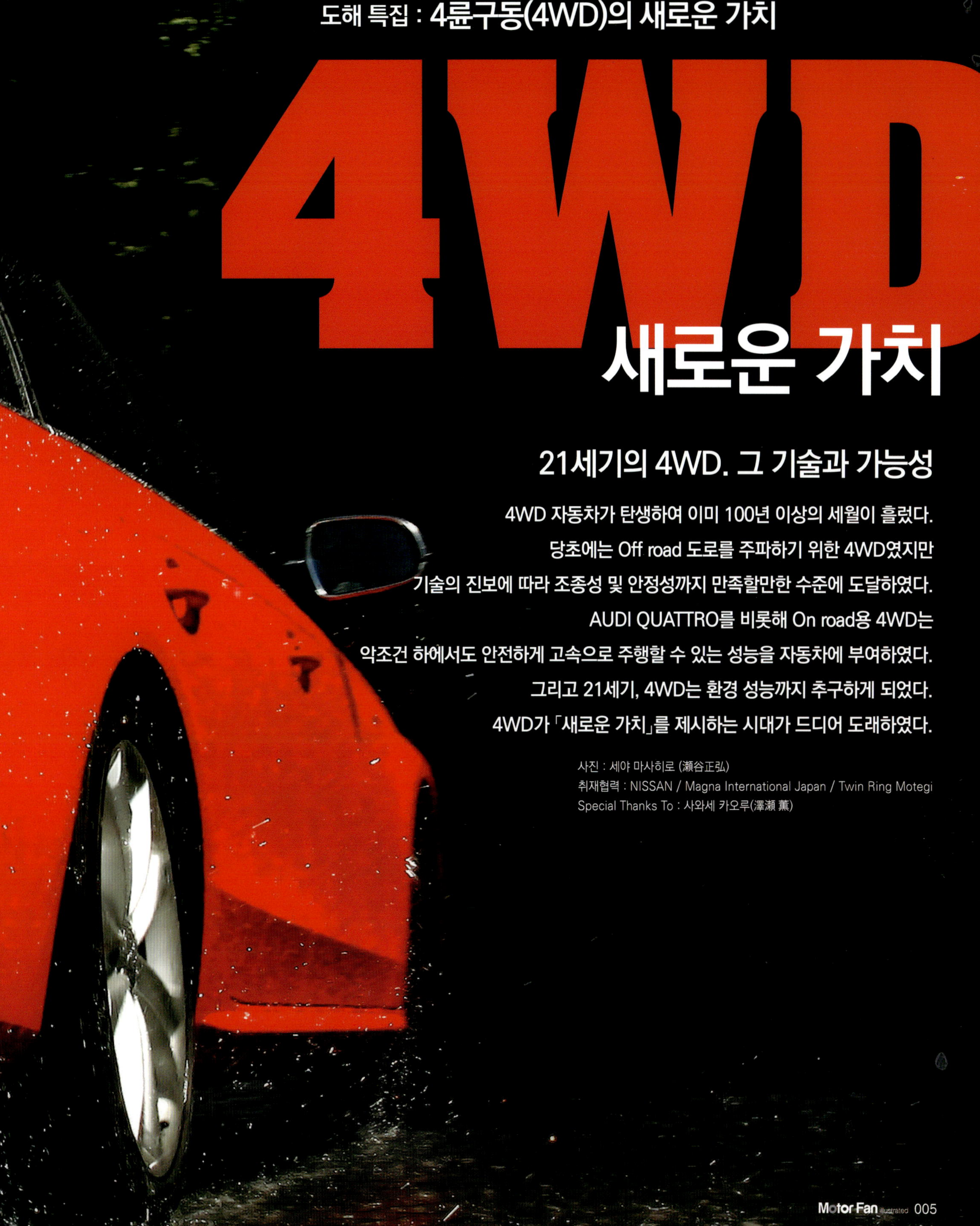

도해 특집 : 4륜구동(4WD)의 새로운 가치

4WD
새로운 가치

21세기의 4WD. 그 기술과 가능성

4WD 자동차가 탄생하여 이미 100년 이상의 세월이 흘렀다.
당초에는 Off road 도로를 주파하기 위한 4WD였지만
기술의 진보에 따라 조종성 및 안정성까지 만족할만한 수준에 도달하였다.
AUDI QUATTRO를 비롯해 On road용 4WD는
악조건 하에서도 안전하게 고속으로 주행할 수 있는 성능을 자동차에 부여하였다.
그리고 21세기, 4WD는 환경 성능까지 추구하게 되었다.
4WD가 「새로운 가치」를 제시하는 시대가 드디어 도래하였다.

사진 : 세야 마사히로 (瀨谷正弘)
취재협력 : NISSAN / Magna International Japan / Twin Ring Motegi
Special Thanks To : 사와세 카오루(澤瀨 薰)

최근의 4WD 분류방법 2가지

4WD에는 여러 가지의 방식이 있으며 그 분류 방법은 관점에 따라 다양하다.
여기에서는 모든 차륜을 「구동륜」으로 한 상태에서 자동차로서의 조종성 · 운동성을 이상적으로 얻을 수 있는지의 여부,
그리고 자유도에 큰 영향을 미치는 센터 디퍼렌셜이 설치되어 있는지의 여부에 따라 분류하였다.

글 : 마키노 시게오 (牧野茂雄)　　삽화: 쿠마가이 토시나오 (熊谷敏直)

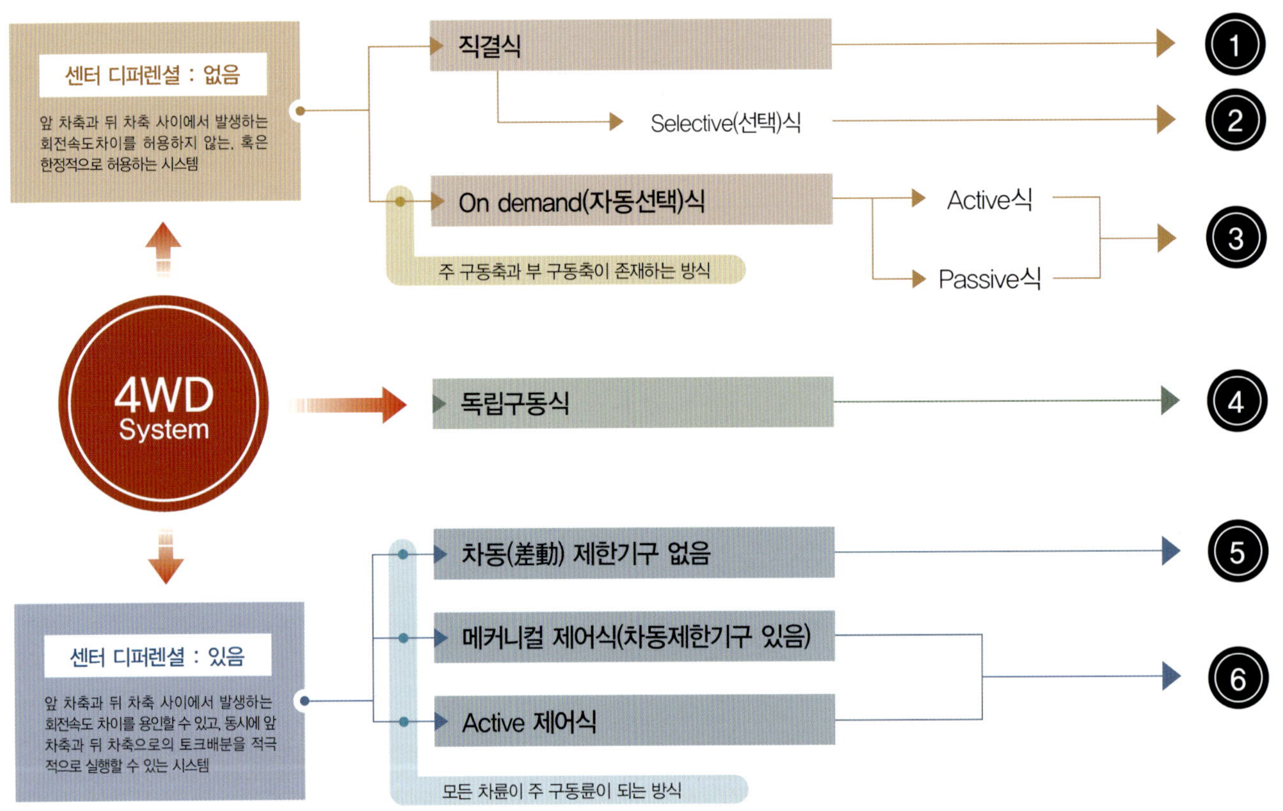

● Full time인지 아닌지...가 아니다

　4WD는 「앞으로 나아가기 위한 수단」이다. 가령 직결 4WD에서도, 직진상태로 「앞으로 전진」하는 것만을 생각한다면 어떤 2WD보다 뛰어나다. 그러나 선회성능을 고려하면 4WD는 곧바로 어려움에 처한다. 「앞으로 나아가는 힘의 세기」와 「선회 용이성」의 균형을 어떻게 유지할지, 주파성과 선회성의 균형을 어떻게 취하며, 가급적 타협하지 않고 양립시킬 수 있을까? 이것이 설계자가 고심하는 부분이다. 이런 「밸런스」에 크게 기여하는 것이 센터 디퍼렌셜이다. 앞 차축과 뒤 차축 사이에서 발생하는 회전 속도 차이를 흡수할뿐만 아니라, 더욱이 구동력을 항상 4륜에 전달한다. 순수한 성능면에서는 센터 디퍼렌셜보다 우수한 것은 없을 것이다. 그래서 4WD 시스템을 센터 디퍼렌셜의 유무에 따라 분류하였다.

엔진을 모두 횡배치한 방식에 대응

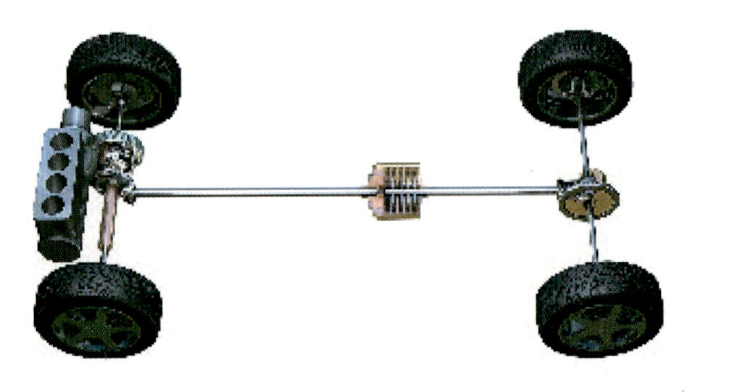

오른쪽 페이지의 삽화는 엔진을 종배치한 방식이다. 하나로 통일하는 것이 알기는 쉽겠지만, 다수의 엔진 횡배치 방식이 실제로 존재할 뿐만 아니라, FF/FR 및 미드쉽이나 RR방식도 있다.

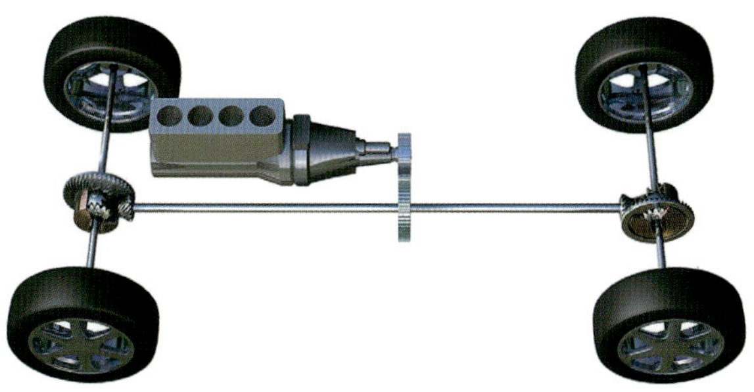

1 : 오프로드 전용 저속차에 사용가능한 방식

엔진 출력을 1개의 공통 축을 이용하여 앞뒤로 배분하는 구조로 농업기계 등 특수용도 분야에서 사용하고 있다. 앞/뒤 차축에는 각각 좌/우륜간의 회전속도차를 흡수할 수 있는 디퍼렌셜 기어가 설치되어 있는데, 전/후륜의 접지 하중에 따라 구동력이 자동적으로 배분되어, 항상 최대의 구동력을 노면에 전달할 수 있다. 4륜 모두가 주 구동륜이 되지만, 전/후 차축간의 회전속도차를 허용하는 장치가 없어 선회성이 불량하여 자동차에 적용할 수는 없다.

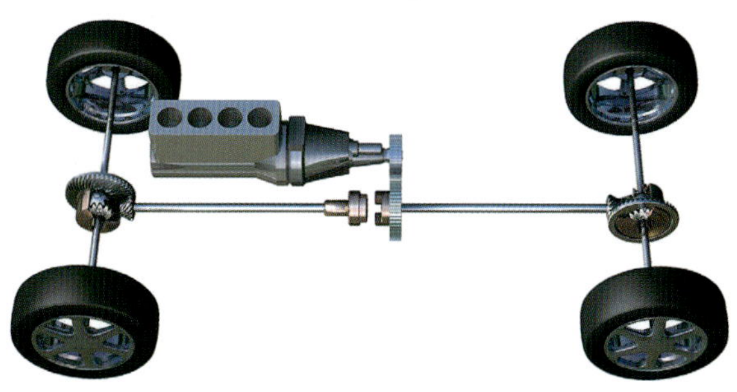

2 : 고전적인 2WD / 4WD 전환 방식

보통때는 2WD로 주행하다가 필요할 때에만 4WD로 전환하는 방식이다. 2WD일 때는 엔진 출력이 2륜 (주 구동륜)으로만 전달되지만, 4WD로 전환하면 엔진 출력은 4륜에 배분되어 직결식 4WD가 되면서 4륜을 주구동륜으로 사용할 수 있다. 현재도 오프로드 4WD 자동차에서 널리 이용되고 있지만, 4WD 상태에서는 직결 4WD의 이점과 결점이 동시에 나타난다. 전환은 운전자가 수동으로 실행하기 때문에 운전자의 판단에 맡겨진다.

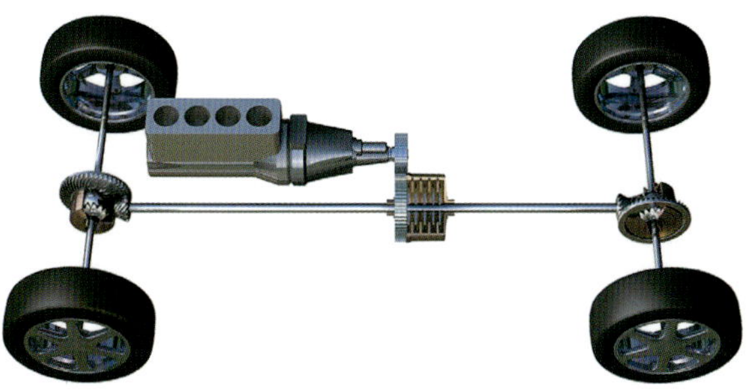

3 : 상황에 따라서 4WD로 자동 전환되는 방식

전륜이나 후륜 중 하나를 주 구동륜으로 하고, 상황에 따라서 주 구동륜뿐만 아니라 나머지 2륜을 포함, 모든 바퀴로 구동력을 전달하는 방식이다. 노면의 반력을 이용한 패시브(수동)식과, 여러가지 정보에 근거하여 컴퓨터가 판단을 내리는 능동방식이 있다. 토크 분할(Torque split)방식이라고도 하며 특히 전자 제어 방식은 능동 토크 분할방식이라고 한다. 전/후 차축간의 회전속도차를 어느 정도 허용할 수 있는 시스템도 있으며, 최근에는 사용빈도가 증가하고 있다.

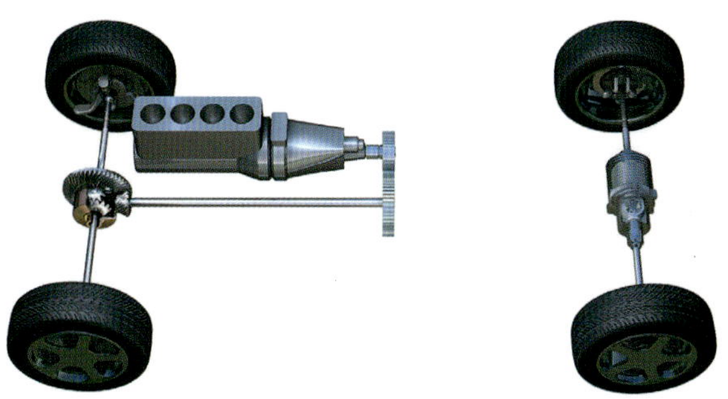

4 : 가능성을 가지고 있는 전기모터 추가 방식

앞 차축이나 뒤 차축 중 어느 한 쪽만을 엔진으로 구동(위의 삽화에서는 전륜) 하고, 필요에 따라서 다른 차축을 부구동륜으로서 전기모터로 구동시키는 방식이다. 하이브리드방식 또는 「e-4WD」라고도 한다. 기계적으로 전/후 차축이 연결되어 있지 않기 때문에 회전 간섭(회전 구속)은 발생하지 않는다. 미드쉽 엔진으로 뒤 차축을 구동륜으로 하는 스포츠카의 앞 차축에 사용할 수도 있으며, 앞으로 기대되는 방식이라고 할 수 있다.

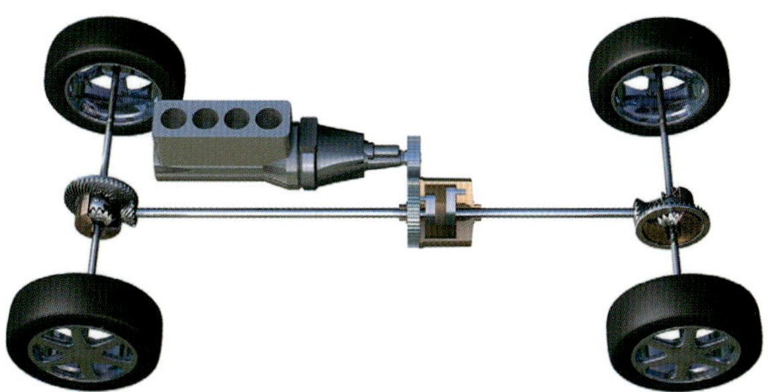

5 : 사실은 20세기 초에도 사용했던 방식

센터 디퍼렌셜에 의해 전/후 차축 간의 회전차를 허용하고, 동시에 4륜을 주구동륜으로 이용할 수 있는 방식은, 내연기관을 탑재한 4륜 자동차가 등장한 지 얼마 되지 않은 무렵에 고안되었다. 그러나 일반적인 베벨기어 또는 유성 기어를 사용하는 센터 디퍼렌셜의 경우, 전/후 차축에서 어느 쪽이든 좌/우 한 쪽 바퀴가 공전하면(접지력이 제로가 되면), 공전하지 않는 나머지 차륜에는 구동력이 전달되지 않기 때문에, 이 방식에서는 디퍼렌셜을 로크하는 기구가 필요하다.

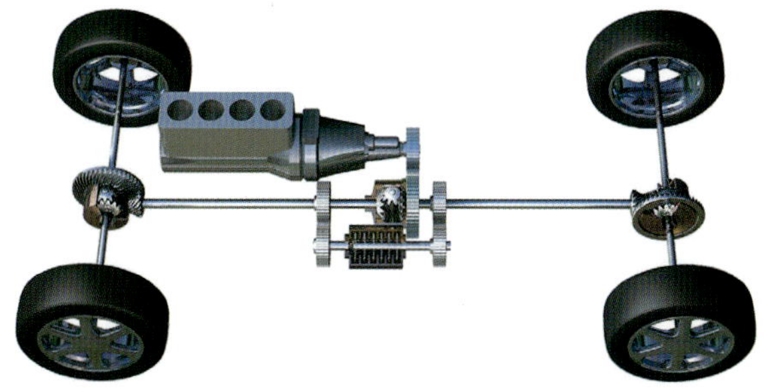

6 : 전/후 차축 사이에 차동제한 기구를 설치한 방식

왼쪽 그림은 센터 디퍼렌셜만을 설치한 방식이지만, 여기에 전/후 차축 사이에 차동제한 기구를 설치하면 한 쪽 바퀴가 공전하는 경우라도 반대쪽 차륜의 구동력을 상실하지 않게 된다. 현재의 센터 디퍼렌셜식 4WD는, 기계식 다판 클러치나 비스코스 커플링, 전자 제어식 등 반드시 어떤 형식이든 차동제한 기구를 갖추고 있다. 차동을 제한하면 전/후 차축의 구동력 배분이 일정한 범위내에서 변하며, 완전히 로크한 경우는 직결 4WD로 된다. 주파성과 운동성을 양립시키기 위한 최적의 방식이다.

상품성 측면에서 고찰한 4WD 자동차의 분류

과거의 4WD 자동차의 설계는 주파 성능과 선회 성능의 밸런스가 핵심이었다.
그러나 요즈음은 이것에 「연비」와 「비용」이 추가되면서, 오히려 연비와 비용에 더 무게를 두게 되었다.
상품성 측면에서 4WD를 고찰하면, 앞 페이지에서 살펴 본 기능 측면에서의 분류와는 또 다른 분류가 된다.

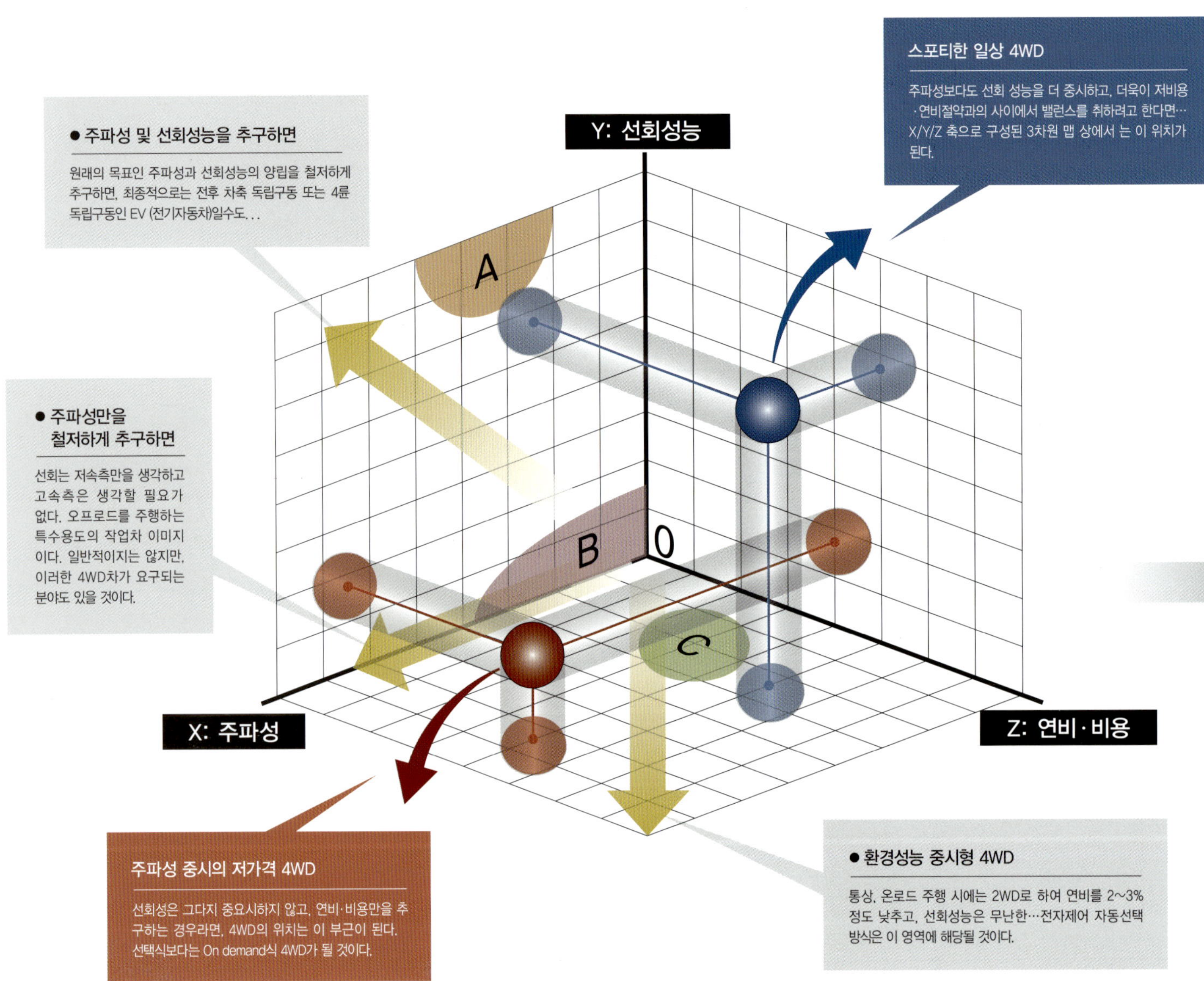

위의 그림은 주파성/선회 성능/연비·비용을 3개의 축으로 하는 3차원 그래프이다. 그중, 몇 가지 4WD 자동차의 모습을 생각해 보았다.

우선 주파성은 말할 필요도 없이 4WD의 최대 세일즈 포인트이다. 선회 성능은 일상적인 영역에서부터 스포츠 주행까지를 고려했을 때 「회전 용이성」인데, 회전 성능은 주파성과의 양립이 어렵다. 연비·비용은 오늘날 중요시되고 있는 「환경 성능」이다. 사용단계에서의 CO_2 (이산화탄소) 배출량을 나타내는 연비뿐만 아니라 설계에 어느 정도의 Man power가 관여했는지, 제조단계에서는 어느 정도의 CO_2를 배출하게 될지 등, 관계되는 모든 「비용」을 함께 생각해 보기로 하였다.

차례대로 설명해보자. 가령 X축과 Y축으로 구성된 평면에 위치하는 A의 영역은 아주 높은 선회성능을 유지하면서 어느 정도의 주파성능을 중시한 AUDI A4와 같은 온로드 4WD이다. 마찬가지로 X, Y 평면에서 B영역은 주파성이 무난한 A/B세그먼트의 일반 용도의 4WD이다. 엔진토크가 작고 부 구동축의 강도도 낮은 전환식 4WD가 머리에 떠오른다.

X축과 Z축으로 구성되는 평면에서 C영역은 어느 정도의 주파성을 유지하면서도 비용을 중시한 B세그먼트의 On demand방식 4WD이다. 이 연장선상에는 엔진 토크가 크고 주파성도 상당히 높은 전자제어 On demand 방식 4WD가 위치할 것이다. 앞에서 말한 B영역과는 가격적으로 비슷하지만, 선회성능이라는 지표로 본 위치를 나타내고 있지 않기 때문에 그것은 추측을 할 수밖에 없다. 선회성능까지 고려한 XYZ 3축의 3차원에서는 혹시 B와 C는 겹칠지도 모른다.

그러면 3차원으로 생각해보자. 파란 공이 허공에 떠 있듯이 그려져 있다. 여기에 위치하는 4WD 자동차는

실제의 도로상에서 만나는 장면

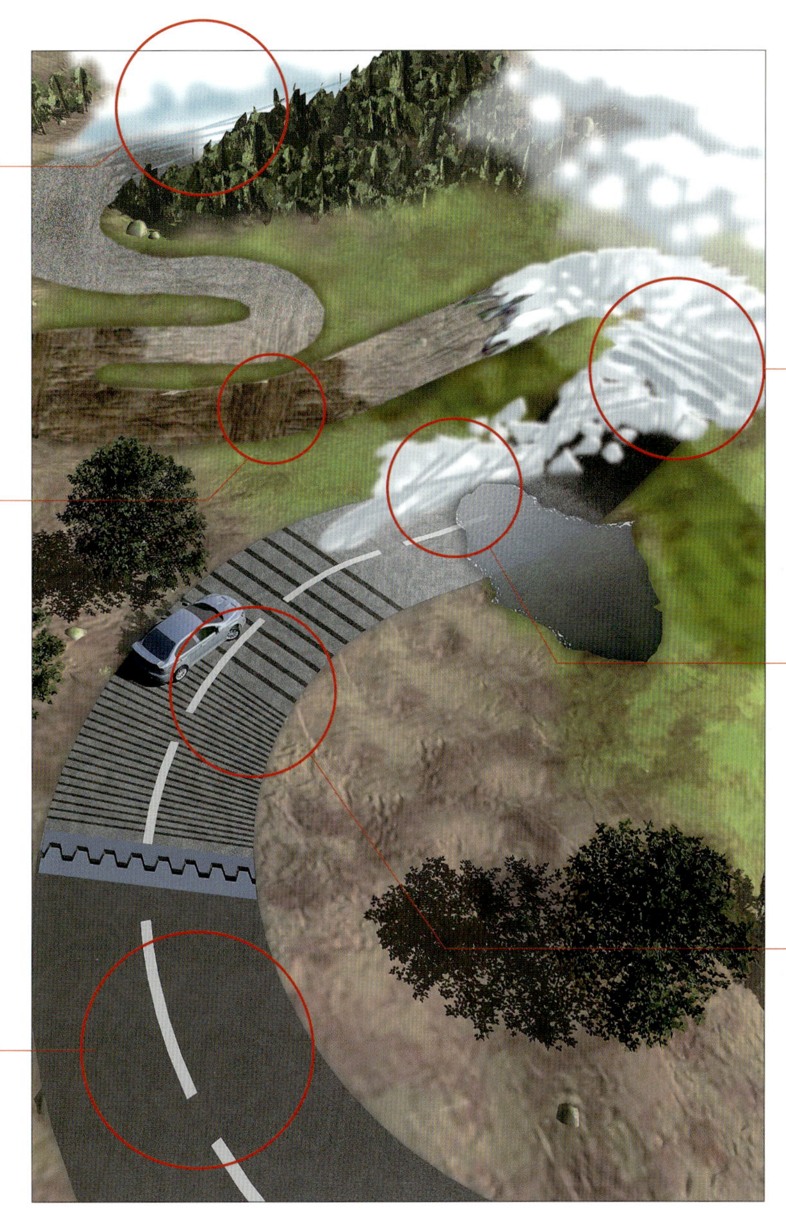

동결된 산악 포장도로

완전히 동결된 도로에서는 노면의 마찰계수가 매우 낮다. 마찰계수가 아주 낮은 도로에서 원활하고 안전하게 달릴 수 있는 성능을, 스태빌리티(stability) 컨트롤에 의한 브레이크 제어와 4WD에 의한 「구동」으로 어떻게 실현할 것인가 하는 문제가 가장 어려운 점일 것이다.

흙길(dirt) & 자갈길

직진상태라면 직결 4WD가 가장 강점인 노면 상황이다. 포장도로가 아니면 커브를 돌기 어려운 단점도 그다지 표면상으로 나타나지 않는다. 선택식 4WD가 활약할 수 있는 도로는 일본내에서도 아직 많다.

고속도로

2~3%의 모드연비 개선은, 소비자에게는 실감이 나지 않겠지만 자동차 메이커로서는 신경을 써야 할 부분이다. 포장도로에서는 2WD로 하고 싶은 요구가 여기에서 나온다. 그렇지 않으면 운동성능을 중시하여 센터 디퍼렌셜식을 선택할 수도…

비포장도로에 쌓인 눈

스키장과 같은 요철이 있는 적설도로도, 눈이 많이 오는 한랭지에서는 드물지 않다. 일본의 국토는 약 7할이 적설 한랭지이다. 스터드리스 타이어(studless tire)의 성능향상이 2WD차의 활동권을 넓혔다고는 말할 수 있지만, 이와 같이 마찰계수가 낮은 도로에서는 4WD의 신뢰감에 의지하고 싶어진다.

물과 얼음의 마찰계수 차이 μ

좌측 차륜은 동결된 눈 위에 있고, 우측 차륜은 녹은 눈이 만든 물웅덩이에 있다. 산기슭의 도로에서는 흔히 볼 수 있는 상황이다. 좌/우륜이 각각 마찰계수가 다른 노면 위에 있는 「분할 μ」에서는 차동제한 기구를 갖춘 센터 디퍼렌셜차가 진가를 발휘한다.

거칠어진 포장도로

4륜으로 지면을 걷어차듯 주행해야 안정된 상황이 연출되는 곳 중의 하나가 거칠어진 포장도로이다. 이런 도로를 On demand방식에 맡길것인지, 아니면 전천후성을 중시하여 센터 디퍼렌셜로 할 것인지. 또한 차동제한 기구의 튜닝까지를 포함하여 개발진의 실력이 증명되는 곳이다.

「선회 성능을 중시하면서 연비·비용과의 사이에서 밸런스를 취한다」고 하는 성격이 될 것이다. 다른 하나의 갈색 공은 주파성을 중시하고 비용도 어느 정도 억제한 On demand 4WD의 이미지이다. 다만 여기에 나타낸 3개의 「평면」 위에 위치를 표시한다면, 3차원 공간상에서는 교차하지 않게 된다. 청색과 갈색의 공은 가공의 상품이라고 말할 수도 있다.

그러나 실제로 개발 과정에서 성능·기능의 균형점을 찾아낸다면 이 두 개의 공과 같은 가공의 타협점을 찾는 상황이 되는 것은 아닐까? 특히 최근에는 연비와 비용을 중시하는 경향이 높다. 「방향설정에 어려움을 겪을때는 연비·비용을 선택한다」는 암묵적 약속으로 4WD를 만드는 예도 많다고 듣고 있다. 이 그래프에 그려진 공과 같이 「잘 생각해보면 미묘하게 계산이 잘 맞지 않는다」라는 점이 개발현장의 고민거리일 수도 있겠다는 생각이 든다.

문제는 실제의 노상에서 어떤 성능을 발휘할 수 있을지… 이다. 실제 상황에서는 가공의 해석이 들어 갈 여지가 없다. 거기서 일어난 현상이 전부이다. 따라서 4WD의 개발에서는 2WD 이상으로 주행 시험이 중요하다.

따라서 북반구가 여름이라면 남반구로 혹은 그 반대로 눈을 찾아 시험장소를 이동하곤 한다. 눈이 많이 오는 한랭지에서 재현성이 있는 차량 실험을 하기 위해 그러한 지역에 테스트 코스를 만든다.

4WD의 상품화 예로서는, 일본이 아마도 전 세계에서 top 일 것이다. 미국에는 선택식 픽업 트럭이 많지만, 고속 온로드 4WD는 거의 없다. 일본은 선택식 4WD 경자동차로부터 Subaru WRX STI나 Nissan GT-R과 같은 스포츠 4WD까지 실로 라인업이 풍부하다. 개발 경험이 풍부하다는 점은 일본의 큰 재산이다.

4WD 테크닉 트렌드

4WD가 등장한지 100년 이상의 세월이 흘렀다. 각 시대의 기술자들은 지혜를 짜내어
「앞으로 나아간다」와 「자유자재로 선회한다」의 양립을 지향하며 개발을 계속해 왔다.

FILE 01

고성능 4WD의
차량 제원과 구동력 배분

4바퀴로 지면을 차면서 달리는 주파 성능의 크기는 4WD 자동차만의 매력이다.
그러나 「앞으로 나아간다」는 것과 「선회한다」는 것을 양립시키기는 쉽지 않다.
자동차의 기본적인 제원은 주파성 및 선회 성능과 깊은 관계를 가지고 있다.

글 : 마키노 시게오 (牧野茂雄)   삽화 : 쿠마가이 토시나오 (熊谷敏直)

후륜의 구동력으로 FR처럼 선회한다.

이 사진은 1980년대 전반의 WRC (세계랠리 선수권)를 겨룬 AUDI의
QUATTRO이다. 주행 궤적과 차체의 슬립 앵글을 그리면 위의 그림과 같이
된다. 마치 FR차와 같은 자세인데, 이것은 구동력과 타이어의 그립(grip)력
및 전/후 구동력 배분의 밸런스에 의한 것이다.

● 전/후륜의 차륜속도는 어떻게 될까?

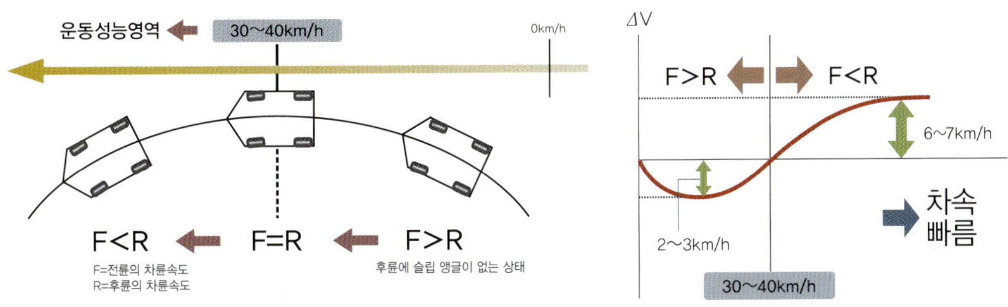

왼쪽의 그림은 FF 베이스의 4WD 자동차이다. 조향핸들을 꺾어 일정한 반경의 원을 선회할 때, 어느 속도까지는 전륜의 차륜 속도가 후륜보다 빠르다. 이때, 후륜의 슬립각은 매우 작다. 차속이 상승하면 후륜의 차륜 속도가 전륜보다 빠르다. 당연히 차체 슬립각도 변한다. 오른쪽은 이런 관계를 나타낸 그래프이다. 어느 차속에 도달하면 전/후륜의 차륜속도 차이가 한계점에 도달하게 된다. 구동이나 타행(惰行)에 관계없이 이 관계는 성립한다.

● 이상적인 구동력의 전/후 배분비

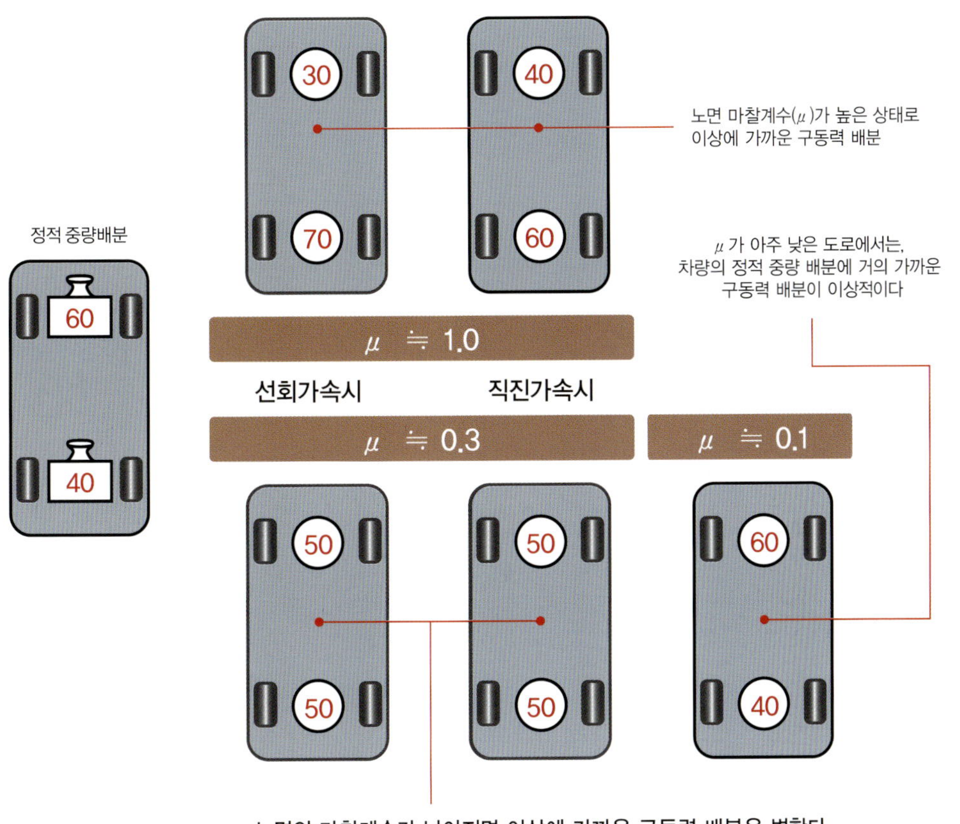

노면의 마찰계수가 낮아지면 이상에 가까운 구동력 배분은 변한다

가장 초기의 아우디 콰트로는 센터에 오픈 디퍼렌셜을 사용하고, 구동력 배분은 50 대 50이었다. 약점은 바퀴 하나가 공전하면 나머지 모든 차륜의 구동력이 상실되는 것이었다.

축간거리를 짧게 하고 차륜거리를 확대한 쇼트 콰트로는 선회 성능 향상을 위한 수단이었다. 위의 사진과 비교해보면 축간거리의 차이를 알 수 있다.

1985년의 WRC에서는, 엔진 출력의 향상에 맞추어 차륜거리를 더욱 확대한 콰트로가 그룹 B에 출전했다. 다운 포스(down force)를 얻기 위한 공기 역학 부품에 유의.

우선 위의 그림을 보자. 정적인 상태에서의 전/후 축중 밸런스가 앞 60 : 뒤 40인 FF 베이스의 Full time 4WD 자동차이다. 초기의 Audi QUATTRO나 LANCER EVOLUTION Series, Subaru WRX STI 등을 떠올린다면 틀림이 없다. 이들 자동차에서 이상적인 전/후 차축의 구동력 배분은 어느 정도일까. 실제로 개발을 담당한 엔지니어에게 물어보았다.

우선, 서킷과 같이 깨끗한 포장도로가 완전히 건조된 (노면이 젖지 않은) 상태에서는 노면의 μ(마찰계수)가 거의 1에 가깝다. 이 때, 가속하면서 코너링을 한다면, 뒤 차축에 70% 정도의 구동력을 배분하는 것이 이상적이라고 한다. 이때에 일시적으로 1g에 가까운 직진 가속을

하는 경우는, 앞 차축의 구동력을 조금 증가시키는 것이 좋다. 다만, FF 베이스의 토크 분할형 4WD에서 뒤 차축에 70%의 구동력을 배분한다면, 회전간섭이 일어나 반대로 돌리기가 어려워진다. (*1g=9.8㎧)

예를 들면 WRX STI는, 정적인 하중은 앞 차축이 더 크지만 구동력 배분은 뒤 차축이 약 60%이다. 후륜의 마찰원을 구동방향으로 넉넉하게 사용하고, 앞바퀴에는 여력을 갖게 해 두려는 사고방식이다. 토크 벡터링 장치를 구비한 랜서 에볼루션 X는, 마찰계수가 높은 포장도로에서 풀 스로틀로 주행 할 때에도 후륜의 구동력 배분은 약 60%가 이상적이라고 한다. 스포츠시리즈 풀타임 4WD의 전/후 차축 구동력 배분을 결정하는 데 있어서,

구동력, 전/후 축중, 축간거리와 차륜거리의 비율, 더 나아가서는 서스펜션 스트로크나 롤센터 등의 차량 제원이 주행 성능에 큰 영향을 미친다.

노면의 μ가 낮아지면 앞바퀴가 담당하는 구동력을 증가시키는 것이 좋다. μ=0.3이라면 조건이 나쁜 눈 쌓인 도로등인데, 이때의 구동력 배분은 앞 50 : 뒤 50의 균등배분이 이상적 이라고 한다. μ=0.1인 빙상이라면, 정적 하중 배분과 같은 정도의 앞 60 : 뒤 40의 비율이 주행하기 쉽다. 토크벡터링 기능을 갖춘 자동차라도 μ가 낮은 도로에서 직진가속시에는 앞 50 : 뒤 50의 배분이 주행 시간 단축에는 적합하다고 한다.

연비 시대의 일상생활 4WD는 토크 분할 방식이 주류이다.

전세계에서 4WD 자동차의 주요 수요국가들은 일본과 북미이다.
인간의 생활권에서, 눈이 내려 쌓인 비탈길을 넘나들며 생활해야만 하는 지역에서
4WD 자동차에 요구되는 최우선 사항은 「차량 가격과 유지비」가 싸야 한다는 것이다.

글 : 마키노 시게오 (牧野茂雄)

2WD 자동차를 4WD화 하면, 추가하는 부품만큼 중량과 비용이 증가한다. 취미성이 강한 스포츠 4WD는 별도이지만, 일상생활 중에서 4WD를 필요로 하는 사람들에게는 값싸고 가벼운 것이 제일이다. 한마디로 4WD라고 하여도, 그 요구사항이 다양하므로 이들을 충족시키기 위한 수단이 자동차 등장이래 계속 연구되고 있다.

그 역사의 서술은 다음 기회로 미루자. 생활필수품 및 플러스 알파로서의 4WD시스템의 발전은, 선택식(Selective)에서 비스코스 커플링 그리고 토크분할(On demand) 방식으로 이루어지고 있다. 한때 일본에서는

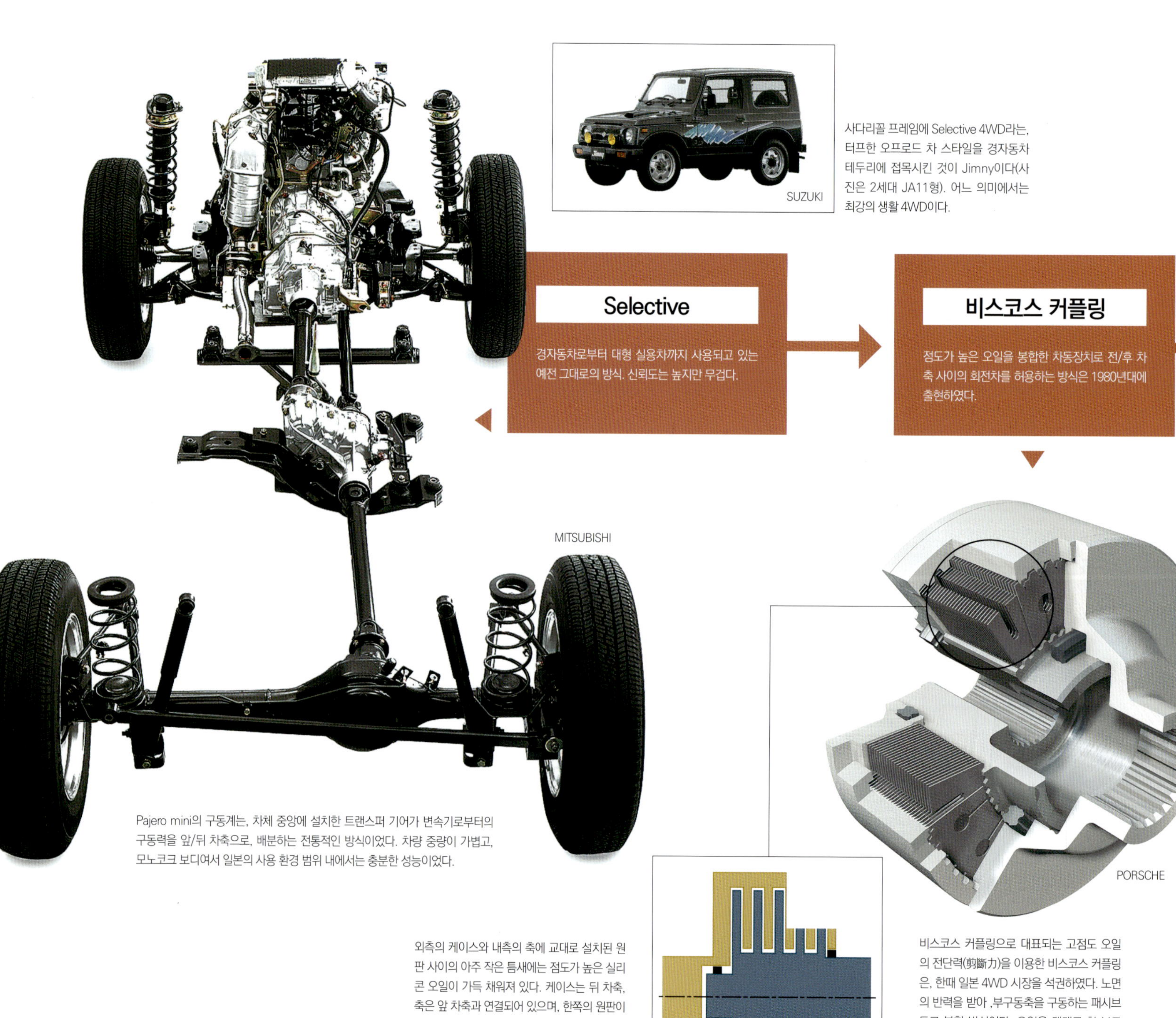

사다리꼴 프레임에 Selective 4WD라는, 터프한 오프로드 차 스타일을 경자동차 테두리에 접목시킨 것이 Jimny이다(사진은 2세대 JA11형). 어느 의미에서는 최강의 생활 4WD이다.

Selective
경자동차로부터 대형 실용차까지 사용되고 있는 예전 그대로의 방식. 신뢰도는 높지만 무겁다.

비스코스 커플링
점도가 높은 오일을 봉합한 차동장치로 전/후 차축 사이의 회전차를 허용하는 방식은 1980년대에 출현하였다.

Pajero mini의 구동계는, 차체 중앙에 설치한 트랜스퍼 기어가 변속기로부터의 구동력을 앞/뒤 차축으로, 배분하는 전통적인 방식이었다. 차량 중량이 가볍고, 모노코크 보디여서 일본의 사용 환경 범위 내에서는 충분한 성능이었다.

외측의 케이스와 내측의 축에 교대로 설치된 원판 사이의 아주 작은 틈새에는 점도가 높은 실리콘 오일이 가득 채워져 있다. 케이스는 뒤 차축, 축은 앞 차축과 연결되어 있으며, 한쪽의 원판이 회전하면 그 움직임이 다른 한쪽의 원판에 전달된다.

비스코스 커플링으로 대표되는 고점도 오일의 전단력(剪斷力)을 이용한 비스코스 커플링은, 한때 일본 4WD 시장을 석권하였다. 노면의 반력을 받아 ,부구동축을 구동하는 패시브 토크 분할 방식이다. 오일을 매개로 한 부드러운 토크의 전달과 낮은 가격이 특징이다.

소형 해치백 차에서도 센터 디퍼렌셜식 4WD가 채용되었지만, 그 용도는 랠리 경기의 베이스 차나 취미용 자동차였으며, 생활 4WD라기 보다는 특수한 것이다.

험로의 주파성으로 본다면, 코너링을 고려하지 않으면 아직도 직결 4WD가 가장 좋다. 그러나 시스템 중량이 늘어난다. 그래서 주목받은 것이 비스코스 커플링이었다. 1980년대 중반 이후에 채용되는 사례가 늘어났고 일본에서는 경자동차의 4WD에서도 채용되었다. 비스코스 커플링은 「노면 그대로」의 자동(이라기보다 노면의 상태에 맡기는) 제어로서, 제어 기구가 별도로 필요하지 않아

비용 면에서 유리하기 때문에, 지금도 사용되고 있다.

1980년대 후반부터 1990년대 초반에는 비스코스 커플링이 유행하였다. 그러나 1990년대 중반 이후는 각종 센서의 가격이 안정되었고, 동시에 연산장치인 컴퓨터도 점점 고속화 · 저가격화 되었다. 이들을 사용하여 적극적으로 구동력을 제어하기 시작하게 되면서, 시스템 가격을 억제한 전자제어 커플링 방식이 1990년대 말 이후는 일약 주류로 부상하였다. 이른바 능동적 토크분할 방식이다. 더욱이 센터 디퍼렌셜이 아닌 이 기구를 사용한 스포츠 4WD도 등장하고 있다.

어느 4WD 기구를 선택할지는 자동차의 용도나 가격대, 지향하는 성능 등에 따라 달라진다 (P26~27 참조). 다만 이것과는 별개로 기술적 유행이라는 요소도 작용한다.

이런 상황에서 미래의 생활 4WD를 예측해보면, 당분간은 비스코스 커플링과 능동 토크분할의 시대가 계속될 것으로 생각된다. 더 먼 미래에는, 주 구동축과는 완전히 독립된 전기모터에 의한 전동 4WD도 가능성이 있다. 전/후 차축간의 회전간섭이 없다는 점이 큰 장점이며 그 용도가 매우 넓다고 할 수 있다.

주 구동축에서 부 구동축으로의 토크전달을 주행상황을 판단하여 적극 제어하는 방식이다. 비스코스 커플링이 패시브라면, 이 방식은 능동적 시스템이다. 오른쪽 사진은 예전에 VW Golf 「4 Motion」에 탑재된 HALDEX사의 시스템이며, 오른쪽 아래는 가장 새로운 자사의 시스템이다. 현재는 JTEKT나 GKN이 같은 시스템이 있어 선택의 폭이 넓다.

토크분할 방식

센서류의 저가격화와 컴퓨터의 고성능화에 따라, 다판클러치를 사용한 커플링을 전자(電子) 제어하는 방식이 도입되었다.

전자제어 커플링의 하나인 GKN의 EMCD. 다른 페이지에서도 설명하고 있지만, 전자 솔레노이드의 작동으로 볼을 캠 홈의 임의의 위치로 이동시켜 클러치의 압착력을 생성한다. 부 구동축으로의 최대 토크 분할을 어떻게 설정할지는 선택의 폭이 상당히 넓다.

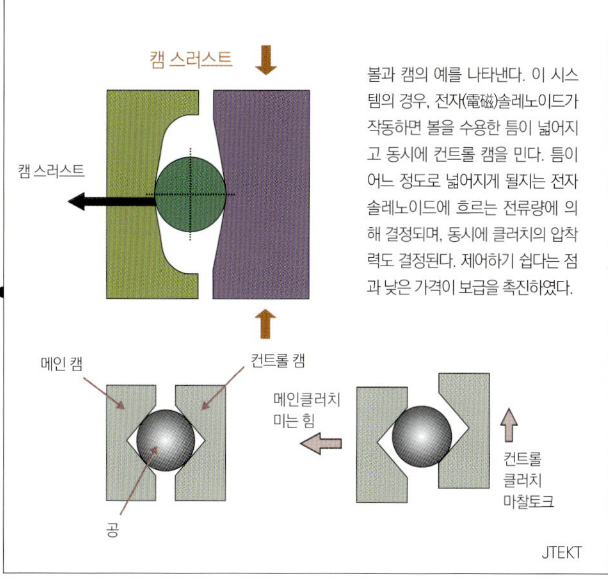

볼과 캠의 예를 나타낸다. 이 시스템의 경우, 전자(電磁)솔레노이드가 작동하면 볼을 수용한 틈이 넓어지고 동시에 컨트롤 캠을 민다. 틈이 어느 정도로 넓어지게 될지는 전자 솔레노이드에 흐르는 전류량에 의해 결정되며, 동시에 클러치의 압착력도 결정된다. 제어하기 쉽다는 점과 낮은 가격이 보급을 촉진하였다.

4WD의 Technical history

자동차는 어떻게 총륜구동을 하게 된 것일까?

자동차의 총륜구동 역사는 의외로 길다. 더욱이 그 방식에는 여러 가지가 있다.
어떤 상황에서 보다 빠르고 확실하게 주파하기 위하여, 4WD라는 새로운 방식을 도입하였다.
여러 가지 총륜구동 시스템들을 시대 배경과 함께 살펴보자.

글 : 사와무라 신타로(沢村慎太郎)

그림 1 Spiker 4WD

그림 2 Bugatti T53

그림 3 Willys Jeep

4륜구동차, 여명기(黎明期)

흔히 우리는, 앞 차축과 뒤차축을 직결하고 상황에 따라서 동력을 단속하는 파트타임 식으로부터, 센터 디퍼렌셜이 설치된 풀타임 식으로 4WD가 발전해온 것으로 생각한다. 현재 우리 세대에서 그런 관점으로 알고 있는 가장 오래된 4WD는 Willys Jeep 정도이며, 승용차 세계에서는 Subaru Leone이 일반적이기 때문이다. 전/후 차축이 직결된 4WD 상태에서는 작은 반경의 회전이 어려운, 소위 타이트 코너 브레이킹 (Tight corner braking) 현상을 실제로 체험한 사람도 적지 않을 것이다.

그러나 가솔린엔진 자동차의 역사에서, 처음으로 등장한 4륜구동차는, 직결 4WD나 2륜구동으로 전환하는 파트타임 식은 아니었다. 센터 디퍼렌셜이 설치된 진정한 풀타임 4WD였다.

사상 최초의 4WD자동차는, 1902년에 파리 모터쇼에서 발표된 스파이커 [그림 1]이다. 1889년에 네델란드에서 자동차 생산을 시작한 이 회사의 이름은, 약15년 전에 슈퍼 카의 명칭으로서 부활하였고, 더 나아가서는 그 신생 스파

이커(Spyker)사는 F1에 참전하거나 Saab를 매수하는 등, 근래에 들어 다시 자동차계의 주목을 받게 되었지만(*역자주;2014년 파산됨), 그러한 브랜드 가치의 원천은 실로 세계 최초 4WD를 선보였던 110년 전의 영예에 기인하고 있다.

덧붙이자면 그 스파이커 4WD는 토크 분배 장치 (트랜스퍼케이스)안에 2단 변속 트랜스퍼를 갖추고 있는, 본격적인 4WD이다. 1902년이라는 해는, 칼 벤츠(Karl Friedrich Benz)가 자동차를 발명한지 16년밖에 지나지 않던 시점이었다. 이러한 구동계의 아이디어가 기술 책임자 요셉 라비올레 혹은 설계책임자 드로워어드 중 어느 쪽의 두뇌에서 나왔는지는 알 길이 없지만, 누구라고 하여도 천재라는 이름이 어울리는 작품이었다.

다만, 이 스파이커 4WD의 센터 디퍼렌셜에는 차동제한(差動制限) 기구가 설치되어 있지는 않았던 것 같다. 차동장치 (디퍼렌셜)에 차동제한 기구가 부속되어 있지 않으면, 어느 한쪽의 바퀴가 공전할 때에, 다른 바퀴에는 구동력이 전달되지 않게 되는 것은 말할 필요도 없으며, 그것은 좌/우륜 간의 디퍼렌셜이거나 센터 디퍼렌셜이거나 마찬가지이다.

그런 이유에서 이후의 4륜구동차에서는 이에 대한 대책이 포함되게 되었다.

최초로 만들어진 안(案)은 센터 디퍼렌셜을 폐기하고 심플한 직결로 하면서, 그래서 불가피하게 발생하는 타이트 코너 브레이킹 현상은 타이어 측에서 해결한다는 발상이었다. 역상(逆相)의 후륜 조향기구를 추가한 것이다. 전륜과 같은 선회궤적을 후륜도 그리게 함으로써, 전/후륜의 회전속도를 일치시키려고 한 것이다. 스파이커 4WD로부터 2년 후, 1904년에 미국에서 발표된 Four Wheel Drive Wagon 회사의 모걸이라는 이름의 트럭이 바로 이런 것이었다.

국토가 넓은 미국에서는 4WD화에 의한 비포장도로 주파성의 요구가 시장에 강하게 내재하고 있던 탓인지, 다른 아이디어도 구현된다. Four Wheel Drive Auto 회사(모걸의 제조사와는 별개)가, 로크(차동 정지)기구를 포함한 센터 디퍼렌셜을 만들고, 그때까지 직결식이었던 Battleship이라는 이름의 자동차에 적용하였다. 그리고 T형 Ford에서도, 다분히 우격다짐으로 작업한 것 같긴 하지만, 4WD로 변환시키는 장치의 옵션이 있었다.

이렇게 해서 이미 알고 있는 솔루션이 된 4WD

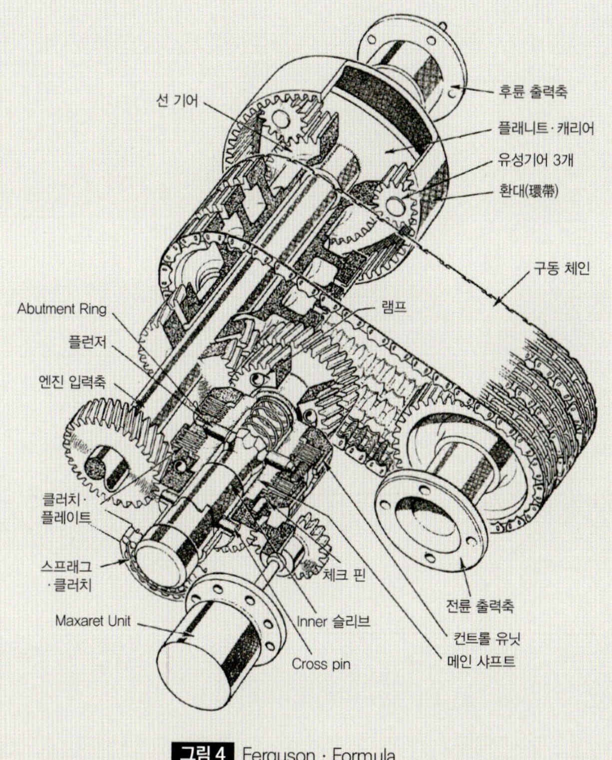

그림 4 Ferguson · Formula

그림 5 Land Rover · Range Rover

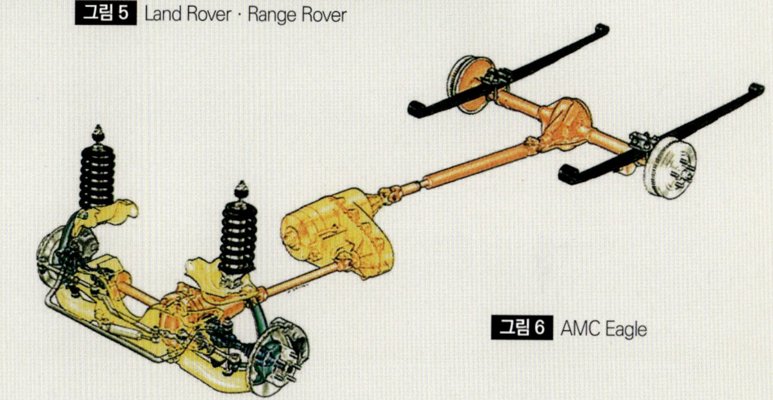

그림 6 AMC Eagle

는, 레이스라고 하는 자동차 경주에 진출을 하게 되었다. 1932년에 Bugatti T53 [그림 2]이, Indy Machine에서는 다음해인 1933년에 미라 91이, 센터 디퍼렌셜을 사용한 4WD를 채용하였다.

그러나 레이스 이상으로 4WD를 요구한 것은 군용차량의 세계였다. 1930년대에 Daimler · Benz가 4륜 조향 혹은 부 구동륜으로의 단속 기구를 조립한 수송차량을 만들기 시작하여, 독일이 편성을 추진한 기갑부대를 뒷받침 한 것 외에도 제2차 세계대전에 돌입했을 무렵에는 일본을 비롯한 세계 선진국에서 4륜구동의 병력 수송차나 트럭이 등장하였다.

말하자면, 그러한 4WD 군용차의 기술성과를 집약한 것이 1941년에 등장한 Willys MB계를 비롯한 일련의 Jeep [그림 3]들이었다.

2단 트랜스퍼와 전륜으로의 토크 단속기구를 구비한 직결 4WD였던 그 Jeep가 세상에서 4륜구동차의 대명사가 되었기 때문에, 이후에는 4륜구동차라고 하면 그 방식으로 통일되는 듯한 양상이 되었지만, 거기에 파문을 일으킨 것이 Massey Ferguson 회사였다.

농경 트랙터를 제조하고 있던 이 회사는, 연구소를 설립하여 4륜구동 시스템의 발전을 모색하던 중에, 센터 디퍼렌셜에 이제까지와 같은 사람의 힘으로 실행하는 차동정지 기구가 아닌, 자동적으로 차동제한을 실행하는 기구를 만들어냈다. 그 센터 디퍼렌셜은 좌/우륜간에 일반적으로 사용되는 원추형 기어 (베벨기어)를 조합한 것이었지만, 그 센터 디퍼렌셜로 향하는 구동축에 2개의 마주보는 기어를 추가하고, 그 기어를 원웨이 클러치를 통하여 앞/뒤 각각으로 향하는 구동축과 연결하는 기구를 추가하였다. 이 기구에 의하여 회전수에서 수 % 빨라지는 영역까지는 차동을 하고, 그 이상은 차동을 제한하는 센터 디퍼렌셜이 완성되었다.

Ferguson · Formula [그림4]로 명명된 이 기구는, 우선은 1961년에 F1머신에 도입되었고, 이후 Indy를 비롯한 Top Formula 세계에서 사용하게 되는데, 시판자동차의 세계에서도 이를 적용한 예가 출현하였다. 1965년 10월에 런던 모터쇼에서 발표된 Jensen CV-8 FF이다.

그 명칭 말미의 FF 문자는, 말할 필요도 없이 Ferguson · Formula의 약자이지만, 맨 처음의 Ferguson · Formula 기구가 일부 개량되었다. 센터 디퍼렌셜에 원추형 기어(베벨기어)식의 보편적인 방식을 사용하지 않고 유성기어를 사용하는 것으로 진화하였다. 이에 따라 전/후륜으로의 불균등 토크배분이 가능하게 되었다(이 자동차의 경우는 37 : 63). 이 Jensen FF야말로 근대 풀타임 4WD의 시조였다.

그러나 후속 차에서 Ferguson · Formula를 모두 채용하게 되지는 않았다. Guest, Keen & Co. Ltd (GKN) 회사가, Ferguson으로부터 FF 기구의 권리를 매입하여 포드나 피아트를 비롯한 양산 메이커에 팔아넘겼지만, 복잡한 기구이기 때문에 증가하는 비용과 중량(70kg 이상의 증가였다고 한다) 때문에, 특수 차량이나 경주용 차량 등 극히 일부에서만 사용하였을 뿐이었다.

센터 디퍼렌셜 식 4WD의 진화

Jensen FF 다음으로 풀타임 4WD를 실현한 것은, 1970년의 Range Rover [그림 5]인데, 예를들면 SUV의 원조라고 할 수 있는 이 자동차의 경우에도, FF가 아니라 센터 디퍼렌셜을 컨벤셔널한 구성으로 하였다. 차동기구는 원추형 기어식이다. 디퍼렌셜 케이스와 사이드 기어 사이에 여러 개의 마찰클러치를 삽입하였다. 즉 좌/우

그림9 Audi · V8

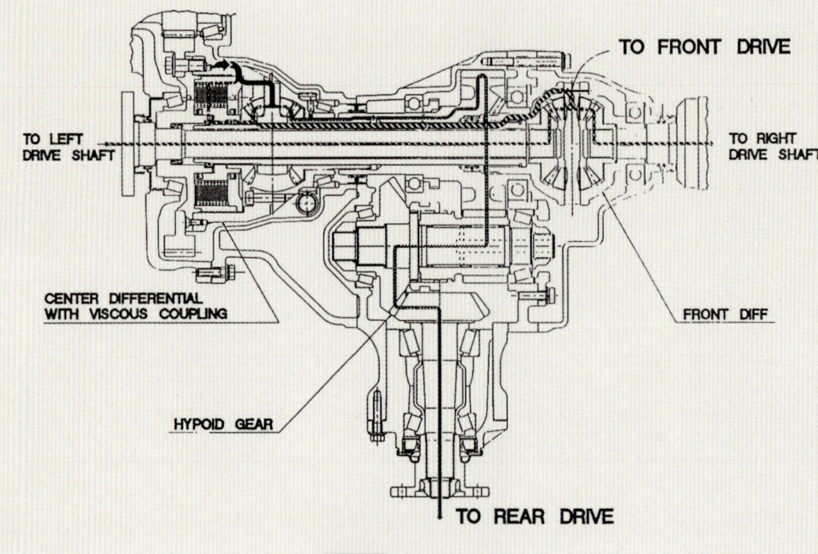

그림7 Peugeot · 205 Turbo 16

그림8 Nissan · Attesa

류간에 가장 일반적으로 사용되는 기계식 LSD를 포함한 디퍼렌셜을, 그대로 전/후륜간에 전용(轉用)한 형식이다(다만, 1세대 레인지로버는 후기형(後期型)부터는 차동제한으로 비스코스 커플링을 사용하는 방식으로 전환하게 된다). 다시 말하면 센터 디퍼렌셜에는 완전히 차동을 정지시키는 로크 기구도 구비되어 있었다.

이 레인지로버와 동일한 센터 디퍼렌셜을 갖춘 SUV는 미국에서도 출현하였다. 1973년의 Jeep Wagoneer / Cherokee 이다.

그러나 지프 브랜드를 수중에 넣은 AMC는, 1979년에 차세대 센터 디퍼렌셜을, 승용 4WD로서 팔기 시작한 Eagle [그림 6]에 탑재하였다. Eagle은 센터 디퍼렌셜의 차동제한으로 비스코스 커플링을 사용하고 있었다. 비스코스는 앞서 말한 Ferguson 연구소가 실용화한 것으로, 그들은 이것을 새롭게 Ferguson · Formula라고 명명하고, 구 FF와 마찬가지로 GKN에 권리를 매각한다. AMC는 GKN에서 공급받아 Eagle 4WD 구동계를 만들었던 것이다.

이와 같이, 회전속도 차이(差) 감응형 LSD 기능을 갖는 센터 디퍼렌셜이 등장하면서 풀타임 4WD는 범용 시스템으로서의 길을 열었다. 그리

고 곧 이어서 4WD 구동계 기술은 다음 단계로 나아간다. 비스코스커플링에 의한 차동제한 기구는 그대로 두고, 차동기구를 Jensen FF와 마찬가지로 유성기어로 대체 함으로서 전/후 토크배분의 불균등화가 가능하게 되었다.

여기에 맨 먼저 뛰어든 것은, 마침 그때 그룹 B 규정화로 미드쉽화하여 Monster로 변모하려고 하던 WRC 랠리카로서, 1984년 푸조가 205 Turbo 16 [그림 7]에 적용을 시작하였다. Lancia Delta S4 등의 경쟁차량도 뒤따랐다.

일본에서도, WRC를 목표로 한 FF Familia 2세대가 일반 시판 모델에 이를 적용하였다. U12계 Bluebird도 ATTESA [그림 8]라는 상품명으로 채용하였다. 이렇게 하여, 일본에서 풀타임 4WD야말로 최신 최강이라는 분위기가 순식간에 조성되었다. 그리고 유럽에서는 후륜구동의 대표였던 BMW가, 같은 무렵에 E30계 3시리즈에 이것을 채용하여 325iX를 추가하였다. 그들조차도 풀타임 4WF라는 기술 트렌드는 무시할 수 없게 되었던 것이다.

차동제한의 임의 가변화

그런데 이론상으로는 센터 디퍼렌셜의 차동을 정지하여 직결하면 구동 토크배분은 사실상, 전/후륜 하중 비율과 같아진다. 그것을 처음부터 불균등 배분으로 한 것은, 가속시 뒤 차축으로의 하중 이동에 대비하고, 코너링 시에 전륜의 종방향 부담을 줄여서 코너링 포스를 확보하기 위함이다. 이것에 차동제한이 걸리면, 순간의 하중에 비례한 토크배분에 가까워진다. 차량 운동의 기초 로직에서 이것은 법칙과도 같은 방향이다. 하지만 그것만으로는 아직 완전하지 않으므로, 차동제한을 임의로 가변시킨 예가 다음 단계에서 출현한다.

우선, 시작은 Audi였다. Audi는 1981년에 1세대 Quattro를 세상에 선보여 풀타임 4WD를 표방하고, WRC에서 대활약하며 새로운 시대의 문을 연 주역이었지만, 사실 1세대 쾃트로의 4WD 구동계는 베벨기어식의 센터 디퍼렌셜을 사용하고, 차동을 실내의 스위치로 정지시키는 원시적인 시스템이었다. 그런 아우디가 만든 것은, 센터 디퍼렌셜에 더블 피니언식의 유성기어를 사용하고 이것에 전자제어 다판클러치를 조합한 것이다. Audi는 센터 디퍼렌셜에 LSD를 추가하였을 뿐만 아니라, 거기에 전자제어까지 실행

그림 10 Porsche 911 Carrera 4 (964)

그림 11 Porsche · 959

그림 12 Nissan · Pulsar 커플링

하면서 단숨에 2단계나 전진하였다.

아우디는 이 방식을 C3계의 "100"에 V8을 탑재한 플래그십인 "Audi V8 [그림9]"에 채용하였으며, 같은 시기에 스스로 차동제한기능을 갖는 차동장치인 Torsen을 센터 디퍼렌셜에 사용하면서도 전자제어를 하지 않는 심플한 기구도 시판화하였다. 이후에는, Torsen을 전/후 불균등 토크배분이 가능한 Type3으로 진화시키면서, 기본적으로 이들 방식에 대한 지속적인 신뢰를 축적하였다.

한편, 그 아우디와 깊은 인연이 있는 포르쉐는 1989년에 911 [그림 10]을 964계로 진화시키면서 4WD의 카레라 4를 추가할 때에, 유성기어식 센터 디퍼렌셜로 앞 31 : 뒤 69로 토크를 불균등 배분하고, 더욱이 유압제어 다판클러치로 센터 디퍼렌셜에 임의의 차동제한을 거는 구동계 시스템을 채용하였다. 한편, Subaru는 복합식의 유성기어기구를 센터 디퍼렌셜에 사용하고, 이것에 전자제어 유압 다판클러치를 추가한 VTD를 개발하여 1991년에 등장한 SVX에 채용하였다. 그 2년 후인 1993년에 Alfa Romeo는 유성기어식 센터 디퍼렌셜에 비스코스커프링으로 차동제한을 걸고, 더 나아가서 전자제어 다판클러치

로 전/후 토크배분을 임의로 바꿀수 있는 시스템을 슈타이어 푸흐(Steyr=Puch) 회사와 공동으로 실용화하였으며 164 Q4로 시판하였다.

센터 디퍼렌셜을 사용하지 않고

디퍼렌셜의 차동제한을 다판클러치로 가감하는 이 시스템들을 보고 있으면, 이러한 종류의 다판클러치로 압착력을 임의로 바꿀 수 있다면, 차라리 센터 디퍼렌셜 (좁은 뜻의 차동기구)을 사용하지 말고, 주 구동륜과 부 구동륜을 다판클러치로 연결하고, 작은 반경으로 선회 할 때에 차동을 허용하면서, 필요할 때에 전자에서 후자로 토크를 이동시킨다면 좋겠다는 생각이 드는 것도 이상하지 않다.

실은, 센터 디퍼렌셜을 사용하는 4WD 구동계가 옥상옥을 짓는 것 같은 복잡기괴한 길로 매진하는 한편에서는, 훨씬 더 심플한 기구가 이미 새로 태어나고 있었다. 1981년에 Subaru는, 토크컨버터식 AT의 유압으로 다판클러치를 압착시켜서, 부구동륜으로 토크를 배분하는 MPT라는 심플한 기구를 개발하여 이것을 2세대 Leone에 추가하였다.

이어서, 포르쉐가 1983년에, 959 [그림 11]에서 다판클러치를 전자제어하는 마찬가지의 기구를 실용화하였다. 그러나 Subaru가 보통 때에는 직결 4WD에 가깝고, 작은 반경으로 선회 할 때에만 다판클러치를 느슨하게 해서 2WD로 하려고 한 사고방식에 대해, 959는 타이어 외경과 감속비를 전/후륜에서 조금 다르게 하여, 항상 다판클러치에 미세한 미끄러짐을 발생시켜 부 구동륜으로 토크가 흐르도록 한 구조를 갖추고 있었다.

그 후 Subaru는 1987년에 다판클러치를 전자제어하여, 마찬가지로 전/후토크배분을 임의로 가감하는 ATC-4라고 부르는 시스템을 새로 개발하였다. 또한 닛산은 FR 방식의 차에, 동일한 전자제어 다판클러치를 사용하여 부 구동륜으로 토크 분배하는 Attesa E-TS를 완성시켜, 1989년에 GT-R을 정점으로 하는 R32계 Skyline에 적용하였다.

비스코스 커플링의 등장

그러나 당시의 닛산에 4WD 구동계 기술을 제공하고 있던 슈타이어 그룹(Daimler=Steyr=Puch)은 더욱 더 간편한 시스템을 준비하고 있

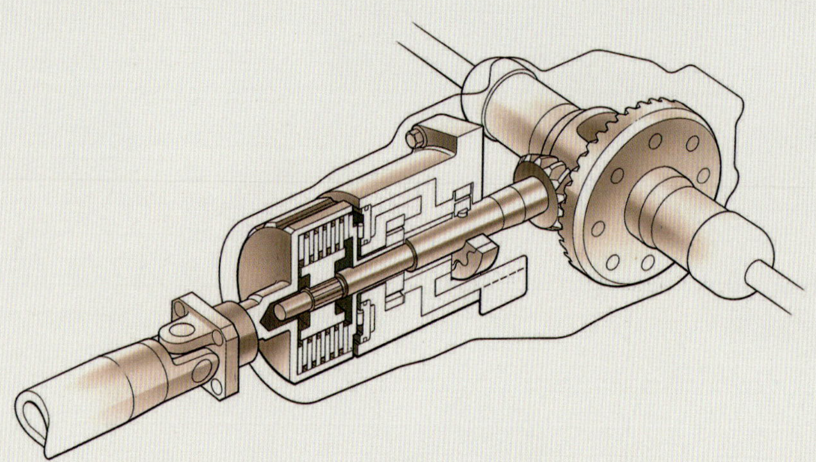

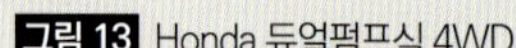

그림 13 Honda 듀얼펌프식 4WD

그림 14 Nissan · AXC (UNIVANCE제)

그림 15 Lamborghini Diablo VT

었다. 전자제어 클러치 대신에 비스코스 커플링을 사용하는 수법이다. 비스코스 커플링은 다판 클러치를 점성액체 속에 넣은 구조로서, 회전차에 반응하여 차동제한을 걸 수가 있다. 이 비스코스커플링으로 주 구동륜과 부 구동륜을 연결한다면, 전자두뇌장치 없이 기계적으로 또한 수동적으로 차동을 제어할 수 있다.

그리고 이 비스코스 커플링 방식을 채용한 것은, 무거운 트랜스퍼/센터 디퍼렌셜을 사용하고 싶지 않은 횡배치 엔진 FWD 실용차들이었다. 1986년에 VW이 Steyr(=Puch)의 기술 협력에 의한 이 시스템을 2세대 골프에 투입하여, 싱크로(Syncro)라고 부르는 4WD모델을 추가하였다. 그리고 같은 해에는 N13계 Pulsar [그림12]가 일본차로서는 처음으로 이 시스템을 채용하였다. Civic Shuttle도 뒤를 이었다. 이렇게 하여 염가로 팔지 않으면 안 되는 실용차 클래스에도 4WD가 등장하게 되었다.

비스코스 커플링은 북쪽에 적설지대가 많고, 또 Subaru 각 차에서 비롯된 풀타임 4WD 자동차가 마찰계수가 낮은 미끄러운 도로에서 그 효능을 발휘하는 일본에서는 특히 물 만난 고기

와 같은 것이었다. 그 와중에 경자동차에서는 부피가 커지지 않고 비용이 싼 4WD는 더할 나위 없는 복음과 같은 것이었다. 한편 일본 메이커의 각 회사에서는 GKN이 소유한 비스코스 커플링의 지적소유권에 대하여 사용료를 지불하는 것이 부담스러워, 그 권리에 저촉되지 않는 다른 시스템을 여러 가지 고안해내어, 1990년 전/후로 다양한 형태로 등장하게 되었다. 맨 처음은 Mitstubishi 자동차 공업이 Koyo Seiko (光洋精工, 현 JTEKT)와 공동으로 개발한 HCU, 그리고 혼다의 듀얼 펌프 [그림13], 도요타와 마츠다가 사용하는 Rotary Tri-blade, 닛산의 AXC [그림14] 등이다. 이들은 기본적으로 전부 전/후 구동 차축의 회전으로 펌프를 작동시키고, 여기서 생성된 유압으로 다판클러치를 압착시키는 구조라고 생각해도 된다. 그리고 비스코스 커플링에 대한 이들 시스템의 우위성은, 어쩌면 기능면이 아니라 비용 요건에 집약되었다고 보아도 좋다. 왜냐하면 각 회사 모두, 상위 차종에서는 비스코스 커플링을 사용한 시스템을 채용하고 있었기 때문이다.

덧붙이자면 그렇게 비스코스 커플링으로 주 구

동륜과 부 구동륜을 연결하는 4WD는, 전/후륜에 회전차가 생겼을 때에 비로소 4WD가 되는 것이므로 스탠바이 4WD 등으로 불린다. 사실은 전/후 차축의 회전속도가 같다고 해도, 비스코스 커플링 내부에서는 아주 작지만 지연이 불가피하게 발생하고 있다. 엄밀히 말하면 상시 4WD로 주행하는 것이 되는 것이다.

이런 현상을, 역으로 이용하여 4WD로서의 능력을 향상시킨 시스템이 1993년에 나란히 등장하였다. 람보르기니의 Diablo [그림15]에 추가된 VT와 993계 911 카레라 4이다. 이 양자는 959가 전자제어 클러치 방식에 대해서 시도한 것과 같이, 타이어 외경과 감속비를 앞뒤가 의도적으로 다르게 하여, 직진할 때에도 비스코스 커플링에 지연을 발생시켜서 부 구동륜(이 경우는 앞차축)으로 토크를 분배하는 것이다.

간결하게 하여 필요한 것을 얻는 이 수법은, 동시에 뒤쪽이 무거운 경향이 명확한 두 차에, 명확한 안정성과 선회기동성을 부여하고, 람보르기니는 Murcielago나 Gallardo까지, 포르쉐는 996계에서 997계의 초기모델까지 이를 계승하게 되었다. 비스코스 커플링 장치는 그 정도로 능력을

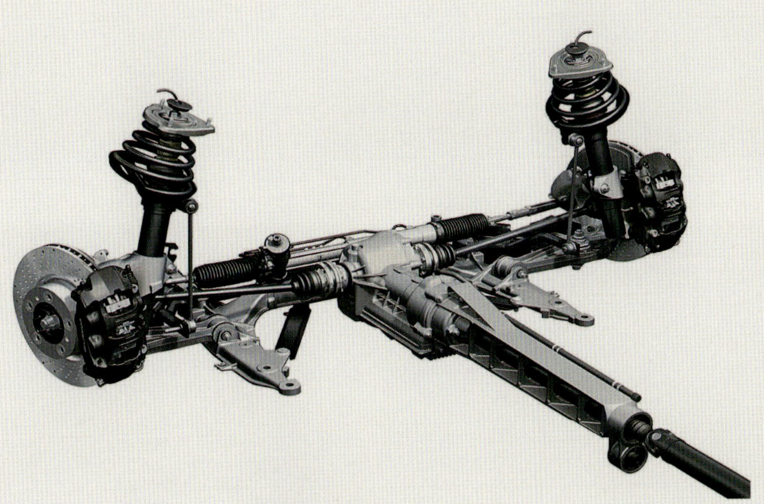

그림 16 Porsche · 911 Carrera 4(997)의
프런트 구동 시스템

그림 17 Ferrari · FF의 프런트 구동 시스템

내포하고 있었던 것이다.

그런데, 결국 그 다음 세대에서는 비스코스 커플링으로는 커버할 수 없는 영역으로 들어가게 된 것인지... 람보르기니나 포르쉐나 비스코스 커플링을 전자제어 다판클러치로 치환하였다. 911[그림16]은 997 후기형 카레라4부터 전자제어 다판으로 이행했으며 Panamera에서도 이를 채용하였다. VW이 1990년대에 들어와 채용한 HALDEX 회사의 전자제어 다판클러치를 람보르기니도 Aventador에 채용하였다.

덧붙이자면 BMW도 2004년 등장한 X3에서, 그때까지의 유성기어식 센터 디퍼렌셜 + 비스코스 LSD 방식으로부터, 전자제어 다판클러치로 주 구동륜과 부 구동륜을 연결하는 방식으로 갈아타면서 그 이후로는 전자제어 다판클러치를 사용하게 되었다. 현행 R35계의 닛산 GT-R은, R32계 이래의 전자제어 다판클러치로 전륜에 토크를 분배하는 방식을 준수하고 있다는 것은 알려진 바와 같다. 더욱이, V12의 크랭크샤프트 앞부분에 전자제어 다판클러치를 설치하고 이것을 경유한 토크를 2단 변속기를 통하여 전륜에 구동력을 전달한다는 전대미문의 시스템[그림17]을 페라리가 개발하였다. 이것을 2+2seat GT에 투입하였다. 그 기구 이름은 4/RM이지만, 탑재 차 이름은 Ferrari Four의 약자로 애꿎게도 FF이다.

과거를 돌이켜보면 4WD를 실현한 그 밖의 차량으로서는, 전/후에 엔진을 둔 Mini proto차량이나 Citroen 2CV 4×4 Sahara 등이 있으며, 현 시점에서 미래를 전망해보면 하이브리드 차의 4WD도 이미 보이고 있다. ESP를 전용(轉用)하여 4WD와 같은 구동을 하는 방법도 있다. 한편 현재로서, 센터 디퍼렌셜을 사용하고 있는 회사는 본격적인 off-roader 및 의연하게 그것을 고집하는 스바루와 아우디 그리고 VW / 아우디 연합과 구동계를 공유하는 Cayenne 정도가 되고 말았다. 커플링을 사용하여 전/후륜을 연결하는 방식이 4WD계를 제압하는 양상인 것이다. 그 방식 중에서, 고성능 차에는 전자제어 다판클러치, 실용차에는 비스코스 커플링 또는 간편한 유압 다판이라는 두 집단으로 나눠지는 경향이다. 다가올 차세대 4WD 구동계 기구는, 이런 방향으로 수렴할 것인지 아니면 전혀 다른 새로운 시스템이 등장할지... 궁금하다.

FF & 4WD

● FF

AUDI A3 (S Line)

제원
길이×너비×높이 : 4237×1777×1421mm
중량 : 1325kg
엔진 : 1798cc 직렬 4기통
최고출력 : 132kW / 5100-6200rpm
최대토크 : 250Nm / 1250-5000rpm
CO_2 배출량 : 130g/km
NEDC : 7.0 / 4.8 / 5.6리터 / 100km
변속기 : 7단 S트로닉
가격 : € 31600

● FF BASE 4WD

AUDI A3 quattro (S Line)

제원
길이×너비×높이 : 4237×1777×1421mm
중량 : 1425kg
엔진 : 1798cc 직렬 4기통
최고출력 : 132kW / 5100-6200rpm
최대토크 : 280Nm / 1350-4500rpm
CO_2 배출량 : 152g/km
NEDC : 8.2 / 5.6 / 6.6리터 / 100km
변속기 : 6단 S트로닉
가격 : € 33550

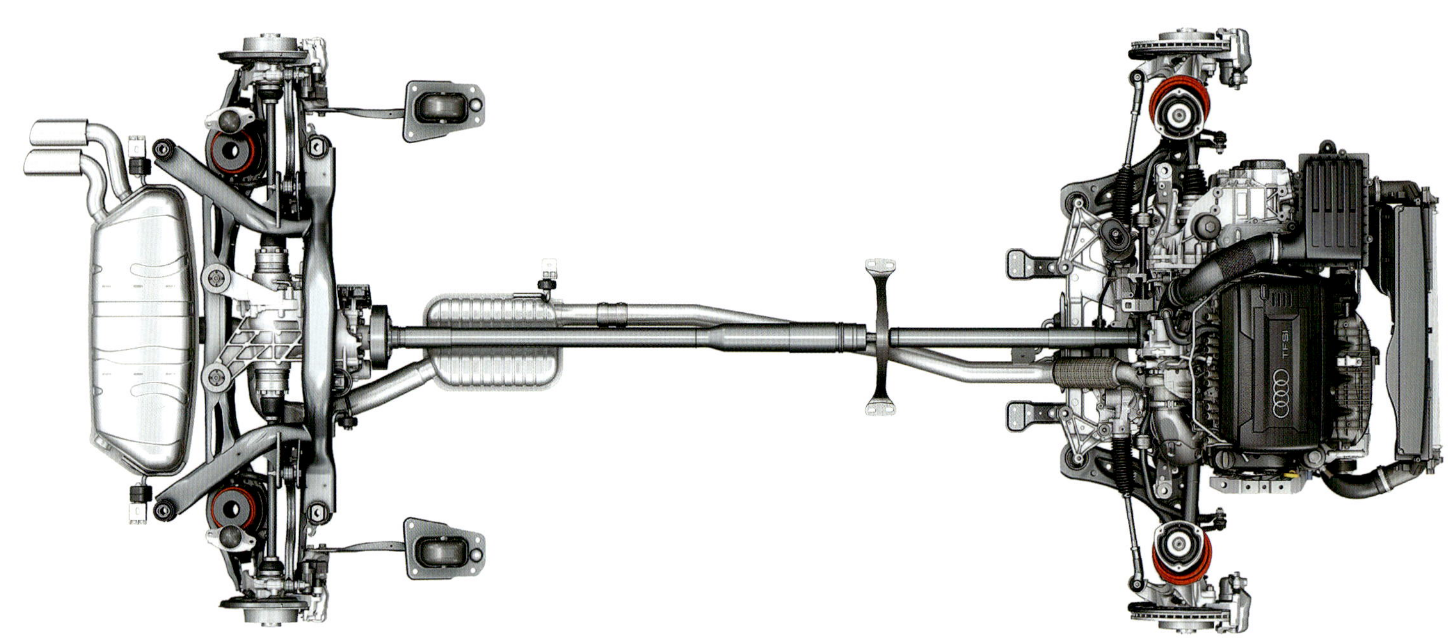

SYSTEM ABOUT 4WD

4WD의 기구 해설

» **2WD와 4WD의 차이**   » **4WD와 ESC의 차이**

전자제어 커플링으로 심플하게 4WD화

횡배치 FF용의 모노코크바디 플랫폼에 HALDEX Traction 회사의 4WD시스템을 장착한다. 프런트의 변속기 출력을 Hypoid gear에 의해 방향 전환한 다음 프로펠러샤프트로 뒤에 전달한다. 센터 디퍼렌셜은 없고, 뒤의 디퍼렌셜 유닛에 조립된 전자제어 커플링이 구동력의 전달비율을 컨트롤한다. 뒤 차축에 대한 구동력을 완전히 차단할 수 있는 구조이지만, 일상적인 주행 시의 구동력 배분을 95 : 5 (전 : 후)로 한 풀타임 4WD로 사용한다.

긴 역사 속에서, 수많은 생각과 아이디어를 흡수하면서 다양성을 넓혀 온 4WD 시스템.
구동력 배분의 최적화를 목표로 하여 기계적 수법만으로 접근을 시도해 온 예전의 시대로부터,
전자제어 기술이 성숙한 현대를 맞이하며 난해한 인상은 더욱 깊어졌지만, 분류와 정리로 이를 극복해보자.

글 : 타카하시 잇페이(高橋一平)   사진 : AUDI / DAIMLER / HONDA / PORSCHE / PEUGEOT
삽화 : 쿠마가이 토시나오(熊谷敏直) / 만자와 코토미((萬澤琴美)

FR & 4WD

• FR

Mercedes-Benz S class

제원
길이×너비×높이 : 5096×1871×1479mm
중량 : 2010kg
엔진 : 4663cc V형 8기통
최고출력 : 320kW / 5250rpm
최대토크 : 700Nm / 1800-3500rpm
CO_2 배출량 : 219g/km
NEDC : 12.9 / 7.3 / 9.4리터 / 100km
변속기 : 7G 트로닉 · 플러스
가격 : € 99662

● FR BASE 4WD

Mercedes-Benz S class 4MATIC

제원
길이×너비×높이 : 5096×1871×1479mm
중량 : 2075kg
엔진 : 4663cc V형 8기통
최고출력 : 320kW / 5250rpm
최대토크 : 700Nm / 1800-3500rpm
CO_2 배출량 : 228g/km
NEDC : 13.8 / 7.5 / 9.8리터 / 100km
변속기 : 7G 트로닉 · 플러스
가격 : € 103470

센터 디퍼렌셜을 갖춘 본격적인 시스템

변속기 후단에 유성기어를 사용한 센터 디퍼렌셜 기구를 내장하였다. 4WD에 관계되는 기구의 대부분을 변속기의 출력축과 같은 축 위에 배치함으로써 콤팩트하게 정리함과 동시에 경량화에 성공하였다. 전륜으로의 구동력은 변속기 케이스에서 기어 하나만큼 옆으로 튀어나온 형태의 프로펠러샤프트로 인출한다. 센터 디퍼렌셜에는 다판클러치를 병설하고, 압착력을 전자제어함으로써 전/후의 구동력배분을 능동적으로 컨트롤한다.

4WD와 ESC의 제어 차이

어느 쪽의 목적도 안정성의 향상이지만…

알기 쉽게 개략적으로 요약하면, 4WD가 도모하는 것은 가속 안정성이고, ESC가 지향하는 것은 감속 안정성이다. 4WD는 구동력을 4륜에 분산·배분시킴으로써, 전륜이나 후륜의 어느 한쪽으로 과도하게 구동력이 집중됨으로써 발생하는 슬립을 억제하고, 그렇게 함으로써 유발되는 언더스티어 혹은 오버스티어를 억제하여 자세의 파탄을 방지한다. 즉 「앞으로 나아가게 (≒ 앞쪽으로 향하는 힘)」함으로써 안정성을 확보한다. 이에 비해 ESC는 엔진출력을 억제하고, 브레이크를 이용한 제동력의 4륜 독립제어 즉, 어느 쪽인가 하면 「속도를 억제하는 (≒ 뒤로 향하는 힘)」것으로 차량자세의 파탄을 방지한다. 한편, 가장 초보적인 ESC라고도 할 수 있는 트랙션 컨트롤은 가속시에 효과적이지만, 출력을 억제한다는 의미에서는 이것도 역시 「뒤로 향하는 힘」으로 분류된다.

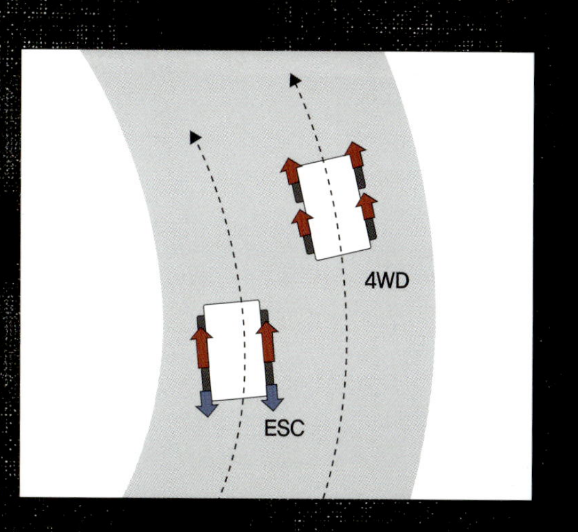

●○○○○

TRANSVERSE

[프런트 횡배치 엔진 레이아웃]

엔진에서 변속기까지의 축이, 차축과 거의 나란히 배치되는 횡배치의 엔진배치이다. 앞뒤로 차체를 종단하는 프로펠러샤프트에 접속하기 위하여, Hypoid gear를 사용하여 횡에서 종으로 90도 방향 전환 후, 프로펠러샤프트의 앞쪽에 설치된 디퍼렌셜로 다시 방향 전환을 실행하는 형태로 후륜에 구동력을 전달한다. 자동차용 기어 중에서 가장 효율이 나쁘다고 여겨지는 Hypoid gear를 2회 통과시키기 때문에, 후륜으로의 동력 전달 효율은 결코 좋다고는 할 수 없다. 그러나 주목해야 할 것은 나란히 배치되는 축만으로 구성되는 전륜으로의 전달효율의 크기이다. 이런 특징을 살리기 위하여 프로펠러샤프트 측을 커플링으로 분리할 수 있는 On demand방식을 취 한다면, 4WD기능과 연비효율의 양립이 가능하다.

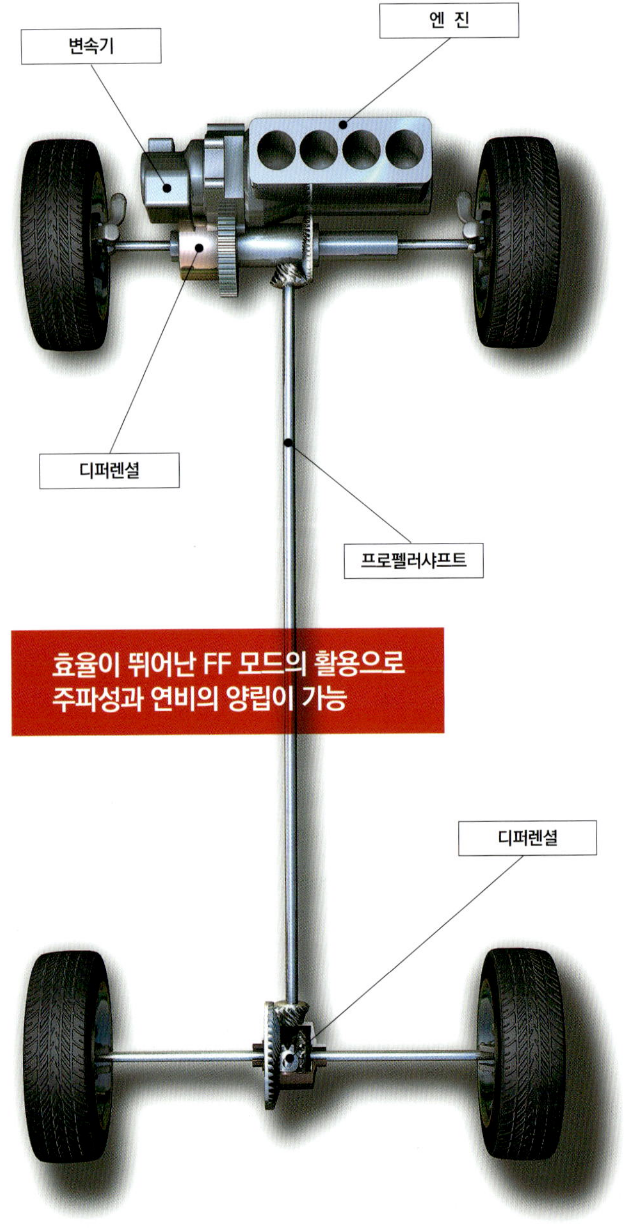

효율이 뛰어난 FF 모드의 활용으로 주파성과 연비의 양립이 가능

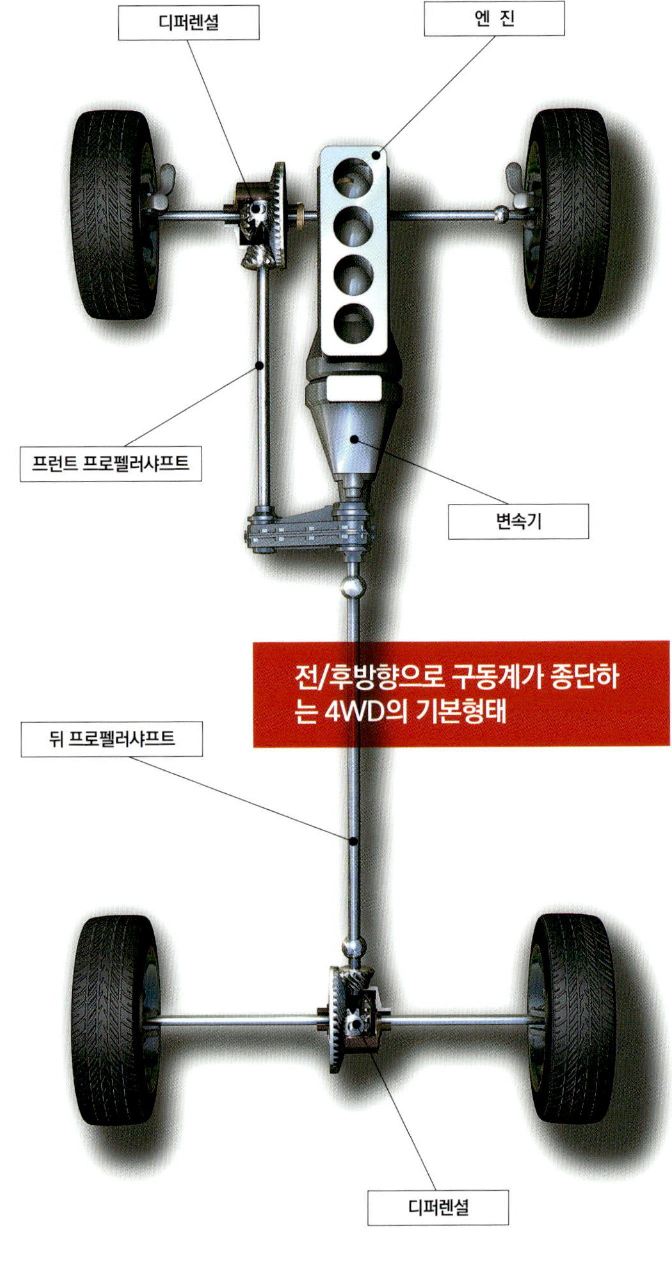

전/후방향으로 구동계가 종단하는 4WD의 기본형태

○○●○○

LONGITUDINAL

[프런트 종배치 엔진 레이아웃]

차량의 전/후 방향으로 구동계가 종단하는 4WD로서는 가장 기본적이고 심플한 레이아웃이다. 기본적으로 후륜구동의 FR차의 구성을 베이스로 하며, 변속기 후단 부분에서 전륜으로의 구동력이 인출되는 경우가 많지만, 스바루나 아우디와 같이 엔진 종배치의 FF레이아웃을 베이스로 변속기 뒤쪽 끝부분에 후륜용 프로펠러샤프트를 추가하는 예도 존재한다. 어느 것이나 후륜용 프로펠러샤프트가 엔진, 변속기와 같은 축에 배치됨으로써, 전륜용의 프로펠러샤프트는 변속기를 피하는 형태로 오프셋되는 것이 일반적인 배치이다. 전륜측 및 후륜측에 모두 하이포이드 기어가 존재하기 때문에 이들을 사용하지 않는 주행은 불가능하다는 점에서 효율적으로 불리한 면도 있다.

○○○●○○

MIDSHIP

[미드쉽 엔진 레이아웃]

아래는 혼다 Z를 예로 든 것이다. 원래 횡배치 FF용 엔진과 변속기를 종배치로 하여
뒤 액슬 앞쪽에 배치하고, 전륜용의 디퍼렌셜 대신으로 비스코스 커플링을 갖춘 센터
디퍼렌셜을 넣어, 좌/우의 드라이브샤프트를 연결하면서 앞뒤의 프로펠러샤프트를
접속해 미드쉽 레이아웃 4WD 시스템을 구축하는, 조금 특이한 수법이 사용되고 있
다. 미드쉽이 베이스라는 점에서 소위 슈퍼 카에 채용하는 예가 많으며, 이들 대부분
은 엔진 및 변속기를 종으로 축 배치하는 점에서, 왼쪽 페이지에 예로 든 종배치 4WD
엔진 및 변속기의 위치를 후방으로 이동한 듯한 레이아웃이 되었다.

Honda Z

Porsche 911

○○○○●○

REAR

[뒤엔진 레이아웃]

뒤 액슬보다 뒤쪽에 엔진을 탑재하는 뒤엔진 레이아웃 (RR)의 4WD는, FR베이
스의 4WD를 앞뒤 반대로 한 것 같은 배치이다. 구동방식에 관계없이 뒤엔진 레
이아웃 자체가 매우 적으며 일부 경자동차와 포르쉐 911 시리즈 이외에서는 채
용한 예가 거의 존재하지 않는다. 위는 911 카레라 4 (996형)의 드라이브트레인
이다. 비스코스 커플링을 통해서 전륜으로 구동력을 전달하는 풀타임 방식을 채
용하고 있다. 전륜으로의 중량 배분이 적고, RR 특유의 기교한 거동의 완화라는
안정성 확보를 주목적으로 하고 있다는 점에서 (전륜으로의 구동 배분은 최대로
35%), 디퍼렌셜을 비교적 소형으로 하는 등, 전륜의 구동계는 경량으로 마무리
되어 있다.

○○○○●

E-4WD

[e-4구동]

FF의 후륜과 같은 2WD의 비 구동륜 측에 전동파워 트레인을 추가하여, 하이브리드화 함과 동시에
4WD화 하는 새로운 형태의 4WD이다. 프로펠러샤프트 등의 동력전달계가 추가로 불필요하다는
점에서 설계의 자유도가 높고, 기존 모델의 4WD화도 비교적 용이하다는 장점도 있지만, 당연히 엔
진과 물리적인 접속이 없기 때문에, 엔진의 구동력을 모터 구동륜에 분배할 수 없다. 엔진 구동륜의
구동력이 없다면, 모터의 출력만으로 구동되기 때문에, 어디까지 보조적인 용도의 4WD에 한정된
다. 왼쪽은 푸조 3008 Hybrid 4이다. 2.0리터의 디젤엔진 (120kW)을 탑재한 FF 레이아웃을 베이
스로, 후륜 측 액슬부에 27kW의 출력을 갖는 모터를 추가하고 있다.

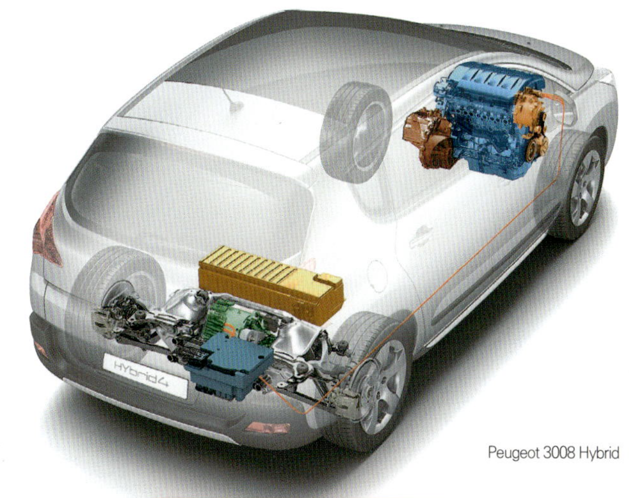

Peugeot 3008 Hybrid

● ○ ○ ○

DIRECT
SYSTEM [직결식]

높은 주파성을 발휘하는 4WD의 원형

전/후륜이 직결되어 있는 가장 심플한 4WD의 원형이다. 비포장 도로를 저속으로 이동하는 건축기계나 농경작업차 등에서 볼 수 있지만, 선회하는 것이 아주 곤란 (포장도로에서는 실제로 불가능)하기 때문에 승용차에 사용되는 일은 없다. 제어기구는 하나도 없으며, 전/후륜의 접지 하중에 따라서 토크배분이 자동적이면서 순간적으로 이루어지고, 항상 최대의 구동력을 노면에 전달 할 수 있다. 이 시스템은 기구 자체가 지니는 자기(自己) 조정기능을 사용하며, 따라서 직진에 한해서는 발군의 주파성을 발휘한다. 다만 전/후륜이 같은 속도로만 회전하므로, 회전하려고 하면 전/후륜에서 회전차 속도차가 발생하는 방향으로 힘이 작용하고, 이 힘이 전륜의 코너링 파워를 없애면서, 전/후륜의 회전속도차가 커지는 타이트 코너에서는 브레이킹 현상을 일으킨다. 비포장도로라면 타이어의 슬립으로 회전속도차가 흡수되지만, 기본적으로 포장도로에서는 성립될 수 없다. 이러한 결점을 극복하고, 모든 상황에서 이 직결 4WD의 주파성을 실현하려고 하는 것이, 모든 4WD의 목표이고 시발점이다.

○ **장점**

- 전/후륜의 접지 하중비에 따라, 자동적으로 토크배분이 이루어진다.

✕ **단점**

- 전/후륜이 같은 속도로 돌기 때문에 타이어와 노면 사이에서 슬립이 발생하지 않으면 방향 회전이 되지 않는다.
- 타이트 코너 브레이킹 현상이 발생한다.

SELECTIVE
SYSTEM [선택식]

4WD / 2WD의 선택기구로 편리성을 확보

도그 클러치(Dog Clutch)에 의한 단속기구로 전륜 혹은 후륜 측의 구동계를 분리함에 따라 4WD와 2WD의 선택이 가능하다. 포장도로 등의 일상적인 주행 시에는 2WD의 상태로 하여, 회전하기 쉽게 하는 등, 승용차에서 필요한 운동성능이나 연비성능을 확보한다. 필요할 때에만 4WD로 전환함으로써, 직결 4WD가 지니는 뛰어난 주파성을 발휘한다. 자연지형인 비포장도로에서 가장 높은 주파성을 발휘하는 점에서, 오프로드 4WD에서는 거의 반드시 이 방식을 채용하고 있다(센터 디퍼렌셜 등의 디바이스를 장비하는 경우라도, 직결 4WD 모드가 준비된다). 그러나 도그 클러치를 사용하고 있기 때문에, 기본적으로 주행하면서 전환할 수는 없다. 조작에 즈음해서는 정차 상태에서 기어를 중립으로 해야 하고, 전/후륜에 서로 다른 회전방향의 부하가 걸린 상태에서는 접속 (2WD → 4WD)은 물론, 해제 (4WD → 2WD)할 수 없는 경우도 있는 등, 제약도 많다. 그러므로 기구에 대한 지식과 이해가 없으면 적절한 조작이 어렵다.

대표적인 예
- Daihatsu Hijet
- Suzuki Jimny
- Jeep Wrangler

O 장점
- 선택기구를 설치함에 따라, 직결식 4WD의 장점을 누릴 수 있는 경우에서만 4WD를 선택하는 것이 가능하다.

X 단점
- 2WD / 4WD를 순간적으로 전환하는 것이 어렵고, 전환 조작에 어느 정도의 지식과 이해가 요구된다.

기계적인 체결을 행하는 도그 클러치

Chrysler Jeep에 사용되는 직결 모드 (로크 모드)가 있는 센터 디퍼렌셜 유닛이다. 서로 맞물리는 형상을 지닌 2개의 커플링 (그림에서 인접하는 황색과 청색의 링 형상 부품)의 체결에 의해서, 전/후륜의 구동계는 직결 상태가 된다.

○○●○

CENTER DIFFERENTIAL SYSTEM [센터 디퍼렌셜 식]

모든 상황에서 정확하게 토크를 분배

변속기 출력축과 앞/뒤 프로펠러샤프트의 사이에 배치된 디퍼렌셜 기구 (센터 디퍼렌셜)가 최대의 포인트이다. 전/후륜의 회전 속도차를 흡수하면서, 항상 모든 구동륜으로 엔진 토크를 전달하는 것이 가능하다. 즉 4WD기능을 살린 상태에서 원활하게 회전할 수 있다. 그리고, 센터 디퍼렌셜만으로는 어느 쪽인지 한 바퀴가 슬립하면 다른 구동륜으로 전달되는 토크가 제로가 되는 점에 대한 대책이나, 토크 배분을 능동적으로 제어하기 위하여, 현재는 차동제한기구를 병설하는 것이 일반적이며, 비스코스 커플링이나 전자제어 커플링 등과 같은 클러치 기구나, 토르센 디퍼렌셜 혹은 이들의 조합 등, 용도나 설계 사상의 차이에 따라서, 그 수법은 여러 갈래로 나뉘어진다. 기능적으로는 이상적이지만 구조가 복잡하고 비용이 드는데다 모든 구동륜에 상시 토크배분을 실시한다는 점에서, 앞/뒤 모두의 구동계에 그 나름의 강도가 요구되어 결과적으로 무거워지기 쉬운 점이 단점이다.

대표적인 예

- Mitsubishi Lancer Evolution X
- Audi S4
- Subaru WRX STI

○ 장점

- 항상 4륜에 토크를 전달함으로써 최대의 구동력을 확보하면서, 전/후륜의 회전속도차를 허용하여 원활하게 좌/우로 선회할 수 있다.

✕ 단점

- 기구가 복잡하고 무거워지는 점에서, 비용이 듦과 동시에 연비 면에서도 유리하다고는 말하기 어렵다.

토크 배분을 기계적으로 자동제어

아우디의 「크라운 기어(Crown gear)식 센터 디퍼렌셜」이다. 십자로 배치된 4개의 피니언기어를, 유효직경이 다른 2개의 크라운기어에 끼워 넣음으로써 앞뒤의 기본 토크 배분비를 설정한다. 차동제한용 클러치도 내장하여 전자제어를 하지 않으면서도 이상적인 토크 배분을 실현한다.

ON-DEMAND
SYSTEM [온디맨드 식]

심플한 구조이지만 제한도 많다.

주 구동륜 측 (그림에서는 앞쪽)의 차축은 엔진 / 변속기와 직결, 반대
측 (이하 「추가 측」이라고 표기)의 차축은 전자제어 커플링에 의하여
연결한다. 일반적으로는 2WD로 주행하고, 필요할 때에만 커플링을
접속하여 4WD 주행을 실행한다. 센터 디퍼렌셜이 없으며, 클러치만
으로 토크를 전달하기 때문에, 추가측에 토크배분을 늘리려고 하면, 동
시에 전/후륜의 차동제한이 발생한다. 전/후륜의 차동을 완전하게 제
한하면 직결 4WD와 같은 상태가 되어버리기 때문에, 추가측에 대한
토크배분에는 어느 정도의 제약이 따른다. FF 베이스의 경우, 30~40
km/h 이상의 속도에서 코너링 시에는 후륜측의 회전이 전륜보다도 빨
라지기 때문에, 이 영역에서 4WD로 전환하면 푸싱 언더(Pushing
under)가 유발되는 결점이 있지만, FF 주행모드의 좋은 연비효율을
활용한다면 환경성능의 확보도 가능해진다. 토크배분에 제한이 있는
반면, 추가측의 구동계를 토크배분에 적합한 강도로 함으로써 경량화
가 가능하다는 장점도 있다.

대표적인 예

- Porsche Panamera 4S
- BMW X3
- Nissan GT-R

장점

- 설계 사상에 맞게, 필요 최저한의 토크배분과
  시스템 강도의 설정이 가능하다.
  중량의 증가를 필요 최저한으로 억제할 수 있
  으므로 연비의 악화가 적다.

단점

- 클러치를 완전하게 체결해버리면 직결
  4WD의 단점이 나타나므로,
  구동력 배분에 제한이 있다.

토크 리미터 (Torque Limiter)로서도 작용

전자제어 커플링의 예 (사진은 GKN의 것)이다. 전자제어에 의한 압착력의
제어로 전달토크의 컨트롤이 가능하다. 미끄러짐을 허용하는 클러치라는
구조를 활용하여, 과도한 토크를 제한하기 위한 토크 리미터로서도 작용하
고 있다.

ILLUSTRATION FEATURE : NEW VALUE OF ALL-WHEEL-DRIVE

최신 4WD

TEST & ANALYSIS
in TWIN RING MOTEGI

4WD의 실력을 남김없이 안전하게 테스트한다. 그러기 위해서 MFi가 선택한 것은,
TWIN RING MOTEGI의 ATSP(Active Safety Training Park) 중의 Slippery Course.
여기에서 4대의 최신 4WD 자동차로, Professor 사와세(澤瀬)씨에게 테스트를 받았다. 그 결과는?

취재 협력 : TWIN RING MOTEGI
사진 : 세야 마사히로(瀬谷正弘)

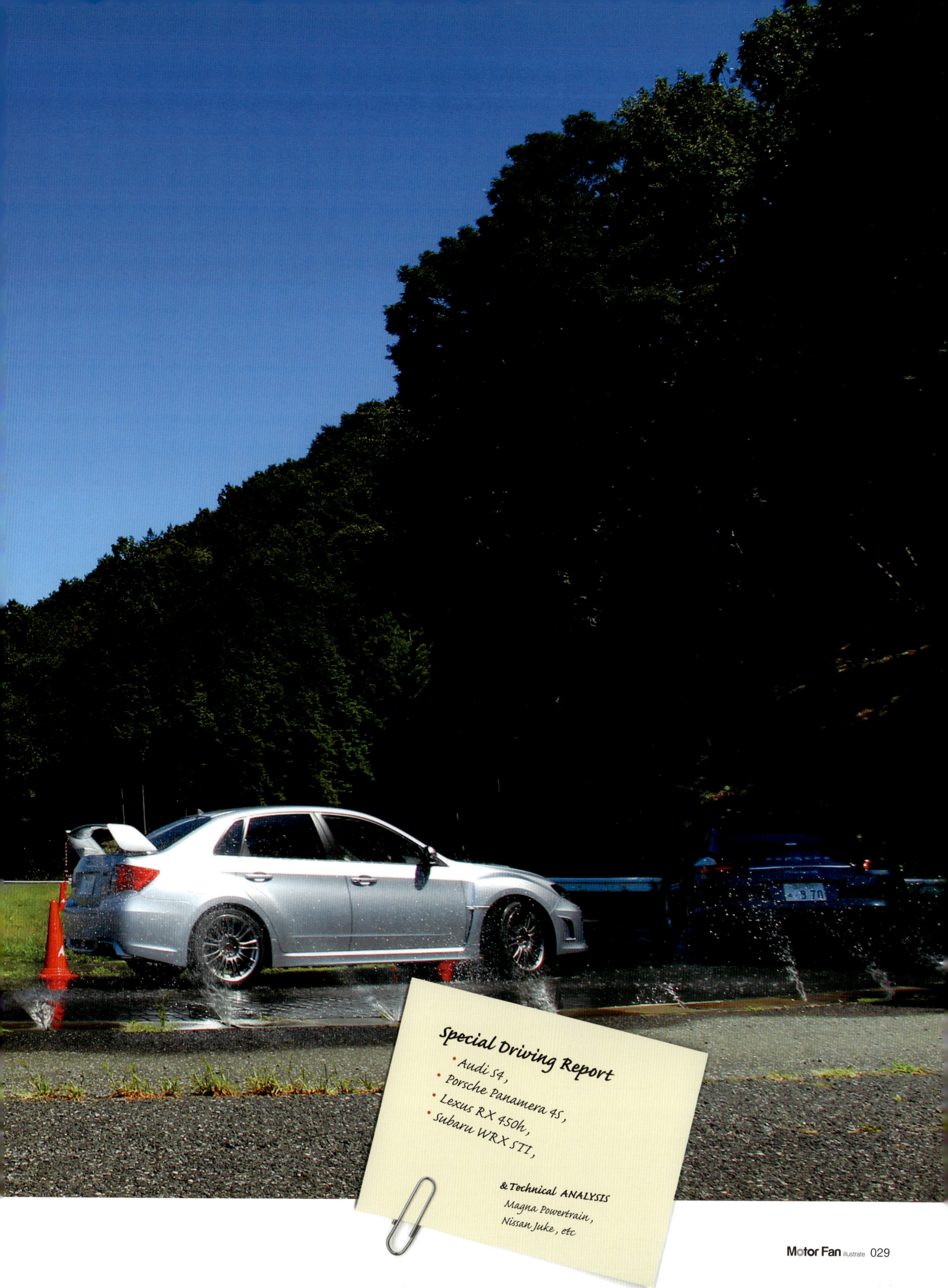
Special Driving Report
• Audi S4,
Porsche Panamera 4S,
• Lexus RX 450h,
• Subaru WRX STI,

& Technical ANALYSIS
Magna Powertrain,
Nissan Juke, etc

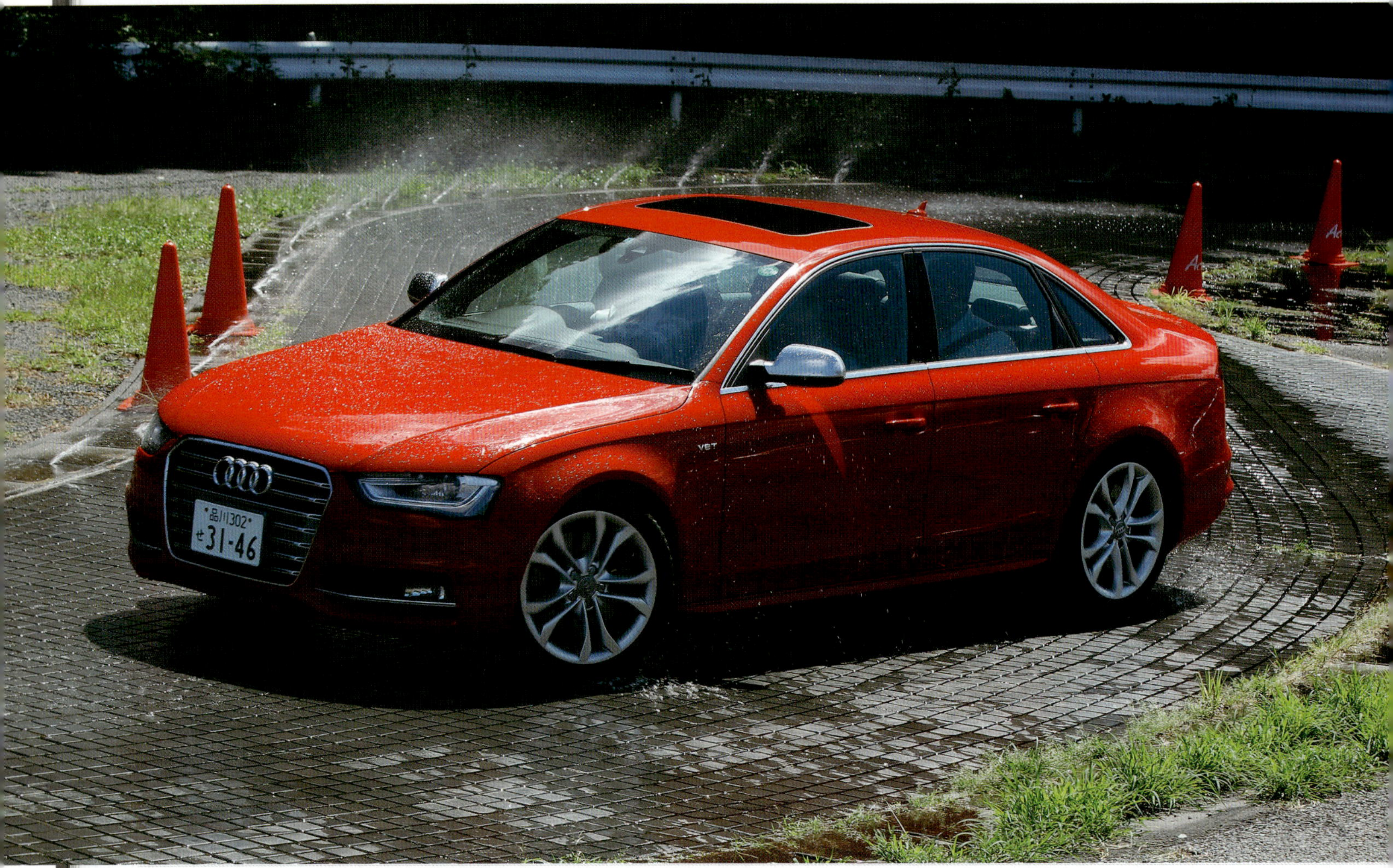

file **1**

AUDI
S4

>> 센터 디퍼렌셜 식 / 크라운기어 식

토크 벡터링 기술의 도입으로
새로운 경지를 개척한, 전통의 4WD

센터 디퍼렌셜을 사용하는 전통적인 4WD 기술을 더욱 연마하면서

전자제어를 구사한 토크 벡터링 기술을 도입하였다.

운전자를 이끄는 듯이 자연스레 작용하는 제어는 과연 대단하다

글 : 타카하시 잇페이 (高橋一平) + 사와세 카오루 (澤瀬 薫)
사진 : 세야 마사히로 (瀬谷正弘) / AUDI

메커니즘과 제어가 어울어진
전통이 있는 회사 나름의 세계관

FF모델의 경우, 아우디의 4도어 세단인 A4에는 존재하지만 스포티 모델인 S4와 순수한 스포츠모델인 RS4는 콰트로(Quattro)에만 존재한다. 한마디로 아우디의 콰트로라고 하여도, A3(횡배치 FF 베이스)와 A4이상 (종배치 FF베이스)에서는 시스템 구성이 당연히 다르다. 이전부터 센터 디퍼렌셜에 토르센(Torsen)을 사용한 4WD 시스템을 채용하고 있었지만, S4에는 토르센 대신에 아우디가 개발한, 보다 소형경량의 Self-locking · Crown gear Center-Differential 이 채용되고 있다. 앞으로는 순차적으로 토르센에서 크라운기어식으로 전환되어 갈 것이다. 전/후의 토크배분은 프런트 40 : 뒤 60 이 기본이다. 아우디류의 토크벡터링 해답이, 뒤쪽에 조립되는 스포츠 디퍼렌셜이다.

변속기와 서스펜션, 스포츠 디퍼렌셜 등, 전자제어가 가능한 부분에서 맛을 선택할 수 있는 '아우디 드라이브 셀렉트'를 표준 으로 장착한다. 모든 제어 요소를 목적별로 통합하여 변경하는 모드(상단의 왼쪽 사진)와 개별적으로 변경하는 모드(위쪽 사진)가 준비되어 있다. 엔진은 3.0리터의 V6 (왼쪽 사진)이다. 연료공급은 직접 분사 방식이며, 수냉(水冷) 인터쿨러를 사용하는 슈퍼차저(Supercharger)를 조합함으로써 Flat한 토크 특성을 실현하고 있다.

● Audi S4

길이×너비×높이	4730×1825×1420mm
축간거리	2810mm
중량	1780kg
엔진	3.0리터 V6 DOHC + 슈퍼차저
·배기량	2994cc
·최고출력	245kW / 5500–6500rpm
·최대토크	440Nm / 2900–5300rpm
서스펜션 형식	F 5링크/ R Trapezoidal
구동방식	풀타임 4WD (센터 디퍼렌셜식)

7단 DCT에 토크 벡터링과 최신의 전자제어 기술이 투입된 최신세대의 4WD이다. 아우디의 4WD, 콰트로라고 하면 센터 디퍼렌셜식 4WD이지만, 놀랍게도 앞뒤의 토크배분을 컨트롤하는 센터 디퍼렌셜에 전자제어를 사용하지 않고, 기계적 제어만을 한다는 점이다.

변속기나 뒤디퍼렌셜은 물론이고, 서스펜션이나 스티어링까지, 거의 모든 부분에 전자제어가 도입되어 있음에도 불구하고, 센터 디퍼렌셜만이 기계적 제어라는 사실은 매우 흥미롭다.

이제까지 아우디는 센터 디퍼렌셜에 토르센 디퍼렌셜을 채용해 왔다. 토르센은 기어만으로 구성되는 매우 심플한 구조이면서, 센터 디퍼렌셜에 걸리는 토크에 따라 적절한 차동제한이 이루어질 수 있다는 장점을 가지고 있었지만, 유성기어의 병설을 필요로 하였다. S4에 채용된 「크라운기어식 센터 디퍼렌셜」은 기계적인 장점을 그대로 살리며 구조를 완전히 쇄신하였다. 전/후 비대칭인 토크배분비를 만들어내는 기능까지 갖게 하면서도 구조가 심플하여 소형경량화에도 성공하고 있다.

이에 따라, 초기 값이 앞 40 : 뒤 60 인 토크 배분비는 상황에 따라 앞 15 : 뒤 85 부터 앞 70 : 뒤 30까지 광범위하게 변화시킬 수 있다. 물론 기계적 제어로 인해 시간지연(time lag) 없이 재빠르게 반응한다.

그리고 S4를 특징짓는 메커니즘이라고 하면, 뭐라고 해도 전자제어에 의한 토크 벡터링 기술이 투입된 「스포츠 디퍼렌셜」이다. 선회할 때에 바깥쪽의 차축을 증속하면서 분배토크를 늘리는 기능에 의해, 1.8t이나 되는 S4는 놀랄 정도로 경쾌하게 방향을 바꾼다.

혼재되어 있는 기계제어와 전자제어를 훌륭하게 조화시킴으로써 4WD가 아니고는 할 수 없는 세계관을 열어준 S4. 전통적인 회사가 이끌어 낸, 실로 자극적인 최적의 해답이다.

» S tronic + crown-gear centre differential

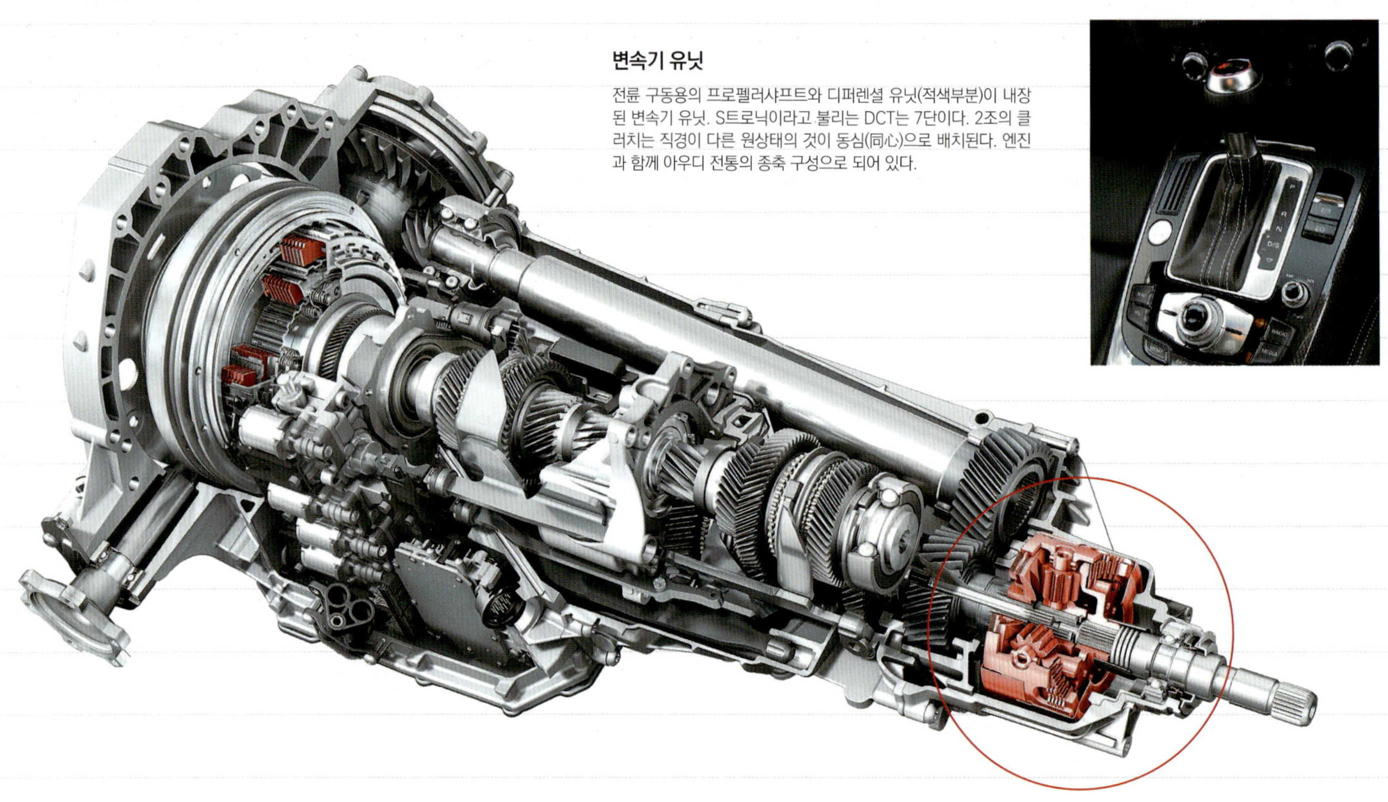

변속기 유닛

전륜 구동용의 프로펠러샤프트와 디퍼렌셜 유닛(적색부분)이 내장된 변속기 유닛. S트로닉이라고 불리는 DCT는 7단이다. 2조의 클러치는 직경이 다른 원상태의 것이 동심(同心)으로 배치된다. 엔진과 함께 아우디 전통의 종축 구성으로 되어 있다.

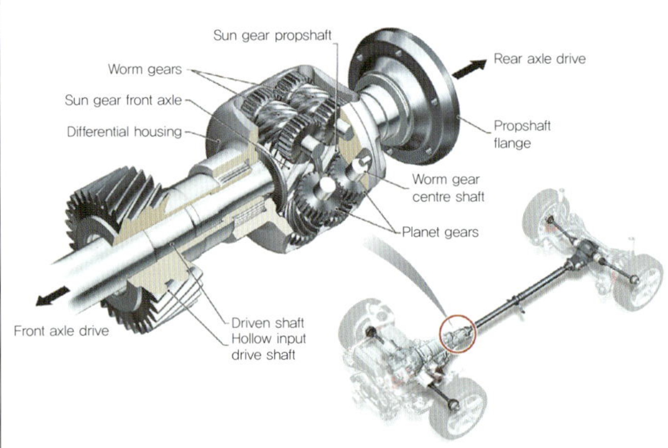

former model

차동제한 기능을 겸비한 유성기어

센터 디퍼렌셜 식	토르센 A type

이전 모델까지 센터 디퍼렌셜에 채용되었던 A type의 토르센 디퍼렌셜이다. 웜기어를 역회전시킬 때에 기어의 치면(齒面)에서 발생하는 마찰저항을 이용하여 차동제한을 실시한다. 기어에 걸리는 토크에 따른 차동제한 효과가 얻어지는 데다, 기계식으로 인한 재빠른 반응이라는 장점도 겸비한다. 이 기능들은 그대로두고 경량 콤팩트화를 진척시킨 것이, 오른쪽에 나타낸 크라운 기어식이다.

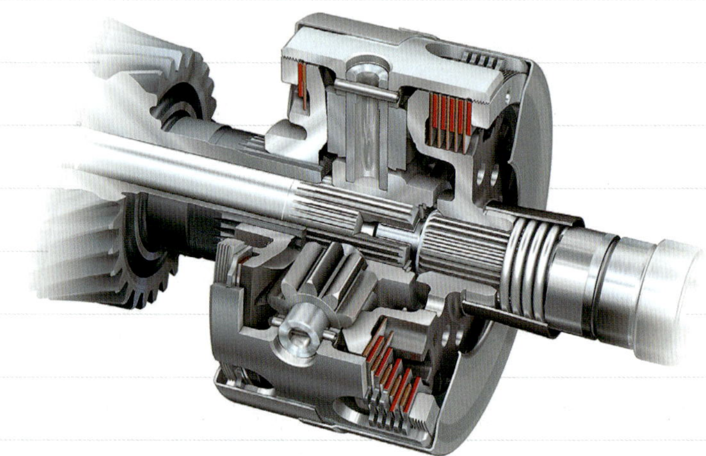

크라운 기어식 센터 디퍼렌셜

변속기의 출력축에 장착된 4개의 피니언 기어를, 각각 전/후의 차축으로 연결된 2개의 크라운기어 사이에 끼워 넣어 디퍼렌셜기어를 구성한다. 2개의 크라운기어는 유효하게 작용하는 부분 (기어이가 접촉하는 부분)의 직경이 각각 다르기 때문에 잇수(齒數)가 다르고, 따라서 전/후륜의 토크배분비 (앞 40: 뒤 60)가 결정된다. 그리고 후륜용 크라운 기어의 배후에 차동제한용 클러치를 장착한다. 기어와 기어 사이에서 발생하는, 서로의 기어이를 타고 넘으려는 힘으로 클러치를 압착시킴으로써 차동제한이 이루어진다. 모든 제어 요소가 기계적으로 완전결합되어 있어, 동작에 시간지연이 존재하지 않는다.

» **Sport differential**

좌/우의 드라이브샤프트에 각각 독립된 증속(增速) 기어기구를 갖는다. 2셋트의 내접 기어에 의하여 구성되는 증속 기어기구는 클러치를 통하여 파이널 링기어에 접속된다. 이 클러치는 컨트롤 유닛에 의해 제어되는 유압으로 작동한다. 증속기구를 사용하지 않을 때에는 해방된 상태로 되어 있으며 클러치가 접속되어야 증속작용이 작동한다. 증속작용을 필요로 하는 쪽의 클러치를 접속하는 것이 기본적인 동작이며, 클러치의 압착력을 컨트롤함으로써 여러 가지 상태를 만들어내는 것이 가능하다.

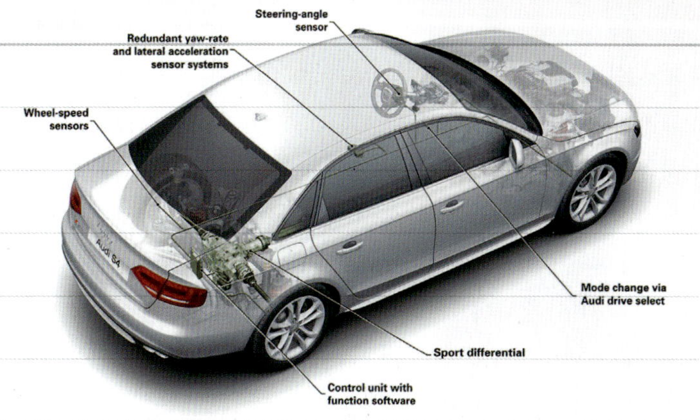

"선회"를 위한 제어를 적극적으로 개입시키는 스포츠 디퍼렌셜은 컴퓨터와 센서 없이는 성립되지 않는다. yaw-rate나 횡 가속도 스티어링 각도 등의 정보를 샘플링하여, 컨트롤 유닛이 디퍼렌셜 제어를 실시한다.

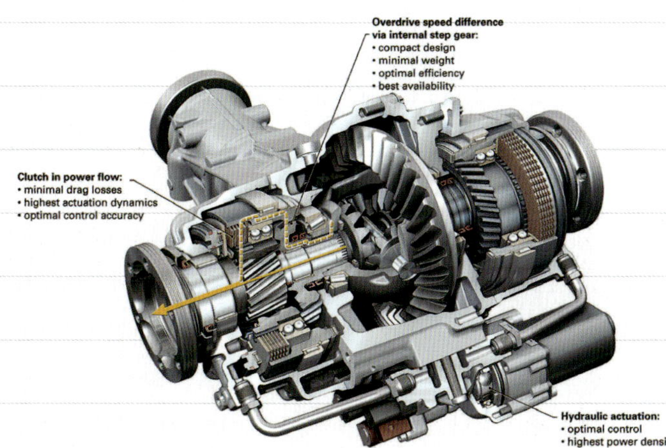

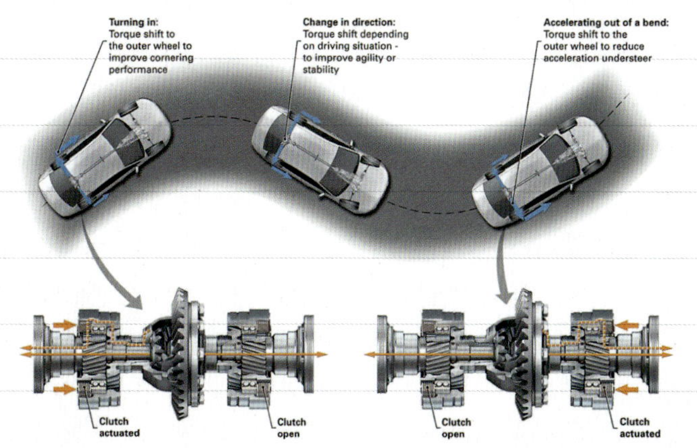

작동원리

차량이 선회에 들어가면 코너 바깥쪽의 증속용 기어에 구비된 클러치를 접속, 링기어의 구동력은 디퍼렌셜 기어를 통하지 않고 증속용 기어로 전달되어 드라이브샤프트가 증속된다. 이때, 반대쪽(안쪽)의 드라이브 샤프트는 디퍼렌셜 기어의 작용에의해 반대로 감속된다.

PROFESSIONAL EYE
Prof . Kaoru SAWASE

센터 디퍼렌셜식 온로드 4WD의 원조인 아우디가 토크 벡터링 기구에 힘을 쏟아 만든 자동차이다. 센터 디퍼렌셜 방식은 엔진이 항상 기계적으로 4륜과 연결되어 있다는 점이 특징인데, 토크 벡터링과 조합시키면 앞뒤의 타이어 그립을 능숙하게 사용하여 선회 성능이 높아진다. 결과적으로 마치 그립 영역이 넓어진 것처럼 느껴진다. 180도 턴이나 360도 턴과 같은 짐카나(gymkhana)적 주행에서는, 토크 벡터링이 있으면 주행 방법을 바꾸지 않으면 안 되지만, 그런 특수한 운전상태를 제외하면 센터 디퍼렌셜식으로 토크 벡터링 기구를 구비한 풀타임 4WD 자동차야말로, 모든 노면에서 선회성능을 높여준다. 드라이빙의 폭이 넓어진다. 실제로 이 아우디 S4도 마찰계수가 낮은 상태부터 높은 상태까지 쉽게 달린다. 빙상에 가까운 극저 마찰계수 도로에서의 선회 중에 액셀페달을 가볍게 밟으면, 테일(Tail)이 선회 바깥쪽으로 나오기보다는 조향하는 방향으로 노즈(Nose)가 들어가는 움직임이 나온다. 스태빌리티 컨트롤을 ON으로 하면, 자세가 흐트러질 것 같은 곳에서도 솜씨 좋게 개입해준다. 개입의 타이밍과 양의 결정 방법이 뛰어나다. 엔진, 변속기, 스티어링 및 타이어 모두를 포함해서, 실제로 저 마찰계수 도로를 달리기가 쉬워진다. 그리고, 전동파워 스티어링에서 손에 전달되는 느낌은 모두 인공적으로 부가된 것이라고 생각하지만, 지금 자신이 어떠한 노면을 달리고 있는지를 잘 알 수게 해준다. 주행모드를 「Dynamic」으로 바꾸면, 고 마찰계수 도로에서 「잘 선회한다」는 인상이 들지만, 어느 정도까지가 그 한계이다. 저 마찰계수 도로를 달리면 「Normal」모드가 가장 좋다. 「Dynamic」은 서킷과 같은 고 마찰계수와 높은 가속도 영역에서 빠르게 달리게 하는 모드일 것이다. 좋고 나쁨은 별도로 하고, 반응이 빨라지기 때문에 거동 변화가 커지고, 한계 부근에서 차량 거동을 컨트롤하는 기량이 요구된다. 전체적인 인상은, 좌/우지간 「보통의 좋은 자동차」이다. 토크 벡터링을 운운하기 전에, 보디와 샤시가 튼튼하고, 정확히 신체를 지탱해주는 시트가 구비되어 있는 것이 중요하며, 그런 의미에서 아우디 S4는 「좋은 자동차」라고 생각한다.

드디어 토크 벡터링으로...
좌/우지간 「보통의 좋은 자동차」

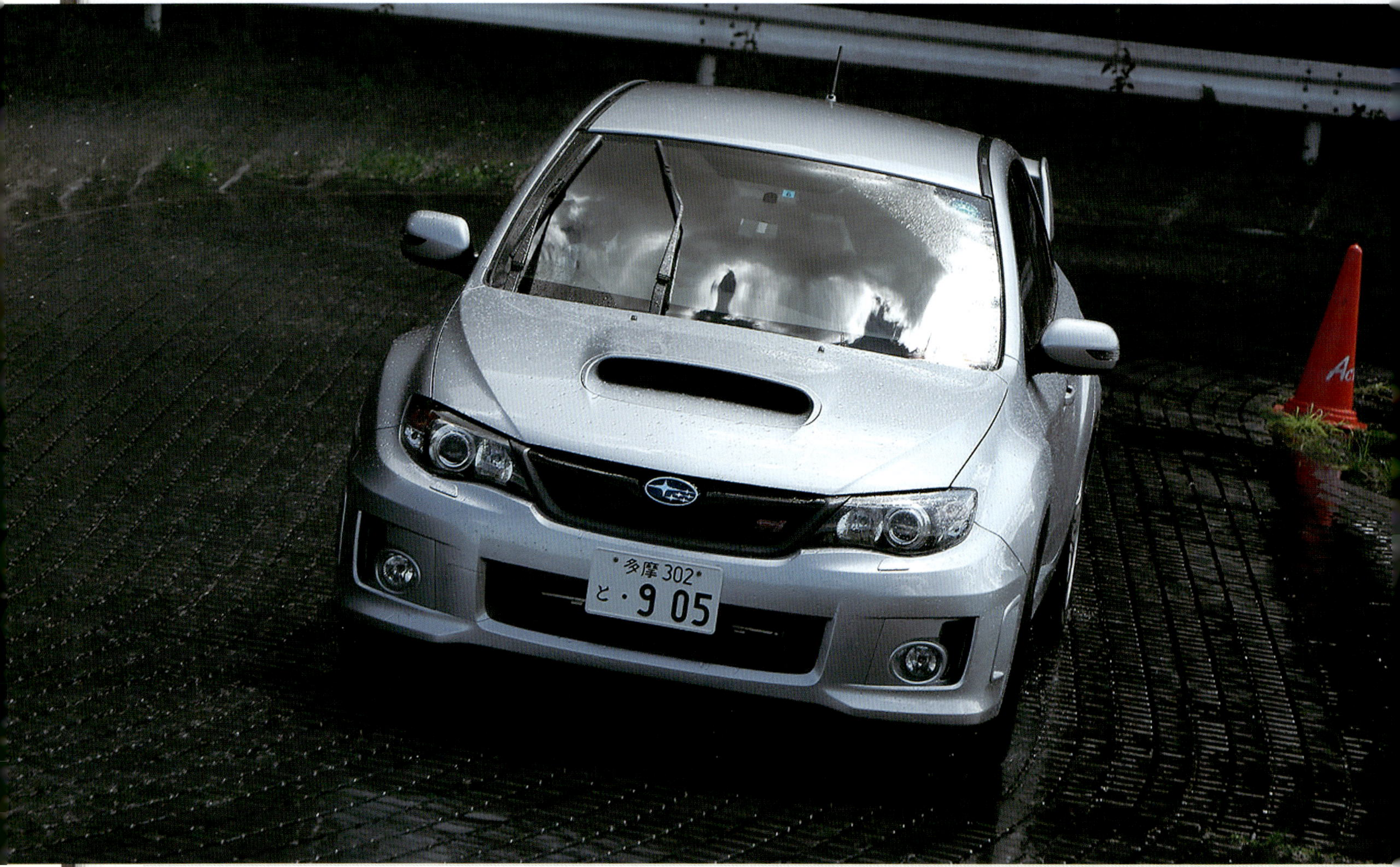

SPECIAL DRIVING REPORT

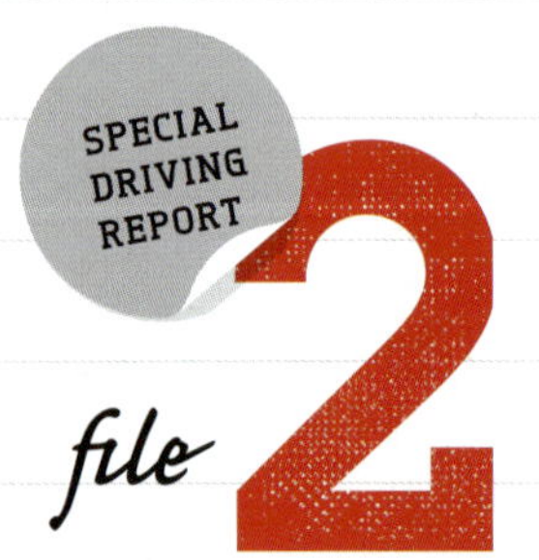

file 2

SUBARU WRX STI

» 센터 디퍼렌셜 식 / 전자(電磁)클러치

스포츠 4WD의 영웅, Subaru의 운동성능을 추구한 시스템

다수의 4WD시스템을 가지고 있는 Subaru가, 운동성능을 추구한 자동차인 WRX STI에 탑재한 것이 DCCD이다. 4WD를 계속 갈고 닦아 온 Subaru가 온로드 · 스포츠 4WD에 조립한 시스템은 어떤 것일까?

글 : 마키노 시게오(牧野茂雄) + 사와세 카오루(澤瀬 薫) + MFi
삽화 : 세야 마사히로(瀬谷正弘) / 민자와 코토미(萬澤琴美) / SUBARU

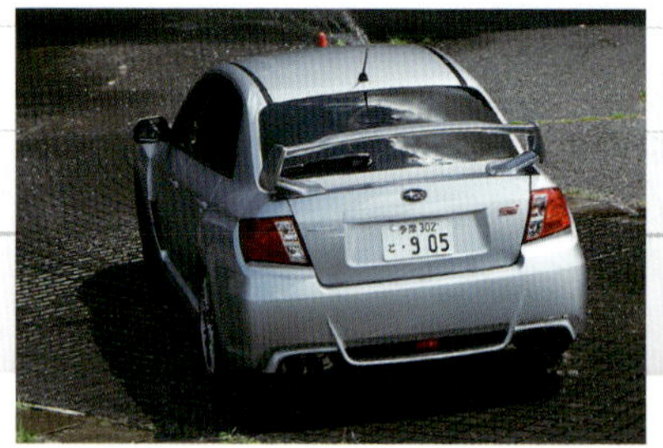

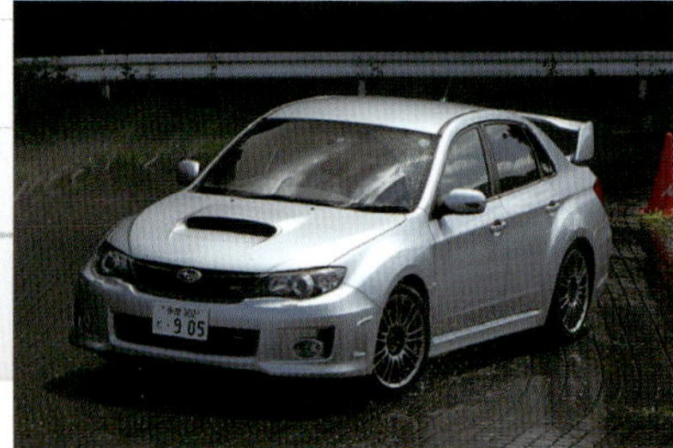

운동성능 추구형
Subaru 4WD의 정수

1세대 이래로, WRC 베이스 차량으로서의 이미지에서 운동성을 추구하여 온 것이 「WRX」다. 스바루 4WD 기술의 정수가 녹아 있는 모델이다. 그 WRX STI의 핵심인 멀티모드 DCCD는, 센터 디퍼렌셜의 차동제한을 실행하는 센터 디퍼렌셜 컨트롤러로써, 오토나 매뉴얼의 선택이 가능하다. 현 모델에서 오토 모드는 「AUTO」, 「AUTO+」, 「AUTO-」의 3가지 모드를 설정할 수 있다. AUTO+는 센터 디퍼렌셜의 차동제한을 다소 강하게 하여 안정을 지향하며, AUTO-에서는 반대로 다소 약하게 하여 선회성을 향상시키는 설정이다. 오토 모드의 제어시스템은 차륜 속도, 스로틀 개도 외에 요잉율(yaw rate), 횡 가속도, 조향각 등을 계측하고 있다. 매뉴얼 모드에서는 전자제어 LSD의 6단계 조정이 가능하다.

탑재 엔진은 EJ20형 2.0리터 수평대향 4기통 트윈 스크롤 터보이다. 주 엔진의 흐름은, 「F」의 이니셜이 붙어 있는 FB 혹은 FA형으로 교체되었지만, 스바루에서 가장 스포티한 성격을 갖는 WRX STI는 WRC의 흐름을 이어받은 EJ 터보를 탑재했다. 탑재방법은 대칭형 AWD (Symmetrical AWD)를 표방하는 종배치이다. 변속기는 6AT와 조합한 VTD-AWD (Variable Torque Distribution AWD = 부등 & 가변 토크 배분 전자제어 AWD)의 모델도 있지만, DCCD를 채용한 것은 6MT분이다.

● *WRX STI 4 Door*

길이×너비×높이	4580×1795×1470mm
축간거리	2625mm
중량	1490kg
엔진	2.0리터 Boxer DOHC 터보
・배기량	1994cc
・최고출력	227kW / 6400rpm
・최대토크	422Nm / 4400rpm
서스펜션 형식	F Strut / R Double Wishbone
구동방식	풀타임 4WD (센터 디퍼렌셜식)

수평대향 엔진 + 4WD 시스템, 스바루가 말하는 Symmetrical AWD는, 차종 형식별로 여러 종류의 시스템이 존재한다. 그 중에서도 가장 스포티한 모델인 WRX STI, 그것도 6MT 사양에만 채용하고 있는 것이 DCCD (Driver′s Control Center Differential)이다. Mitsubishi Lancer Evo X와 함께, 전세계의 스포츠 4WD의 선두를 달려 온 모델이다. 덧붙이자면 AT 사양은 VTD-AWD라는 복합 유성기어 방식의 센터 디퍼렌셜을 사용한 형식이다.

DCCD는 유성기어의 센터 디퍼렌셜에, 다판클러치에 의한 차동제한을 조합하여 전/후륜으로의 구동배분을 실행한다. 기본은 전륜 41 : 후륜 59의 토크 배분이다. 「Driver′s Control」을 구가하는 것만으로, 차동제한의 세기가 오토 모드뿐만 아니라 수동으로도 선택이 가능하게 되는 것이다. 선회+구동의 운동성능을 4WD에서 어디까지 추구할 수 있을지가 테마가 되고, 그것으로 상품가치를 갖는다는 것은 상당히 드문 일이다. 그것은 WRC(세계랠리선수권)를 겨루는 머신으로서의 배경을 가지고 있던 역대의 모델에서 계승한 재산이라고 말할 수 있을 것이다. 그러므로 센터 디퍼렌셜의 모드를, 「매뉴얼」 자유자재로 사용할 수 있는 지식과 모터 스포츠를 사용할 수 있는 운전 기량을 지닌 사람의 손에 들어가면, 마음대로 다룰 수 있는 전문가 취향의 온로드・슈퍼 스포츠 4WD가 된다. 차량의 기본적인 중량배분은 FF 베이스로 앞쪽이 무겁지만, 구동력 배분은 뒷 차축에 치우쳐 시승코스인 저 마찰계수 도로에서도 FR적인 거동을 보였다.

일본이 세계의 선두 주자인 기술 분야의 하나가 4WD이다. 그 중에서도 최첨단의 시스템을 탑재한 것이 WRX STI이다. 차기작에서 스바루가 이 DCCD를 어떻게 진화시킬지 기대된다.

» SUBARU Symmetrical AWD

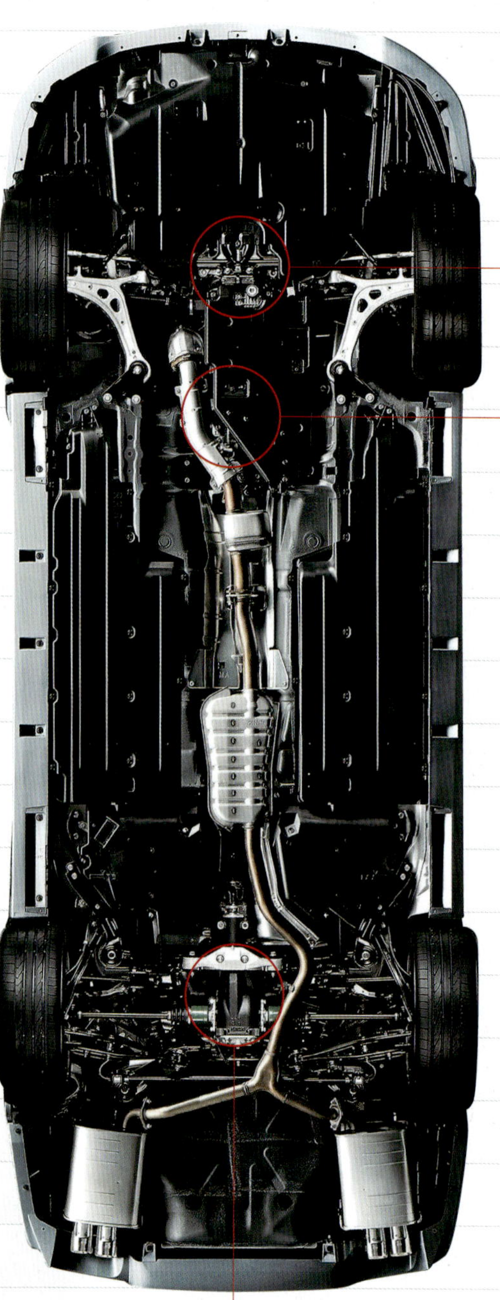

앞 차축에 배분된 구동력은 앞축중에 비해 약간 적으며 타이어의 그립력을 선회방향으로 활용하려는 의도가 보인다. 차동제한은 토크 감응형 LSD로 실행한다. 전/후 차축 및 센터 디퍼렌셜에 모두 3개의 차동제한 기구가 설치된다.

독특한 액티브 + 패시브 기구

유성기어를 사용하여 전/후 차축으로의 토크 배분을 불균등 (41 대 59)하게 하고, 차동제한 기구는 전자제어 솔레노이드에 의한 다판클러치식과 캠에 의한 기계식을 병용한다. 차동제한의 레벨을 수동으로 설정할 수 있는 점도 특징이다. 현행 WRX의 전/후 차축 정적 중량배분은 앞60 대 뒤40 정도이지만, 동적 (주행) 상태에서 후륜의 그립력을 선회방향보다 구동방향으로 이용하려는 의도는 불균등 토크배분에서 엿볼 수 있다.

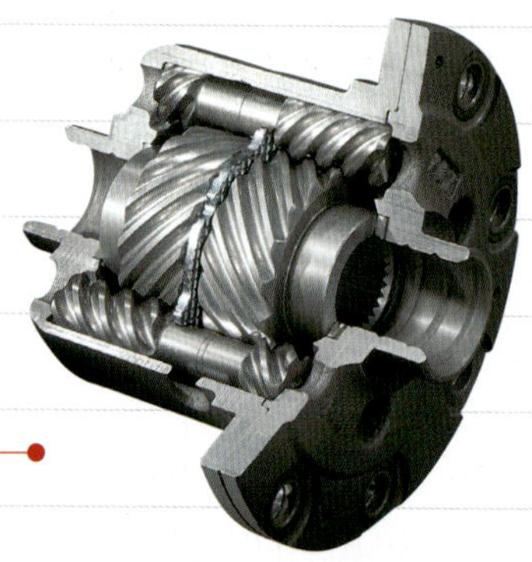

형식 B의 토르센 디퍼렌셜은 FF차를 상정하여 콤팩트하게 설계되어 있다. 중심에 있는 두 개의 사이드기어에 회전차가 없을 때의 토크배분은 50 대 50이며, 토크 바이어스 (Torque Bias) 비는 1.7~2.5 정도로 형식 A의 2.5~4.5 보다 낮다.

오토모드에서의 제어도 아주 우수하다

Driver's Control Center Differential이라는 명칭이 말하는 것처럼 센터 디퍼렌셜의 구속력을 수동으로 증감시킬 수 있다. 오토 모드도 있지만, 노면 상황에 따라 운전자 자신이 스스로의 경험과 기량으로 자동차 측의 특성을 변경할 수 있는 점이 특징이다. 그렇다 해도 오토 모드의 제어는, 조향각 / 요잉율 / 횡 가속도 / 스로틀 개도 등을 검출하여 실행하며, 일상에서는 충분하고도 남을 만큼의 성능을 발휘한다.

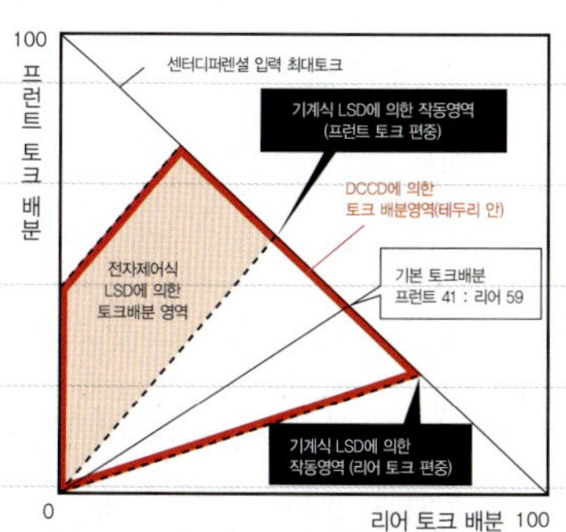

FF 베이스로 FR영역에

DCCD 안의 기계식 LSD와 전자제어 LSD가 각각 어떻게 기능하는지에 대한 그래프이다. 가변부분을 담당하는 것이 전자제어 (분홍색 부분)인데, 6단계 가변식이다. 앞 차축의 토크를 최소 25% 정도까지 낮추는 것이 가능하다.

초소형 시스템 설계

유성 기어의 지렛대비율(arm ratio)로 설정된 전/후 차축으로의 구동토크 배분은 앞41 대 뒤59이며, 그 토크의 흐름은 위의 그림과 같다. 큰 토크를 이 크기의 기어세트로 담당하게 하는 설계는 WRC에서의 노하우가 있어야 가능하다.

Ball & Cam에 의한 클러치 압착

센터 디퍼렌셜 안의 전자제어 LSD 부분이다. 기본은 GKN의 EMCD이고, Armature에 통전하면 파일럿 클러치 (청색)가 끌어 당겨져서 회전하며, 볼과 중간 클러치의 압력판 (녹색)의 상대 위치를 바꾼다. 볼을 어느 위치에서 멈추게 하는가에 따라 클러치 압착력이 변한다. 그 양은 아마추어로 흐르게하는 전류의 양에 의해 결정되는 구조이다.

PROFESSIONAL EYE
Prof . Kaoru SAWASE

DCCD를 갖추고, 노면상태에 따라 센터 디퍼렌셜의 구속을 강하게 하거나 약하게 할 수 있다. 일정한 모드로 고정시키지않고 운전자의 선택에 맡기는 방식이므로, 센터 디퍼렌셜을 「오토」 모드가 아니라 「매뉴얼」로 자유자재로 사용할 수 있을 만한 지식과 기량이 있는 오너에게는, 실로 즐길 수 있는 자동차일 것이다. 대략적으로 말하면, 센터 디퍼렌셜을 마이너스 쪽으로 하면 테일(Tail)이 움직여서 선회하는 움직임이 되고, 플러스 쪽으로 하면 직결 4WD와 같이 「선회하기」가 어려워진다. 저 마찰계수 도로에서는, 노즈(Nose)가 선회하는 안쪽으로 끌려가는 움직임이 그렇게 크지는 않다. 프런트 타이어의 그립이 없어지지 않는 조향각과 스로틀 개도를 찾고, 거기서 가속페달 컨트롤에 의한 테일 슬라이드를 사용하면 원활하게 돌 수 있다. 자동차에 슬립 앵글을 주도록 하면 선회한다. 당연히 전륜으로 노면을 세게 박차고 있지만, 전륜이 지면을 할퀴고 있다기보다는, 전륜을 축으로 하여 후륜이 원을 그리는 것처럼 테일이 슬라이드를 한다는 인상이다. 차량 제원을 보면 앞축 중량이 뒤축 중량보다도 큰 FF 베이스의 4WD이지만, 구동력 배분은 뒤 차축에 치우치고, 달리는 느낌도 다소 FR적이다. 저 마찰계수 도로에서는 코너 출구에서 스티어링을 되돌리면서 액셀을 열기보다, 드리프트 앵글을 유지한 채로 코너를 탈출하고 싶어지는 캐릭터이다. 다시 말하면 DCCD의 조작으로 언더스티어링도 오버스티어링도 자유자재이다. 고전적인 4WD 스포츠의 측면도 가지고 있다. 운전 경력을 쌓은 숙련자용 자동차라는 인상이다. 안정성(Stability) 컨트롤을 ON으로 하면 모든 것이 안정된 방향으로 되며, 저 마찰계수 도로를 안전하게 그러나 차속은 억제되더라도 상관없는 상황에 적합하겠지만, 이런 자동차의 오너는 아마도 OFF로 하고 싶어하지 않을까? 내가 미쓰비시 자동차에서 랜서 에볼루션용의 4WD 시스템을 담당하고 있던 무렵, 항상 후지중공업을 의식하고 있었다. WRC(세계랠리선수권)에서 겨루는 베이스 머신의 개발은, 같은 일본에 강한 라이벌이 있다는 사실이 자극이 되었다. 이런 종류의 기술, 이런 방식의 자동차는 경영진에게 좀처럼 이해 받기가 쉽지않다. 그런 의미에서도, 매우 소수파가 되어버린 Subaru WRX STI는 커다란 존재 의의가 있다.

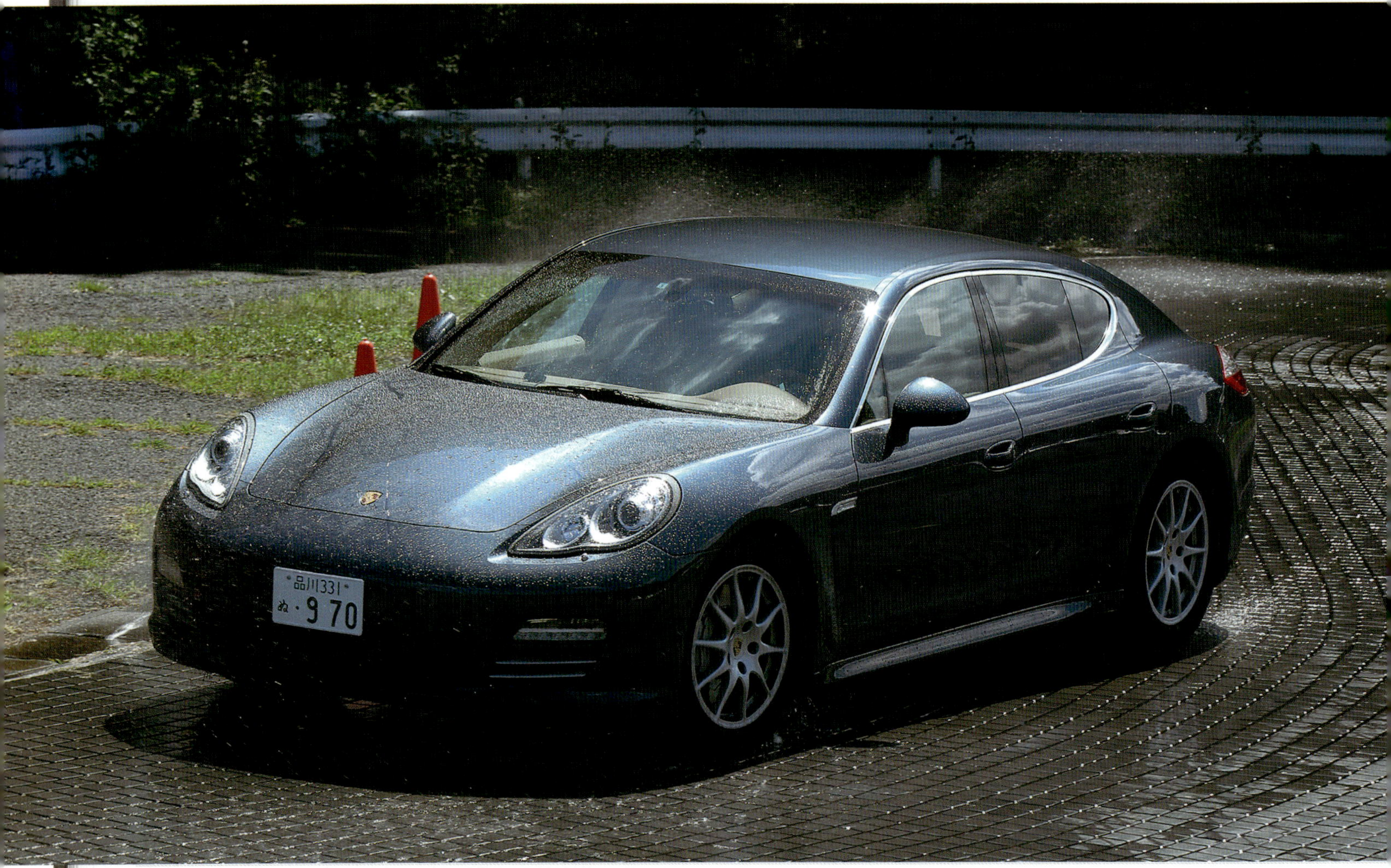

SPECIAL DRIVING REPORT

file 3

PORSCHE

Panamera 4S

» Torque 분할 식 / 전자제어 클러치

프런트 휠의 구동으로 안정성을 확보하는 후륜 구동 베이스의 4WD

4.8리터 / 400ps의 하이 파워 엔진을 탑재한 포르쉐의 대형 살롱, 파나메라 4S.
2톤에 가까운 중량급 보디를 길들인, 전통의 스포츠카 메이커가 아니면 할 수 없는 4WD 기술을 검증한다.

글 : 타카하시 잇페이(高橋一平) + 사와세 카오루(澤瀨 薰)
삽화 : 세야 마사히로(瀨谷正弘) / PORSCHE

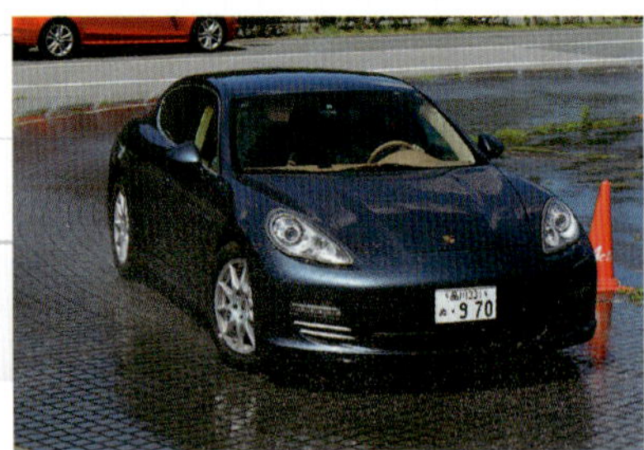

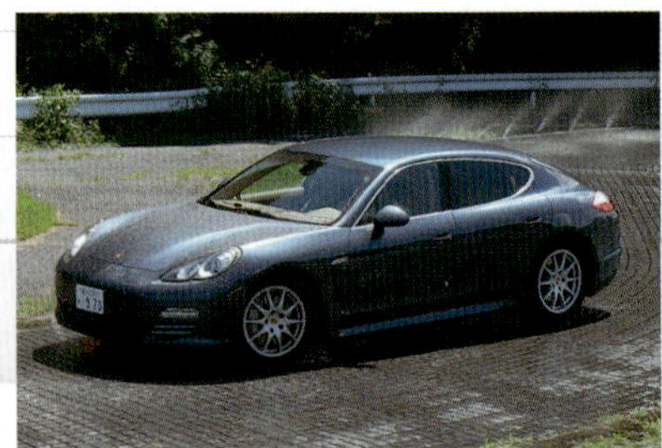

독특한 분위기가 감도는
대형 스포츠 Coupe

2009년에 등장한 포르쉐 최초의 4도어 쿠페인 파나메라. 당초에는 4.8리터 V8엔진 하나뿐이었지만, 2010년에 V8에서 2기통을 제거한 형식인 3.6리터 V6엔진을 탑재한 모델을 추가하였다. FR적인 기본적 구성을 지니며 표준모델은 FR로 설정되어있다. 이번에 테스트를 실시한 파나메라 4S는 4.8리터 엔진을 탑재하고, 4WD 방식으로 구동하는 모델이다. 4WD를 채용하는 모델로는 이 밖에도 V6 (파나메라 4)나 V8트윈 터보 (파나메라 터보 / 터보 S)등, 여러 가지 엔진이 있다. 2012년에는 슈퍼차저를 장착한 3.0리터의 V6엔진에 모터를 조합한 하이브리드 모델 (FR · 2WD)도 추가되었다.

911 시리즈와 같은 분위기가 감도는 디자인 탓일까, 사진에서 보면 그다지 크게는 느껴지지 않지만

DOHC의 가변밸브 시스템을 사용하는 4.8리터의 V8 엔진(좌측 사진)에 ZF의 7단 DCT(위쪽 사진)를 조합한다. 홀수단과 짝수단, 각각의 기어를 담당하는 2조의 클러치는 동심 이경원(同心 異徑圓) 형태로 배치된다. 클러치는 유압에 의해 조작되기 때문에, 클러치의 주변에는 복잡한 형상의 유압실이 배치되어 있다. 클러치 배후의 아래쪽에는 제어유압을 발생시키기 위한 오일펌프, 오일 팬에는 제어유압을 컨트롤하는 밸브보디가 보인다. 센터 콘솔에는 수많은 스위치가 배열되어있지만, 4WD만을 단독으로 조작하는 것은 존재하지 않는다.

● Porsche Panamera 4S

길이×너비×높이	4970×1930×1420mm
축간거리	2920mm
중량	1860kg
엔진	4.8리터 V8 DOHC
·배기량	4806cc
·최고출력	294kW / 6500rpm
·최대토크	500Nm / 3500–5000rpm
서스펜션 형식	F Double Wishbone / R Multilink
구동방식	풀타임 4WD (토크 분할 식)

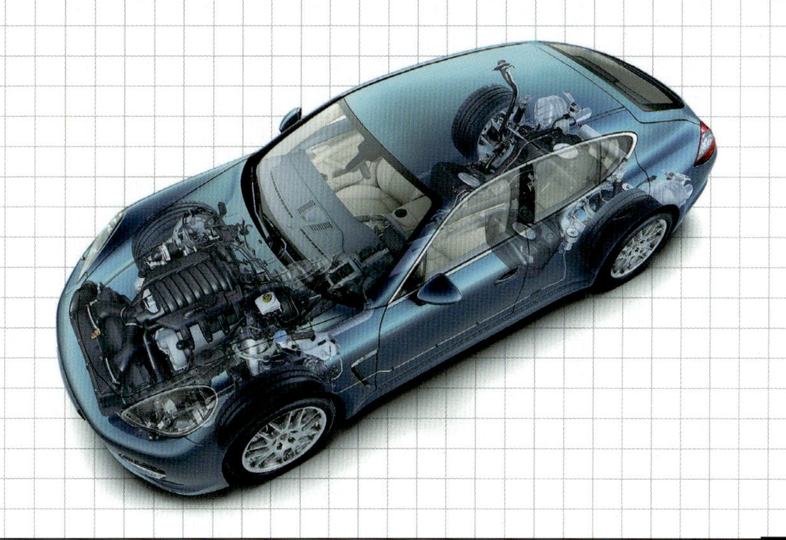

실제로 차를 눈앞에서 보면 그 크기에 놀란다. 인상만을 말하자면, 메르세데스의 S 클래스와 비교하더라도 크며 운전석에 앉으면 그 인상은 더욱 강렬해진다. 그도 그럴 것이, 너비는 놀랍게도 1930mm이다. 차 중량은 약 2톤이나 된다.

그러나 달리기 시작하여 몇 번의 스티어링 조작을 실시하는 사이에, 그 인상이 점차로 변해간다. 매끄러움 속에 샤프함이 느껴지는, 포르쉐만의 스티어링 필링에 기분 좋게 달리고 있으면, 차체의 움직임이 의외로 선형적으로 반응하고 있다는 것을 알아차리게 된다. 인간이란 불가사의한 존재로, 조작에 대

한 반응의 패턴을 파악할 수 있고, 그 방법을 알 수 있는 듯한 기분이 되면 순간적으로 인상도 변한다. 어느새 겉보기의 크기에 주저했던 것을 잊어버리고, 얼마든지 휘두를 수 있을 것 같은 착각에 빠져 든다.

하지만, 기분이 아무리 고조되었다고 해도, 역시 크고 무거운 것임에는 틀림이 없다. 사실 이번에 저마찰계수 도로에서 테스트를 한다고 들었을 때, 왠지 무서운 것을 본 것처럼 네거티브한 이미지가 머리에 떠올랐다.

그러나 테스트 주행에 동승해보니, 예상은 보기 좋게 빗나갔다. 예상외로 잘 달렸다. 뭐랄까 저 마찰

계수 도로에서의 타기 쉬움은, 당일 가지고 간 차량 중에서도 상위권에 해당되었다. 실제로 자신 없는 운전실력으로 직접 달려보아도 확실히 타기가 쉽다. 오히려 익숙하지 않은 저 마찰계수 도로에서 유일하게 그럴듯하게 달릴 수 있었던 차가 파나메라였다.

빠르기에 대해서라면 별개의 이야기가 되겠지만, 어쨌든 겉보기와는 달리 타기가 쉬웠던 점이 인상에 남는 파나메라이다. 확실하게 확인할 수 있었던 4WD의 효과와 포르쉐만의 조작감에는 눈이 확 트이는 기분이었다.

» PTM

Porsche Traction Management

안정성 컨트롤과의 협조제어도 실시한다.

PTM은 4WD 기구를 담당하는 전자제어 클러치를 비롯해 ABD(Automatic Brake Differential)이나 ASR (Anti-Slip Regulation) 등의 통합적 제어를 실시하는 시스템이다. 기본적으로는 트랙션 상황의 최적화에 따라, 전진 방향으로 나아가는 것을 목적으로 하고 있지만, PSM(Porsche Stability Management System)이라 부르는 안정성 컨트롤 시스템과도 협조함으로써 자세 안정 제어에도 관여한다. 제동 시에 차량 자세가 흐트러졌을 때 등에는 4WD 시스템을 해제하고 PSM을 우선으로 한다.

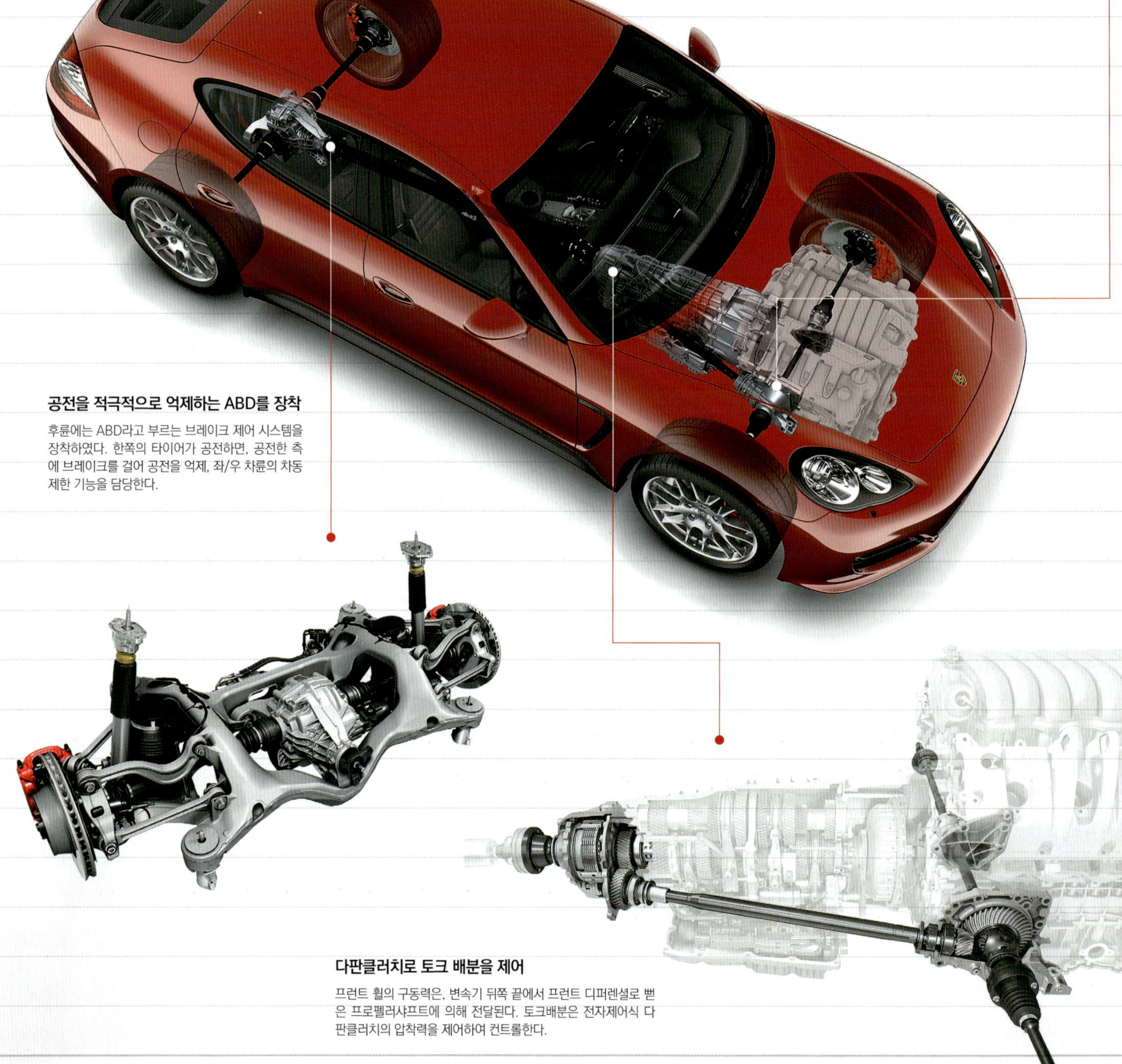

공전을 적극적으로 억제하는 ABD를 장착

후륜에는 ABD라고 부르는 브레이크 제어 시스템을 장착하였다. 한쪽의 타이어가 공전하면, 공전한 측에 브레이크를 걸어 공전을 억제, 좌/우 차륜의 차동 제한 기능을 담당한다.

다판클러치로 토크 배분을 제어

프런트 휠의 구동력은, 변속기 뒤쪽 끝에서 프런트 디퍼렌셜로 뻗은 프로펠러샤프트에 의해 전달된다. 토크배분은 전자제어식 다판클러치의 압착력을 제어하여 컨트롤한다.

프런트 구동은 어디까지나 보조적 존재

포르쉐만의 조향감각을 연출하는 데에 중요한 역할을 하는 프런트 주변의 컴포넌트. 작은 디퍼렌셜 유닛과 가는 드라이브샤프트에서 4WD 시스템의 목적을 엿볼 수 있다.

» PTV plus

Porsche Torque Vectoring plus

토크 벡터링을 브레이크 제어로 실현

좌/우의 뒤 브레이크를 각각 개별적으로 제어함으로써 토크 벡터링의 효과를 확보하는 시스템이다. 선회 시에 코너 안쪽의 브레이크만을 독립하여 작동시킴으로써 안쪽의 타이어에 걸리는 토크를 줄이는 것이다. 브레이크 액압(液壓) 제어에 고도의 기술이 필요하기는 하지만, 디퍼렌셜 유닛을 복잡화하지 않고서도 토크 벡터링의 효과가 얻어진다는 점은 주목할 만하다.

※ 삽화는 Porsche Cayenne의 PTV plus

PROFESSIONAL EYE

Prof . Kaoru SAWASE

처음으로 운전할 때에는, 이런 보디 사이즈와 중량을 힘겨워한다. 그러나 익숙해지면 실제 중량이 2톤이 넘는 중량급 GT만의 안심감을 느낀다. 「무게」와 「크기」를 이미지하기가 쉬워, 이 중량과 어우러져 함께 하면서, 그런 와중에 주행의 즐거움도 느낄 수 있다. 4WD는 그런 「즐거움」의 연출에 한 역할을 맡고 있다. 가령 μ = 0.5~0.6 정도까지의 노면이라면 액셀 조작에의해 테일 슬라이드로 들어갈 수 있으며, 그 때의 거동은 실로 FR답다. μ = 0.4를 하회하는 노면에서는, 물론 스티어링만으로는 돌 수가 없다. 코너에 진입에서 자세를 만들고, 그대로 있다가, 코너의 출구를 향해서는 사르르 스로틀을 열어주는 속도 관리에 철저한 주행이 요구된다. 이러한 점도 4WD적이라기 보다 FR적이다. 빙상에 가까운 극저 μ 도로에서는, 코너를 진입할 때의 차속에 신경을 쓴다. 스티어링 조향각속도는 일정하게, 액셀 조작도 신중하게……라는 드라이빙이 필수이다. 안정성 컨트롤을 ON으로 하더라도 드라이빙 방법은 같다. FR차를 쉽게 다루기 위한 4WD라고 생각하면, 여러 가지 상황에서의 거동을 납득할 수 있다. 프런트 타이어의 그립력을 잘 활용하고, 테일 슬라이드 경향으로 달리게 한다. 「스티어링을 꺾어서 회전한다」라는 것이 아니라 자동차에 슬립 앵글을 넣어서 회전하는 튜닝. 스카이라인 GT-R (R32)이 만든 흐름 위에 있는 자동차라는 인상이다. 2WD에서 4WD로의 토크배분 변화도 원활하여 저 μ 도로라고는 거의 알 수 없다. 이러한 점을 정밀하게 만든 것은 뛰어나다. 유럽에서는, 4WD는 컨버터블(convertible)이나 SUV와 마찬가지로 「사치품」이다. 눈이 쌓이는 가파른 언덕 부근에는 사람들이 그다지 살지 않는다. 시가지는 경계가 명확하고, 생활권에서 4WD 자동차를 필요로 하는 상황은 일본만큼 많지 않다. 그러므로 4WD에는 그 나름의 존재의의가 요구된다. 파나메라 4WD는 Long Touring(장거리주행)을 위한 호화로운 이동 공간이고, 도중에 눈이 내리더라도 노면이 얼어 있어도 걱정 없이 달릴 수 있는 대륙 횡단 GT카, 부자를 위한 Grand Tourer라고 할 수 있다. 유럽의 명문가 다운 자동차이다.

FR을 쉽게 사용하기 위한 4WD
중후 장대함을 즐길수 있는 연출

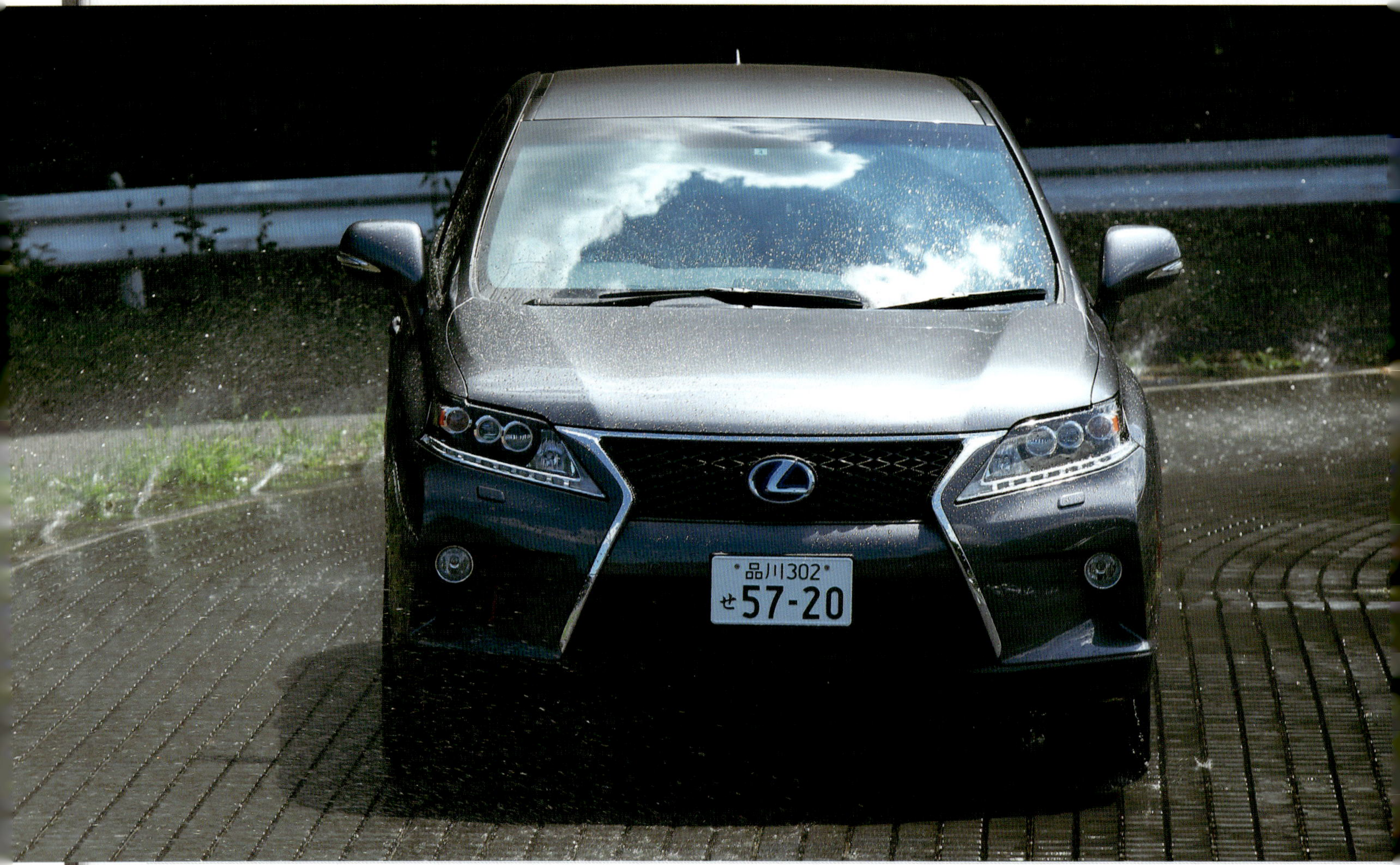

SPECIAL DRIVING REPORT

file 4

LEXUS

RX 450h

» 모터식

크고 묵직한 FF 베이스 SUV의 운동성능을, add-on의 뒤 모터로 향상시킨다.

크로스오버 SUV라는 개념의 렉서스 RX. 최상급 사양인 450h의 4WD 시스템에는,
하이브리드 차다운 매우 독특한 구동방식을 사용하고 있다.

글 : MFi + 사와세 카오루(澤瀬 薫)
삽화 : 세야 마사히로(瀬谷正弘) / TOYOTA

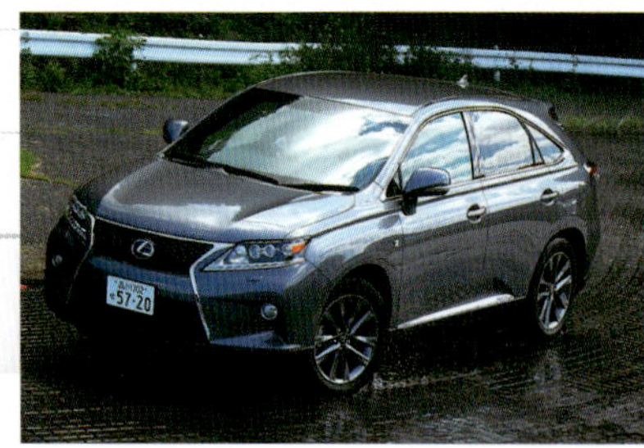

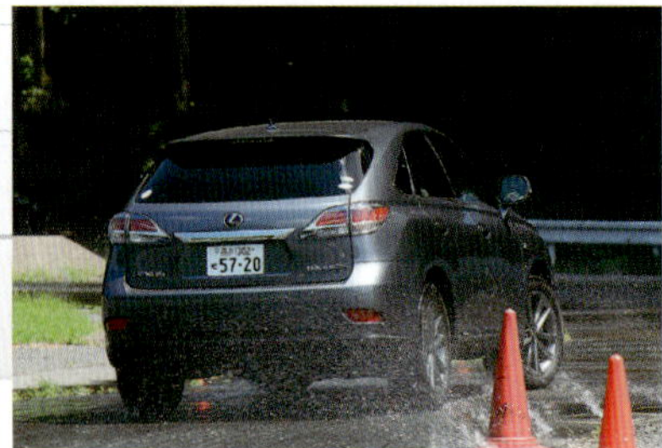

독특한 분위기가 감도는
대형 스포츠 Coupe

후륜을 모터로, 앞 차축과는 독립적으로 구동하는 E-Four. 시스템의 등장은 1세대 프리우스로부터 약 4년이 지난 뒤, 토요타의 하이브리드 제2탄으로서 2001년에 데뷔한 에스티마(Estima) 하이브리드에의 탑재였다. 무겁고 큰 미니밴이나 SUV의 동력성능을, 어떻게 간결하면서 확실하게 향상시킬 수 있을까 라는 아이디어에서 출현된 시스템이다. 당연히 엔진/변속기의 종배치 구조(즉 FR차)로의 전개는 없으며, FF 하이브리드일지라도 중소형차에는 탑재되지 않는다. 2012년 9월에는 Alphard / Vellfire, Harrier, 그리고 Lexus RX의 하이브리드 차에 탑재되었다. F 100 : R 0 ~ F 48 : R 52의 사이에서 가변한다(토요타의 3모델의 차량).

THS-II + E-Four 시스템

(사진은 Toyota kluger hybrid)

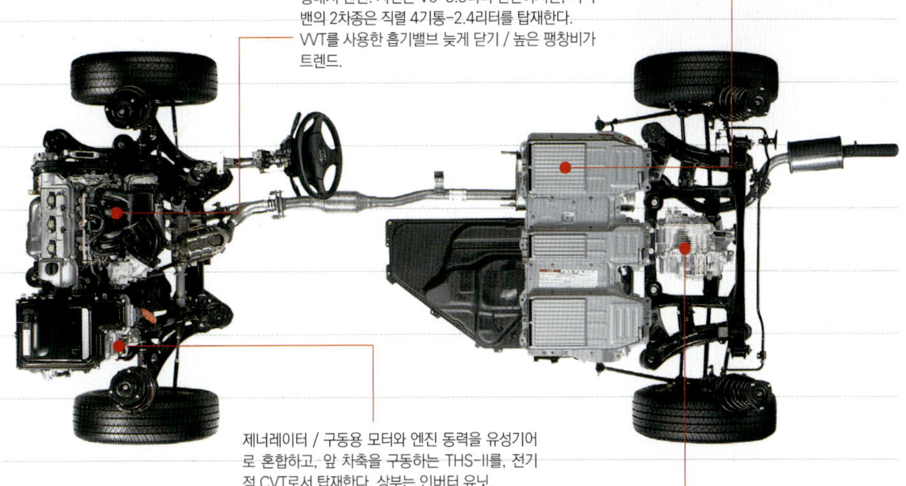

Lexus RX 450h

엔진	3.5리터 V6 DOHC
· 배기량	3456cc
· 최고출력	183kW / 6000rpm
· 최대토크	317Nm / 4800rpm
모터	교류 동기형 (F/R)
· 최고출력	F 123kW / R 50kW
· 최대토크	F 335Nm / R 139Nm
서스펜션 형식	F Strut / R Double Wishbone
구동방식	풀타임 4WD(모터 식)

RX의 Grade별 구동방식

각 그레이드별로 2WD가 준비된 것이 FF 베이스인 RX의 특징이다. 270은 4기통 2.7리터 엔진이고, 그 외는 V6 3.5리터를 탑재한다. 350의 4WD는 전자제어 커플링을 사용하는 토크 분할 방식이다. 같은 렉서스의 RX 명칭이더라도 그레이드와 구동방식에 따라 여러 가지 종류가 있는 것이 독특하다.

	RX 450h		RX 350		RX 270
	4WD	2WD	4WD	2WD	2WD
전륜	2GR-FXE+THS-II		2GR-FE		1AR-FE
후륜	2FM	×	능동적 컨트롤 AWD	×	×

세단 × SUV라는 컨셉트로 북미 시장에서 대성공을 거두고, 그 후 각 회사로부터 많은 Follower를 만들어낸 토요타 해리어를 원류로 하는 렉서스 RX. 전장 4775 × 전폭 1885 × 전고 1690 × 축간 거리 2740mm라고 하는, Land cruiser prado에 유사한 큰 몸집을 가지고 있지만, 엔진 / 변속기를 횡배치하는 FF 플랫폼을 사용한다.

RX는 270 / 350 / 450h의 3등급이 있으며, AWD(전륜구동)의 설정은 후자의 2종류이다. 특이한 것은 350이 토크분할 방식인데 비해, 450h는 뒤 모터 유닛을 사용하는 독립구동방식을 채용하고 있는 점이다. 말미의 h는 하이브리드를 표시하고, 그 이름대로 앞 차축은 V6-3.5리터 엔진 + THS-II(2모터의 유성기어식 하이브리드)이고, 뒤 차축은 E-Four라 칭하는 모터 유닛으로 구동한다. 빠른 반응 및 큰 토크가 순간적으로 치고 올라가는 풍부한 독립구동 유닛이 E-Four의 장점 중의 하나이다. 참고로 같은 「F-SPORT」 등급끼리의 차량 중량 비교를 보면, 450h는 2100kg, 350이 1950kg이다. 이번 테스트에서도 이 450h가 어떻게 반응할지가 흥미의 대상이다.

E-Four 시스템은, 연비향상을 도모하여 일반적으로는 FF로 주행하고, 필요할 때에 뒷 모터를 사용하여 타임 래그없이 구동을 보조하는 구조이다. RX450h에서도 마찬가지이지만 즉 평상시의 차량 거동은 FF차 그대로이다. 엔진의 317Nm, F 모터의 335Nm, R모터의 139Nm의 강력한 토크를 길들이기 위해, 차량 통합제어인 VDIM(Vehicle Dynamics Integrated Management)을 탑재하고, VSC(Stability Control), TRC(Traction Control), ABS, EPS(전동파워 스티어링)등의 각 시스템에 의해, 차량 거동의 파탄을 미연에 방지한다.

프로펠러샤프트는 불필요, 새로운 형식의 4WD

깊게 보이는 방향이 전방이다. 보는 바와 같이, 4WD에서는 필수인 전/후 토크튜브가 존재하지 않는다. 전방에는 연료탱크와 NiMH식 배터리, 바로 앞에 비쳐 보이는 것은 능동적 스태빌라이저. 필요할 때 구동 보조는 물론이고, 감속 시에는 회생도 담당하며, 효율개선에 노력한다. 모터 유닛의 형식은 2FM이다. 알파드 / 벨파이어, 해뒤의 각 하이브리드 차가 130Nm 사양인 것에 대해, RX는 139Nm으로, 토크를 약간 증강시켰다.

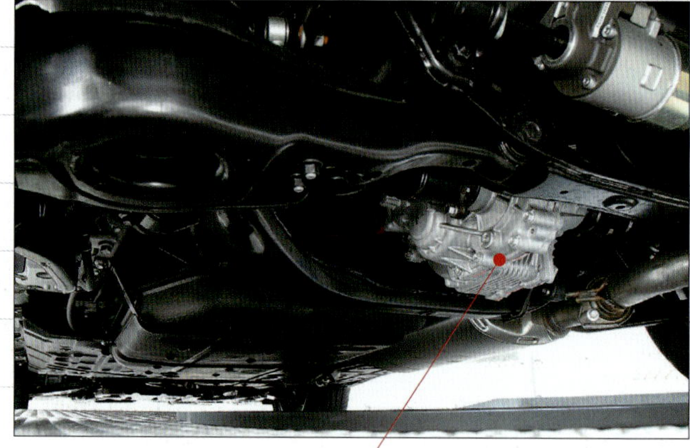

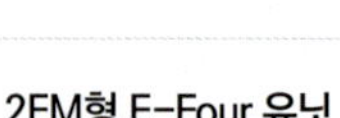

2FM형 E-Four 유닛

E-Four의 컷모델이다. 오른쪽 앞이 차량 전방. 일반적인 FF용 뒤 디퍼렌셜에 비해서도, 부피 확대는 별로 없는듯한 인상이다. 모터는 이너로터(Inner Rotor)형의 동기식이며 감속기어를 통해서 안에 보이는 디퍼렌셜 기어를 구동한다.

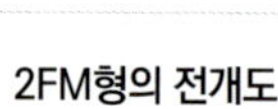
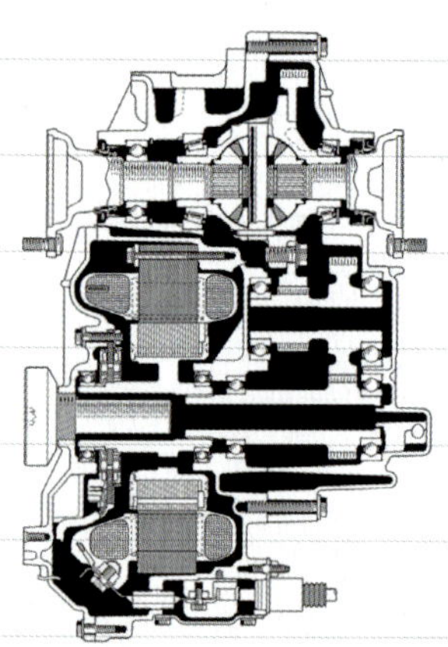

2FM형의 전개도

최상부가 디퍼렌셜 기어이며 좌/우로 드라이브샤프트에 접속한다. 왼쪽 아래가 모터. 모터 샤프트의 오른쪽 끝에서 1단, 그 위의 중간 샤프트에서 2단, 각각 감속되고 있다는 것을 알 수 있다(작은 직경의 기어로부터 큰 직경의 기어로 동력전달).

PROFESSIONAL EYE

Prof . Kaoru SAWASE

앞 차축을 주 구동축으로 하고, 필요에 따라서 뒤 차축을 부 구동축으로 하는 On demand방식이 차츰 4WD의 주류가 되었다. 이에 대응하여, 뒤 차축을 모터로 구동시키는 방식은, 전/후 독립형 4WD라고 해야 할까. 전륜과는 관계없이 후륜을 구동할 수 있다는 점에서 자동차의 새로운 가능성을 느낀다. 무슨 일이 있어도 발전시키고 싶은 방식이다. 이 렉서스 RX는 전륜을 주로 일반적인 엔진으로 구동하고, 후륜을 모터로 구동한다. 앞/뒤 차축 사이에는 기계적인 연결이 없으며 토요타에 의하면, 보통은 FF로 주행하다가 On demand에서 뒤 차축이 구동력을 가지게 하고 있다고 한다. 하이브리드의 한 방향인 것이다. 스태빌리티 컨트롤을 ON으로 하고 있는 한, 이 자동차가 4WD라는 것을 거의 느끼지 못할 것이다. 프런트 타이어의 그립이 없어지기 바로 전부터 제동측에서의 제어가 들어가며, 항상 자동차를 안정방향으로 유도한다. 뒤 차축의 구동력을 사용하여 차량 자세를 컨트롤하는 사고방식이 아니라, 저속측은 직진 또는 그것에 가까운 상태에서의 발진을 보조하는 기능이 메인인 것이다. 저 μ 도로에서의 선회는 4WD적인 거동을 보이지 않고 거의 FF와 같다. 어떠한 제어로 할지는 자동차의 성격과 개발진의 사고방식에 따라 변한다. 그런 의미에서는 렉서스 RX는 EV모드도 구비한 하이브리드 차로, 4륜을 구동시키는 것에 주된 목표를 둔 설정은 아닐 것이다. 앞 차축 구동을 「메인」으로 하고, 필요에 따라 기계적으로 뒤 차축에 구동력을 전달하는 On demand방식의 경우, 후륜이 전륜보다 빠르게 (아주 조금이라도) 회전하고 있는 상태에서는 구동토크의 역류가 발생하며, 자동차가 푸시언더 경향을 보이는 경우가 있다. 4WD의 의의는 「자동차를 앞으로 나아가게 한다」는 것이고, 뒤 차축이 완전히 독립하여 구동력을 발생시킬 수 있는 모터방식에서는 여러 가지의 가능성이 있다고 생각한다. 그것을 렉서스 RX는 '구동력을 위한 4WD'가 아닌, 어디까지 하이브리드 차로서의 장점을 알리는 방향으로 튜닝을 하고 있을 것이다. 조금 아까운 생각이 들긴 하지만, 이것도 풀라인업으로 하이브리드 차를 가지고 있는 토요타의 상품 전략일지 모르겠다.

Transfer unit란

체인 또는 기어를 사용해 전/후 차축에 구동력을 배분하는 기구가 트랜스퍼 유닛이다. 엔진 / 변속기를 일직선상에 배치하는 종배치의 경우, 그 출력축을 그대로 후방으로 연장하면 뒤 차축을 구동할 수 있지만, 앞 차축에 배분하기 위해서는 엔진 / 변속기의 출력축 중심에서 거리를 둔 장소에 앞 차축용의 프로펠러샤프트를 둘 필요가 있다. 그러므로 체인이나 기어를 사용하는 것이다. 기어는 체인보다 기계손실이 크지만, 가볍게 할 수 있다. 어느 쪽을 선택할 지의 여부는 자동차 설계자의 판단이지만, 트랜스퍼 메이커는 몇 가지의 선택권을 가지고 있다.

» ATC350

1 스피드 / 3 기어식

왼쪽의 트랜스퍼 유닛은 기어 구동방식이다. 엔진으로 부터의 출력축 상에 토크 분할 · 클러치를 두고, 필요할 때에 앞 차축으로 구동력을 전달한다. 3기어식은 BMW · 5시리즈 등에 채용되고 있다. 감속용의 유성 기어를 가지고 있지 않기 때문에 1스피드라고 한다.

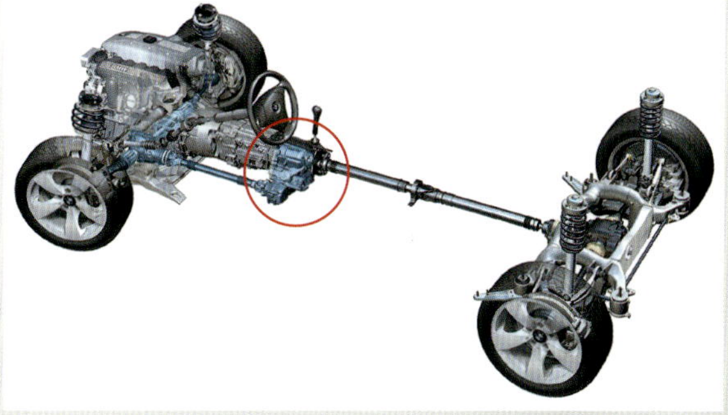

전/후 토크 배분 0:100 ~ 50:50을 원활하게 제어하는

능동 토크 컨트롤

» TRANSFER CASE MAGNA POWERTRAIN

메가 서플라이어인 MAGNA · International의 구동계 부문은
엔진 종배치와 횡배치에 각각 대응하는 풍부한 종류의 구동계 유닛을 개발 · 생산하고 있다.

글 : 마키노 시게오(牧野茂雄) 사진 : MAGNA POWERTRAIN / 세야 마사히로(瀬谷正弘)

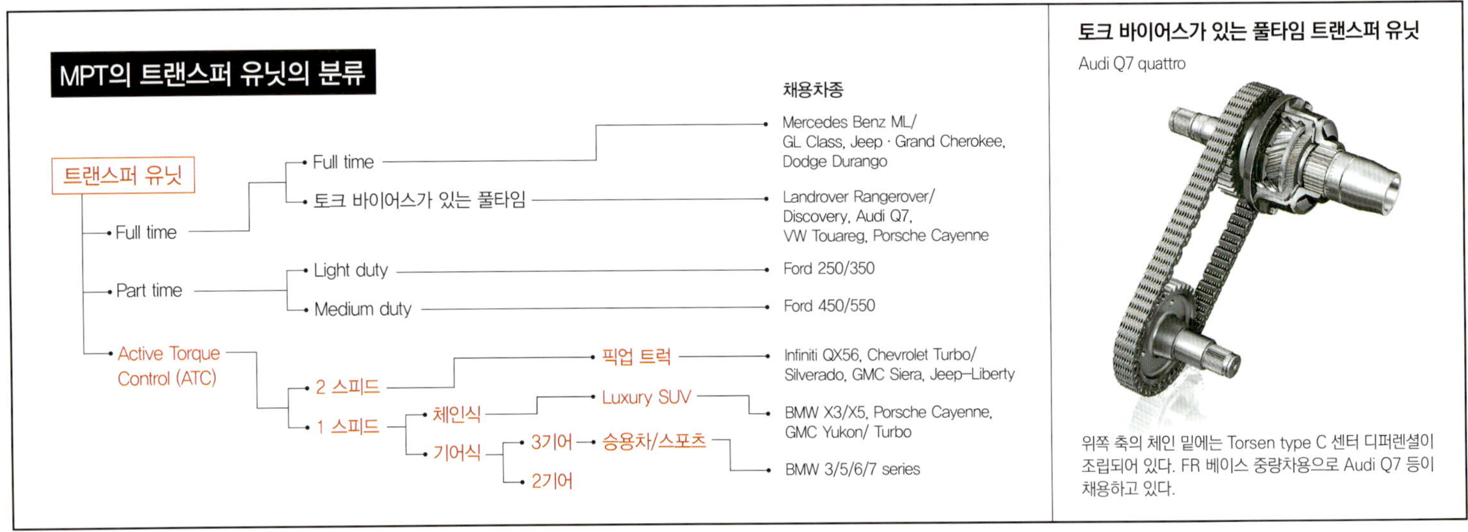

위쪽 축의 체인 밑에는 Torsen type C 센터 디퍼렌셜이 조립되어 있다. FR 베이스 중량차용으로 Audi Q7 등이 채용하고 있다.

ATC가 제어하는 범위

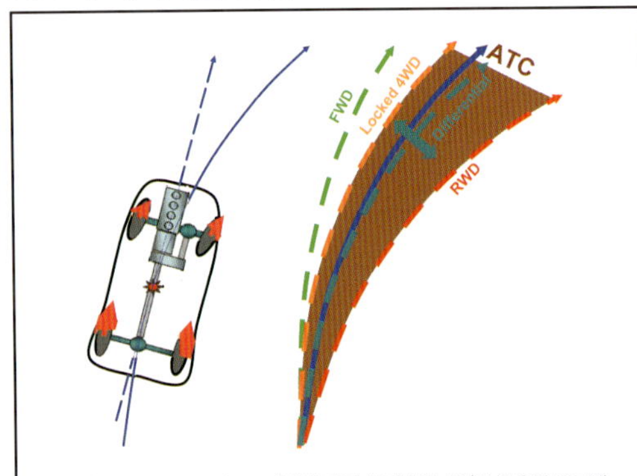

ATC(Active Torque Control)의 효과를 나타낸다. 전/후 차축의 토크배분을 이용하여 차량의 요 모멘트(yaw-moment)를 제어하고, 노면상태나 주행방식에 따라 오버 / 언더스티어링을 연출할 수 있다. 어떤 주행의 맛을 내게 할 것인지는 order에 달려있다.

구동모드	구동 토크 배분 (Front : Rear)
2WD / ECO	0 : 100
SPORT	10 : 90
TOURING	30 : 70
눈 위	50 : 50

» ATC45L

1 스피드 / 체인 식

앞 페이지의 기어식을 체인으로 바꾼 것이며 기능에는 변함이 없다. 위쪽 축에 토크 분할 기구를 내장한다. 엔진 토크에 따라 다판 클러치의 매 수를 변경시키며 상당히 큰 토크를 감당할 수 있다. 2WD 모드를 선택하기 때문에 연비(燃費)에도 기여한다.

캐나다의 대기업 부품 메이커로 세계적으로도 메가 서플라이어로 이름을 날리고 있는 MAGNA · International은 구동계 부문에서도 수많은 제품을 전세계로 공급하고 있다. 그 중에서 북미 구동계 부문에는 종배치 엔진 FR베이스의 4WD용 트랜스퍼 유닛 전용 개발 조직이 있으며 GM / 포드 / 크라이슬러를 비롯해 BMW / 랜드로버 / 닛산 등에 유닛을 공급하고 있다. 탑재되는 모델은 풀사이즈 · 픽업트럭에서부터 SUV, 스포츠카에 이르기까지 폭이 넓다. 일본에서 트랜스퍼유닛이라고 하면, Selective 4WD용의 구동력 배분 기구를 떠올리지만 현재 MAGNA 북미 구동계부문의 주력은 토크 분할 기구를 포함하고 있는 트랜스퍼유닛이다.

셀렉티브 방식은 풀사이즈 픽업이 메인이며, 그 외에는 능동 토크 분할 방식이거나 풀타임 방식이다.

"시스템을 어떻게 소형 경량화하여 탑재차량의 패키징에 맞출것인가?하는 문제와 4WD 자동차의 연비개선, 이 두 가지가 중요한 개발 테마이다."라고 MAGNA의 개발진은 말한다. 「4WD 자동차는 대체로 연비가 5% 악화된다고 말하지만 잃어버린 5%를 복원하면 된다」라는 것은 독특하지만 합리적인 발상이다. 그러기 위해서 무엇을 할지 물었더니 이런 대답이 돌아왔다.

"기어/체인/Sprocket 등의 기계손실이나 윤활에서의 손실, 전체의 경량화. 할 수 있는 것은 무엇이든 한다. 가볍게 · 기계 손실을 작게 · 그리고 값싸게가 시대의 요구다."

이 회사는 펌프리스(Pumpless) 트랜스퍼유닛을 개발하였다.동력배분용 체인을 사용하여 최소한의 윤활을 실시하는 것이다. ECU를 트랜스퍼유닛과 일체화하고, Connector와 Harness를 폐지하였다. 2기어식의 트랜스퍼유닛도 상품화된다. 개발로 이어지는 것이 많이 있는 것 같다.

Ron Flory

4WD 시스템용
Transfer case
Global product manager

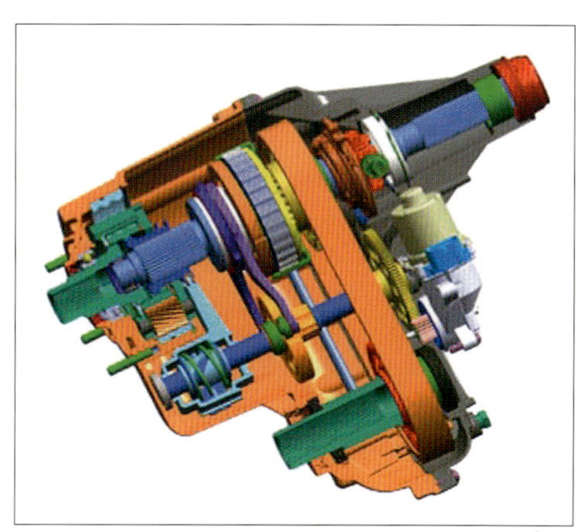

» ATC 2스피드

엔진에 가까운 쪽에 유성 기어를 두고, 여기에서의 증속을 사용하여 견인 등의 용도에 대응한 「Super low」의 설정이 가능한 2 스피드 방식이다. 픽업트럭에 의한 보트의 견인도 문제없이 할 수 있다. 다판클러치의 압착 방법은 MAGNA의 특징의 하나이며, 케이스 안쪽 중앙에 보이는 2개의 암을 사용하여 직접적으로 클러치를 민다. 이 동작을 만드는 것은 암의 근원에 보이는 캠이 있는 원반이며, 이 원반의 회전은 원반이 놓여 있는 샤프트의 연장선 상에 있는 지름이 큰 기어를 통하여 모터가 실행한다. 모터의 반응은 매우 빠르며, 클러치를 미는 암은 튼튼한 강체(剛体)이므로, 세세한 위치결정을 실시하면서 큰 토크를 다룰 수 있다. 펌프가 없기 때문에 체인이 끌어올린 오일의 비말만으로 윤활하는 점도 특징이다. 아래의 설계 CG로 각 부의 연결 상태를 확인하기 바란다. 캠이 있는 원반을 양쪽에서 감싸듯이 암이 나와 있다는 것을 알 수 있다.

카운터 기어를 제거하여 전체 길이를 콤팩트화

페페로이드 2기어 트랜스퍼

종배치 엔진 / 종배치 변속기에서의 출력을 곧장 받아들이며 다판클러치를 사용한 토크분할 기구로서 앞 차축에 구동력을 전달하는 기능면에서는, 여기에서 소개한 다른 시스템과 마찬가지이다. 다른 점은 체인이나 카운터 기어를 사용하지 않는 것이며, 그 만큼 트랜스퍼의 사이즈를 작게하여 중량을 가볍게 할 수 있다. 개발 중인 시스템이다. 이 사진에 보이는 엔진으로부터의 입력축 중심과 그 옆에 있는 스플라인을 자른 앞 차축용 샤프트의 중심과의 거리는 115mm이다. 3기어식이 240mm이므로 큰 폭의 소형화가 되는 것이다. 트랜스퍼 전체의 중량을 약 10% 가볍게 할 수 있다. 기어가 적기 때문에 발생 노이즈 면에서도 유리하다. 용도로서는 종배치 엔진의 럭셔리 SUV나 중량급 스포츠 세단을 생각할 수 있다. 엔진·변속기의 소형화에 따라 이러한 시스템에 대한 요구가 나왔다.

Juke의 독특한 시스템

B/C segment의 소형차를 4WD화하는 데 있어서는 제약이 많다.
시스템의 중량과 탑재성 그리고 무엇보다 유용할 수 있는 비용이 제한된다.
그러나 "성능에는 욕심을 부리고 싶다"고 닛산의 구동계 개발팀은 생각하였다.

글 : 마키노 시게오(牧野茂雄)　사진 & 삽화 : NISSAN/마키노 시게오(牧野茂雄)

전자솔레노이드

클러치를 압착시키는 힘은, 이 링 형상의 전자석 (전자솔레노이드)이 발생시킨다. 전류를 흐르게 하면 흡인력이 발생하여 인접한 원반을 끌어당긴다. 후륜으로 어느 정도의 구동력을 배분할지는 여기에서의 전류량으로 결정한다.

볼 & 캠

전자석이 원반(아마추어)을 끌어당기면, 그때까지 캠의 홈에 끼어있던 볼이 밖으로 튀어나간다. 볼의 반경만큼 캠이 아마추어 방향으로 움직이고, 그 움직임이 다판클러치를 끌어당기는(체결시키는) 동작이 된다.

Hypoid Gear

뒤 차축용의 하이포이드 기어는 변속기와 붙어있는 앞 차축용 하이포이드 기어와 기어 잇수가 다르다. 뒤 차축 쪽이 앞 차축보다도 회전수에서 2.3% 빠르게 회전한다. 이 회전차가 토크 이송을 위한 열쇠다.

통상, 이 위치에는 디퍼렌셜이 있지만……

좌/우륜에 각각 하나씩 전자제어 커플링 유닛을 가지고 있기 때문에, 좌/우륜의 회전속도차를 흡수하기 위한 디퍼렌셜 기어는 필요 없다. 차동은 커플링이 실시한다.

엔진으로부터의 출력

통상, 앞 차축이 100%의 구동력을 담당하는 FF이다. 이렇게 하면 모드연비가 2~3% 개선된다. 필요할 때에만 뒤 차축이 구동력을 담당한다. 전과 후의 최대비는 50 : 50이다.

소형경량유닛

B 세그먼트의 소형 4WD에 탑재하기 위하여, 두 개의 커플링을 내장하면서도 뒤 차축 주변의 유닛 중량은 25kg으로 억제되었다. 클러치 플레이트의 매수(枚數) 또는 직경을 늘리면 처리할 수 있는 토크는 커진다.

닛산 쥬크의 뒤 서브프레임 안에 있는 4WD유닛. 보디 쪽은 최소한의 대응으로 4WD화할 수 있다. 차량 패키지에 융합된 시스템 설계는 4WD화할 때의 비용에 영향을 준다. 그렇긴 하지만, 뒤 차축 구동을 위한 프로펠러샤프트가 지나가는 공간 만큼은 베이스 차에 확보되지 않으면 안 된다.

닛산 쥬크의 뒤 서브프레임 안에 내장된 4WD유닛. 보디 쪽은 최소한의 대응으로 4WD화할 수 있다. 차량 패키지에 융화된 시스템 설계는 4WD화할 때의 비용에 영향을 준다. 그렇긴 하지만, 뒤 차축 구동을 위한 프로펠러샤프트가 지나가는 공간 만큼은 베이스 차에 확보되지 않으면 안 된다.

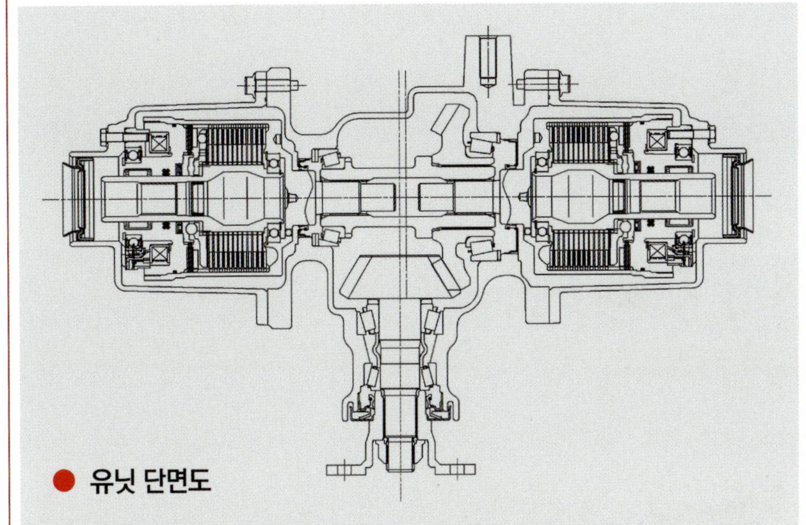

● 유닛 단면도

엔진으로부터의 출력은 아래쪽의 샤프트가 받는다. 그 회전을 하이포이드 기어로 90도 방향 전환을 한 후, 좌/우의 커플링 유닛에 전달한다. 보는 바와 같이 기어식의 디퍼렌셜은 없고, 커플링이 좌/우에 연접(連接)되어 있는 점을 이용하여 좌/우의 회전차를 흡수한다. 기구는 심플하다.

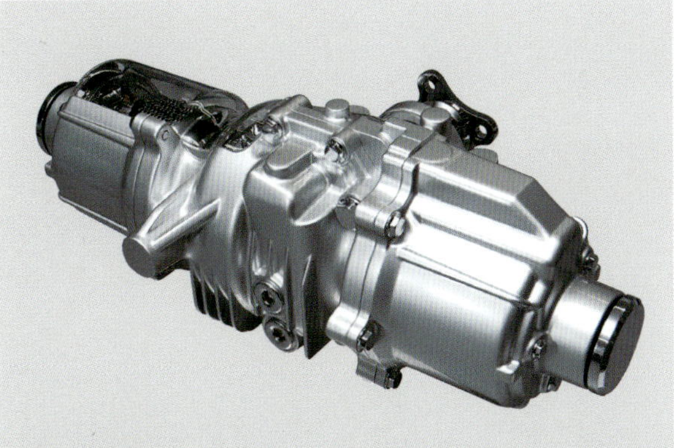

● 뒤쪽에서 보면……

유닛의 뒤쪽에는, 공장에서 윤활유를 주입하는 구멍(위)과 오일을 빼는 구멍(아래)이 있다. 커플링 안의 다판클러치용 오일은 커플링 안에 봉입, 밀봉되어 있다. 그것과는 별도로 하이포이드 기어용의 오일이 충전되어 있다.

Cockpit안에 있는 모드 스위치. 연비절약을 위한 2WD 모드, 벡터링 효과를 최대한으로 끌어내는 「V」모드, 일반적인 4WD모드의 3가지 설정이 있다.

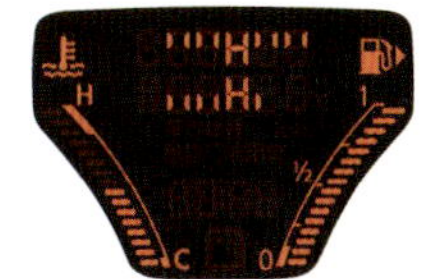

계기판에 있는 인디케이터. 다양한 차량 정보와 함께 4WD 상태와 토크 벡터링이 행해지고 있는 상태를 운전자에게 알린다.

Juke의 4WD 사양은 최대토크 240Nm을 생성하는 1.6리터 터보엔진과의 조합으로 판매되고 있다. 변속기는 6단 매뉴얼 모드 내장 CVT뿐이다. 차량 가격은 쥬크 시리즈 중에서 가장 비싸며 약 250만엔(한화 약 2400만원)이다. "고객이 적극적으로 요구하고 있는 기능은 아니지만, 좋은 맛을 내는 것을 방치할 수 없어 더욱더 step up 해 준다."고 개발진은 말한다.

B 플랫폼에 4WD 사양을 설정한 예는 미국과 유럽에
서는 드문 일이다. 그러나 일본에서는 당연한 일이다. 생
활권에서 겨울에 이동하는 것을 보증하는 「생활 4WD」
는 적설한랭국인 일본의 특징적인 상품이다.

닛산이 「Juke」에 새로운 4WD시스템을 탑재한 것은
2010년 11월이다. 한마디로 말하면, 종래의 「4×4-i」시
스템에 간이형 토크벡터링 (좌/우륜 사이에 구동토크를
주고받는 기구)을 조립한 것이다. 닛산은 「생활 4WD가
아니라, 적당한 가격의 작은 스포티 4WD」라고 말한다.

지금, 전세계를 둘러보아도, 그 때의 엔진토크에 좌/우
되지 않고, 항상 좌/우륜 사이에 토크를 자유롭게 주고받
을 수 있는 본격적인 토크벡터링 기구는 미쓰비시 자동
차, 아우디, BMW의 3 회사 밖에 없다. 탑재모델은 본격

적인 전천후 스포츠카에 한정된다. 닛산은 한정적이기는
하지만 벡터링을 실행할 수 있는 경량소형으로 값싼 시스
템을 고안하였다.

시스템의 특징은, 우선 전자제어 커플링을 두 개 사용
하는 점이다. 닛산의 종래의 On demand 4WD에서 사
용하고 있던 것과 거의 마찬가지로 전자(電磁)클러치로
작동시키는 다판클러치를 갖는 전자제어 커플링을, 좌/
우 후륜 축에 하나씩 사용한다. 엔진으로부터의 입력은
프로펠러샤프트와 하이포이드 기어를 거치지만, 좌/우의
전자제어 커플링 사이에는 디퍼렌셜 기어가 없다. 좌/우
륜의 회전속도차는 각각의 커플링에 의해 흡수되기 때문
이다.

전/후 차축의 구동력 배분은, 주행상황에 따라 앞

100/ 뒤 0 에서부터 앞 50/ 뒤 50 까지의 사이에서 자동
적으로 바뀐다. 이 배분은 커플링 안의 다판클러치를 밀
어붙이는 힘에 의해 결정된다. 앞 차축 100%로 달리고
있는 상태에서는, 뒤 차축과 연결된 다판클러치는 완전
히 미끄러지고 있다. 그러므로 뒤 차축으로는 토크가 배
분되지 않는다. 이 상태에서부터 천천히 클러치의 압착력
을 증가시키면, 뒤 차축 측의 플레이트가 아주 천천히 회
전하기 시작한다. 최대의 압착력을 가하면 거의 반클러치
의 상태가 되고, 이론상으로는 뒤 차축에 엔진토크의 반
이 전달된다. 일반적인 전자제어 커플링을 사용하는 방식
과 마찬가지이다.

또 다른 하나의 특징은, 토크벡터링 용의 증속 기구에
있다. 일반적으로 토크벡터링이라고 하는 기능은, 좌/우

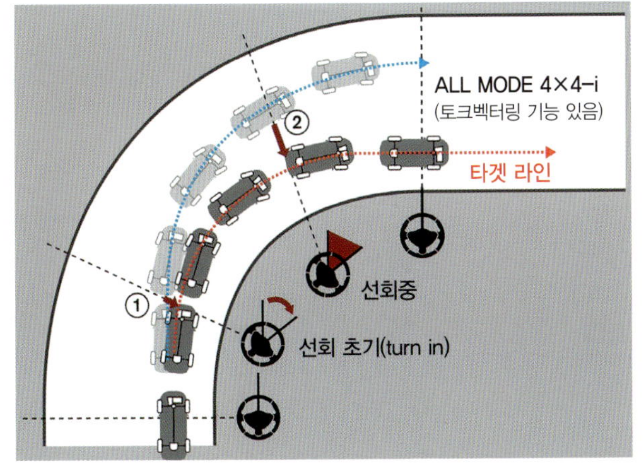

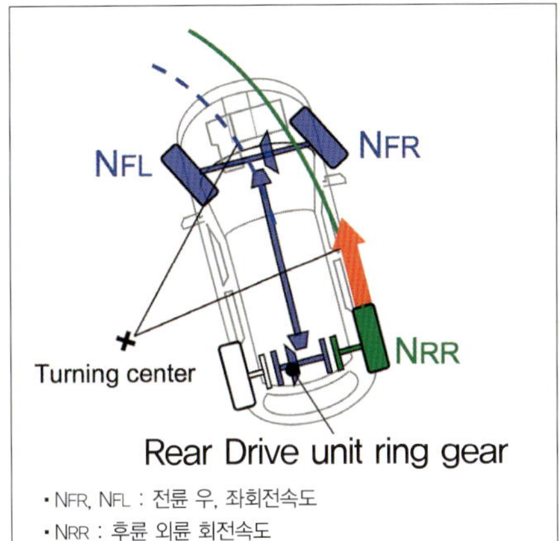

FF베이스의 커플링식 4WD의 경우, 뒤 차축에 토크가 전달되게 하려고 커플링 안의 클러치 압착력을 증가시키면, 전/후의 회전 간섭이 발생하여 선회하기 어려워진다. 뒤 쪽의 좌/우륜에 다른 토크를 할당하여 회전간섭을 극복하고, 동시에 차량의 요-모멘트를 증대시키는 것이 이 시스템의 목적이다. 차량이 선회에 들어가면 맨 먼저, 후륜 외측에 토크를 할당한다. 어떠한 선회 방식이 될 지는 센서로부터 정보를 얻고, 컨트롤 유닛 안의 카 모델과 서로 대조해 보며 이상적인 요잉율과의 갭을 메우는 수정을 실행한다. 직진으로 복귀할 때는 후륜 내측에 토크를 준다.

● 시스템 구성과 제어

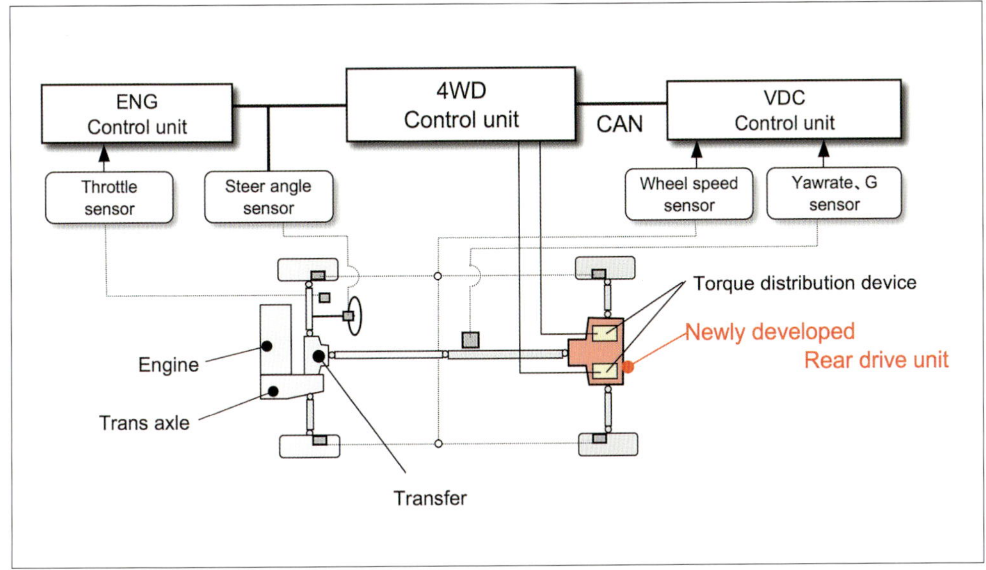

모리 아츠히로(森 淳弘)

닛산자동차
파워 트레인 개발본부
파워 트레인 제3제품개발부
드라이브 트레인 시스템 개발그룹 주담(과장)
(겸)파워 트레인 제1기술개발부
드라이브 트레인 개발그룹 주담(과장)

스즈키 신이치(鈴木伸一)

닛산자동차
파워 트레인 개발본부
파워 트레인 제3제품개발부
드라이브 트레인 시스템 개발그룹

4륜의 차륜 속도/조향각 및 조향각속도/스로틀 개도/요잉율의 정보를 사용하고, 운전자의 의도를 추측하여 피드 포워드 (feed-forward)제어를 실시한다. 그 결과와 그 시점에서의 이상적인 차량 거동을 서로 대조해 보고, 이상에 가깝게 하기 위한 보정을 피드백 제어로 실시한다. 그리고 이 4WD 시스템은 ESC와 협조 제어되며, 후륜에 토크를 할당하는 것이 차량 자세를 안정화시키기 쉽다고 판단했을 때에는 뒤 차축에 토크를 배분하여 4WD 상태로 한다.

륜 사이에 구동토크를 자유롭게 주고받음으로써 요-모멘트를 발생시키는 것이다. 선회 중에는 외측륜이 내측륜보다 빠르게 회전한다. 이런 상태를 원활하게 자동적으로 만들어내는 기구가 디퍼렌셜 기어이고, 베벨기어를 사용하는 디퍼렌셜 기구는 좌/우륜에 동일한 토크를 전달하면서 회전속도차 만을 허용한다. 이에 대해 토크벡터링은, 가령 선회 외측륜에 내측륜보다도 큰 토크를 할당하여, 외측 타이어가 지면을 「걷어 차는」힘 자체를 크게 해 준다. 내륜과 외륜의 궤적 차이를 흡수할 뿐만 아니라, 적극적으로 토크를 주고 받음으로써 차량 자세를 제어하는 시스템이다.

다만, 이를 실현시키기 위해서는 좌/우륜 각각을 독립적으로 증속/감속시키기 위한 장치가 필요하다. 미츠비시 자동차나 아우디는 이것을 기어 기구로 실행하고, 큰 토크를 한쪽 바퀴에서 담당하는 상황을 고려하여 좌/우륜용 클러치의 용량도 크게 하고 있다. 그러나 이렇게 해서는 값이 비싸지고 무거운 시스템이 되어버리기 때문에, 쥬크의 가격대에서는 사용할 수가 없다. 그래서 개발진은 항상 뒤 차축을 앞 차축보다 2.3% 빠르게 회전시키는 방법을 채용하였다.

쥬크의 경우, 좌/우 하나씩의 커플링은, 클러치의 피동(따라 도는) 측에 타이어가 있고, 구동측이 엔진과 연결되어 있다. 일반적으로는 피동측(타이어)이 빠르게 회전하고 있기 때문에, 타이어에 토크를 넘겨주기 위하여 클러치의 압착을 세게 하면, 타이어 쪽에 브레이크가 걸리고 만다. 클러치의 구동측을 타이어의 회전보다도 빠르게 하면 이 브레이킹은 발생하지 않는다. 그러므로 변속기 뒤 끝에 있는 하이포이드 기어와 뒤 차축에 있는 하이포이드 기어의 기어비를 의도적으로 바꾸고, 항상 뒤 차축이 앞 차축보다 2.3% 빠르게 회전하도록 하고 있다.

전/후 차축의 기어비가 변하면, 자동차를 똑바로 달리게 하는 부분에 고장이 생긴다. 닛산의 시스템에서는, 직진 상태에서의 전/후륜의 회전속도 차이는 좌/우 후륜에 장착된 두 개의 커플링으로 흡수하고 있다. 항상 클러치를 접촉하며 미끄러지게 하는 것이지만, JTEKT 커플링에 내장된 다판클러치의 내구성에는 전혀 문제가 없다고 한다. 그리고 전/후 차축의 회전속도 차이를 조금 더 늘리면 좌/우륜 사이에서 이송할 수 있는 토크량이 증가하지만, 그렇게 하면 클러치의 미끄럼저항도 증가한다. 클러치의 내구성과 벡터링 양의 밸런스에서 회전속도 차이는 2.3%로 안정되었다고 한다. 좌/우륜 사이에서 주고받을 수 있는 토크량은 그렇게 크지는 않지만, 일정한 상황 하에서는 차량자세를 제어할 수 있다는 점이 특징이다.

제 3의 디퍼렌셜이
4WD의 영역을 넓혔다

20세기 초에 처음으로 등장한 4WD 자동차는 센터 디퍼렌셜을 사용한 풀타임 방식이었다.
그러나 당시의 기술로는 보급으로까지 이르지 못하게되어, 어느 사이에 2WD / 4WD 전환식이 주류가 되었다.
센터 디퍼렌셜 방식이 되살아 난 것은 약 80년 후의 일이었다.

글 : 마키노 시게오(牧野茂雄)　사진 & 삽화 : AUDI/CHRYSLER/GKN/SUBARU

Electric Limited
Slip Differential
for CHRYSLER

기계식 디퍼렌셜의 차동제한에 다판클러치를 사용하는 방식이다. 일반적인 좌/우륜 디퍼렌셜이나 4WD의 센터 디퍼렌셜에도 사용할 수 있다. 이 제품은 전자 솔레노이드를 사용하여 클러치의 압착력을 바꾸는 방식으로 On demand 4WD용 커플링으로서도 널리 채용되고 있다.

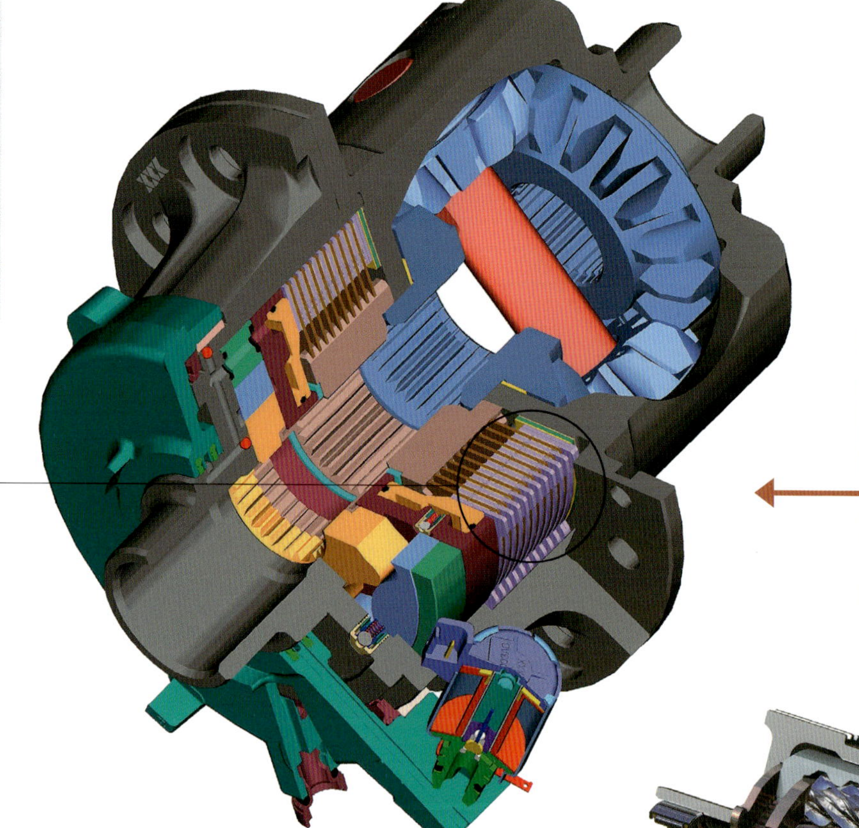

다판클러치의 경우는. 플레이트 매수(枚數)와 플레이트 직경에 의해 허용 토크량이 결정된다. 이를 On demand 4WD의 커플링에 사용하는 경우는, 완전히 클러치를 압착시키면 직결 4WD가 된다.

베벨기어를 사용하는 기구는 예전부터 존재하는 Open type(차동제한 기구를 갖지 않는다)의 디퍼렌셜과 완전히 똑같다. 유성 기어식을 비롯해, 기어 기구에 의한 디퍼렌셜 기어라는 시스템은 실로 간소하고도 완성도가 높은 시스템인 것을 4WD 시스템의 역사에서도 잘 알 수가 있다. 이것을 대신할 기구는 아직까지도 없다.

Drivers Control
Center Differential
for SUBARU

유성 기어식 센터 디퍼렌셜에 전자솔레노이드로 작동하는 다판클러치식 차동제한기구를 조립하였다. 차동제한의 세기를 수동 또는 자동으로 가변할 수 있는 점이 특징이다. 압착을 세게 하면 직결4WD적이 되며, 약하게 하면 「순수」한 센터 디퍼렌셜 특징에 가까워진다.

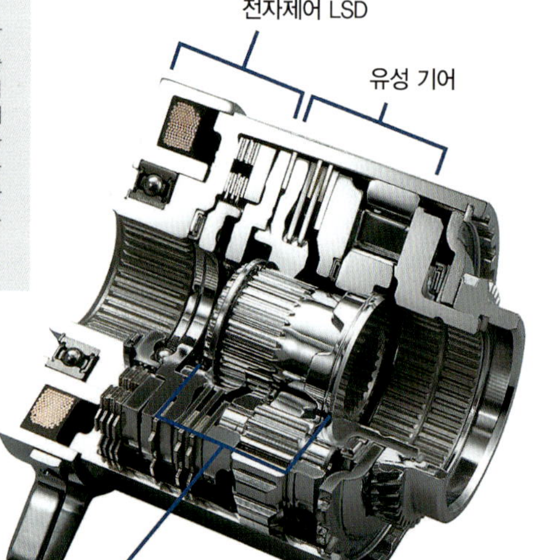

Torsen Type C Differential

토르센 디퍼렌셜에는 몇 가지 방식이 있지만, 그 중 형식 C는 4WD 자동차의 센터 디퍼렌셜용으로 개발된 것이다. 전/후 차축의 토크 배분을 불균등하게 할 수 있다는 점이 특징으로 (베벨기어식은 50 대 50이 된다), 40 대 60을 기본으로 유성기어의 기어 수나 치면(齒面)의 면적 등을 바꾸어서 전/후 비(比)의 설계를 변경시킨다.

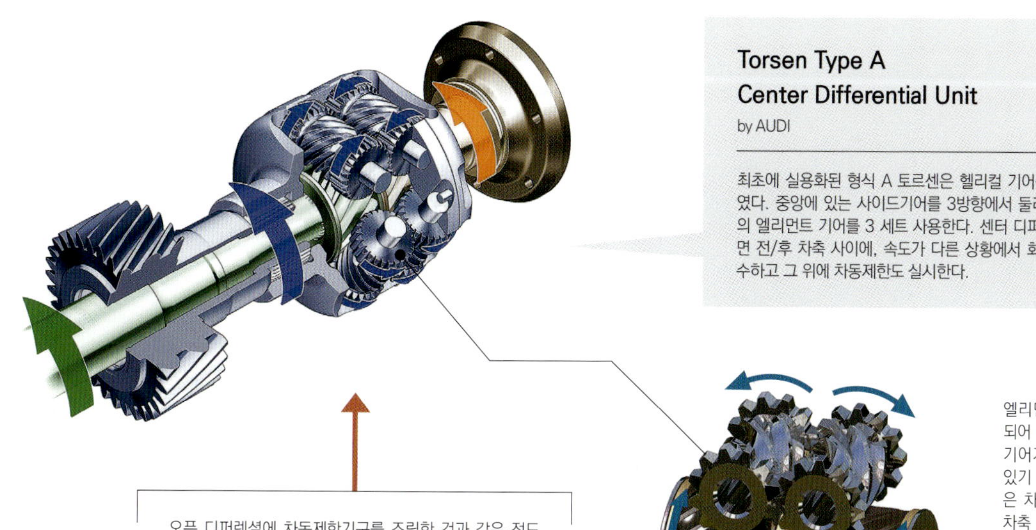

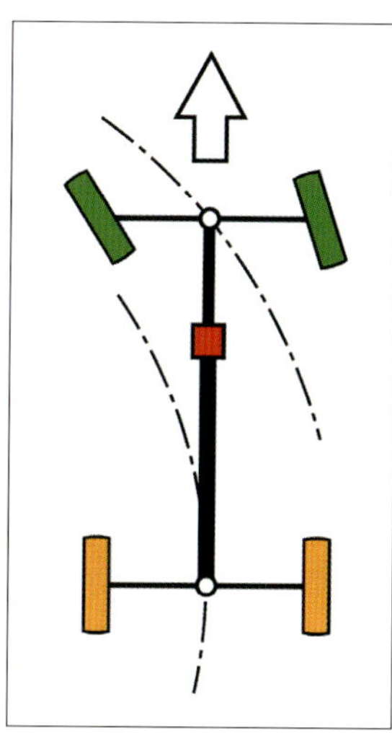

Torsen Type A
Center Differential Unit
by AUDI

최초에 실용화된 형식 A 토르센은 헬리컬 기어를 조합한 구조였다. 중앙에 있는 사이드기어를 3방향에서 둘러싸듯이 2개씩의 엘리먼트 기어를 3 세트 사용한다. 센터 디퍼렌셜에 사용하면 전/후 차축 사이에, 속도가 다른 상황에서 회전속도차를 흡수하고 그 위에 차동제한도 실시한다.

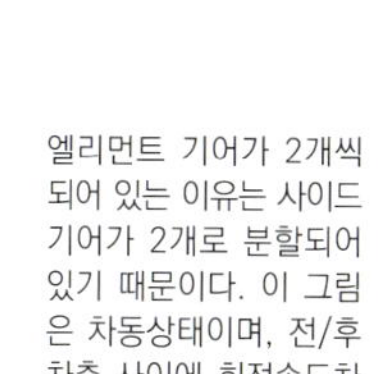

엘리먼트 기어가 2개씩 되어 있는 이유는 사이드 기어가 2개로 분할되어 있기 때문이다. 이 그림은 차동상태이며, 전/후 차축 사이에 회전속도차가 생기면 토크배분을 유지한 채로 회전속도차만을 허용하도록 작용한다.

왼쪽 두 개의 삽화와 함께 보기 바란다. 급커브를 돌 때, 녹색의 전륜은 왼쪽 끝 삽화의 녹색 화살표, 노란색 후륜은 마찬가지로 노란색의 화살표에 호응하고 있다. 전륜 쪽이 큰 원을 그리기 때문에 빠르게 회전한다.

오픈 디퍼렌셜에 차동제한기구를 조립한 것과 같은 정도 이상의 기능을 토르센 디퍼렌셜은 발휘한다. 토크 감응식(Torque sensing)이므로 토르센이라는 이름이 된 것 같다. 2개씩 3세트가 설치된 엘리먼트 기어 표면의 헬리컬의 치면(齒面)이 클러치로서 작용한다.

● Differential Gear Set with Final Drive Gear

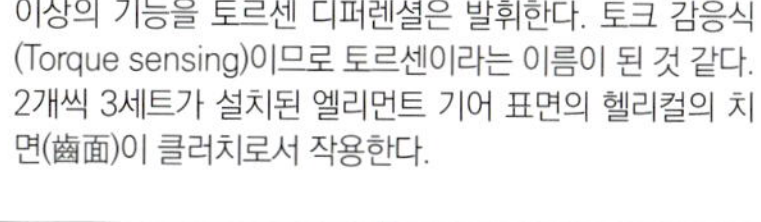

원추형 기어 (베벨기어)를 사용하는 디퍼렌셜이다. 직경이 큰 기어는 최종감속용이며, 엔진에서의 힘을 어느 정도 증폭시킬지는 이 설계로 정해진다. 좌/우륜을 같은 토크로 하는 기구 그대로 센터 디퍼렌셜에 사용하면, 전/후 차축의 구동력 배분은 50 대 50이 된다.

선택식 (직결) 4WD의 진면목

전/후륜이 서로 반대 위치에만 접지하는 「대각(對角) 분할」의 상태. 전/후 각각에 차동제한 디퍼렌셜을 사용하고, 차동기구를 로크하면 이러한 장소라도 주파할 수 있다. 선택식 4WD로 직결 모드를 선택하고 전/후 디퍼렌셜 로크를 조작하는 것 이외에도, 센터 디퍼렌셜이 있는 4WD의 각 디퍼렌셜에 차동제한기구를 장착하는 방법으로도 이런 주행은 가능하다.

베벨기어를 사용한 디퍼렌셜 기어가 좌/우륜 사이의 회전속도차를 흡수하도록, 전/후 차축 사이에 같은 모양의 차동기구를 넣음으로써 「회전하기 어렵다」고 하는 직결 4WD의 결점은 해소된다. 기술자는 예전부터 이런 사실을 알고 있었지만 몇 가지 문제가 있었다. 대표적인 예는 센터 디퍼렌셜을 조립하면 중량이 더욱 늘어나 비용이 높아지는 점과, 좌/우륜 어느 쪽인가가 공전하는 경우에는 반대쪽 차륜의 구동력도 상실된다는 점이다. 전자는 지금도 변함이 없지만, 후자는 차동제한(Limited Slip) 기구를 조립함으로써 해소되었다.

센터 디퍼렌셜의 장점은 4륜 전부를 주 구동축으로 할 수 있다는 점이다. 전/후 차축의 구동력 배분은 기어의 기계적 설계로 고정할 수 있다. 다만 앞서 말한 것처럼 전/후륜에서 어느 쪽인가가 1륜이 공전하고 3륜만 접지된 상태가 되면 모든 차륜에 구동력이 전달되지 않게 된다. 센터 디퍼렌셜에 차동제한기구가 있는 경우는, 그 차동제한 토크 만큼이 접지하고 있는 좌/우륜 차축에 전달되기 때문에, 완전히 구동력이 상실되는 일은 없다. 덧붙이자면 직결 4WD는 센터 디퍼렌셜의 차동제한 토크를 무한대로 한 것과 같으며, 3륜 접지에서의 주파성은 일반적으로 센터 디퍼렌셜식 보다도 뛰어나다.

그리고 차동제한기구는 기어의 기계 설계에서 정해진, 전/후 차축의 구동력 배분을 어느 정도 변경시킬 수가 있다. 실제 설계 현장에서는 우선 센터 디퍼렌셜의 전/후 배분비를 정하고, 다음에 가변폭을 정하고 그 후에 제어의 조립을 실시하는 방식으로 작업이 실행되는 예가 많은 것 같다. 그리고 차동제한기구로 어떠한 것을 선택할 지는 자동차의 캐릭터와 가격에 따라서도 달라진다. 센서의 성능진보와 낮은 가격화, 제어 컴퓨터의 고속화와 소형화가, 센터 디퍼렌셜의 차동제한의 전자제어화를 뒷받침함으로써, 현재는 대부분의 센터 디퍼렌셜 차가 전자제어식으로 진화되었다.

전기자동차의 4WD시스템

자동차의 「달린다」, 「선회한다」는 성능을 크게 향상시키는 4WD.
기계적 제약에서 해방된 EV에서는 어떻게 비약을 하고 있을까?

글 : 사와세 카오루 (澤瀨 薰, prof. Kaoru SAWASE)

그림 1　4WD의 가치

주파성(Traction)
눈길이나 비포장도로 등에서도 안심하고 주행 가능

안정성(Stability)
옆바람이 불때나 노면상태가 좋지 않아도 안심하고 주행 가능

선회성능(Cornering)
핸들을 조작하는대로 쾌적한 주행이 가능

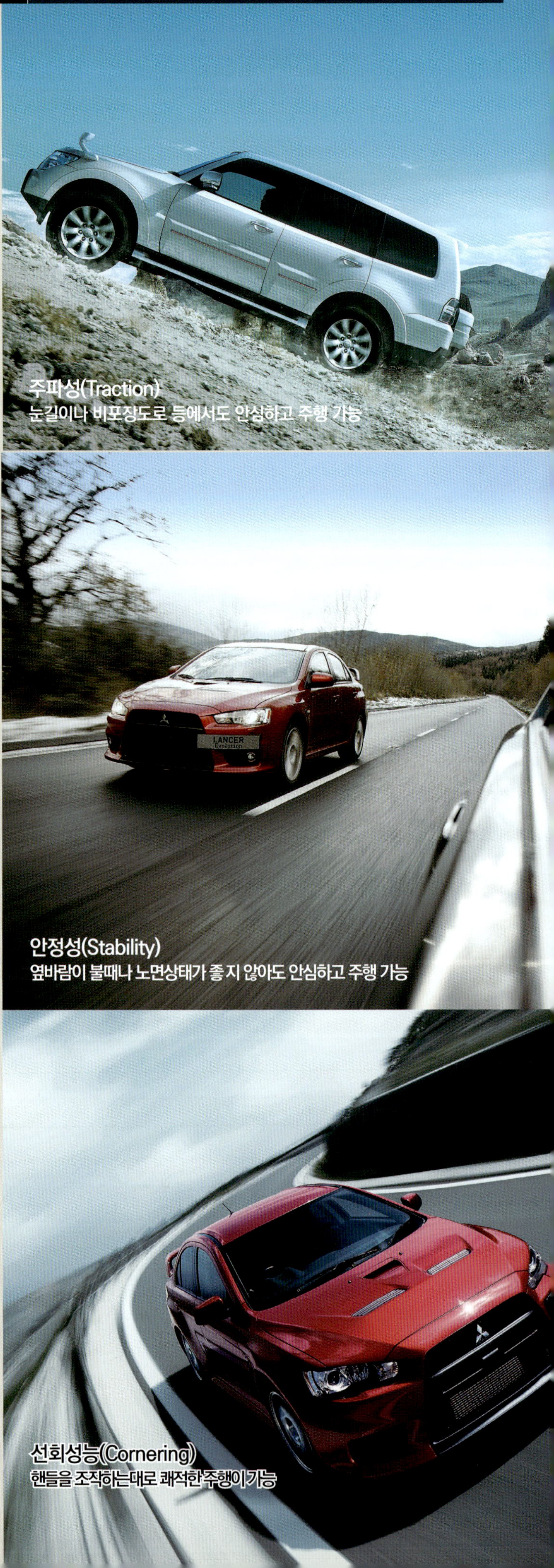

4WD 나름의 운동 성능적 가치

전기자동차에 적합한 4WD 시스템을 생각하기 위하여, 4WD 자동차 나름의 차량운동성능에서의 가치를 다시 정리해보자. 현재 전자제어까지도 구사하는 4WD에서는 주파성, 안정성, 그리고 선회성능이라는 그림1 에 나타낸 3종류의 차량운동성능 향상에 가치를 부여할 수 있다. 그 결과 4WD는 2WD 보다도 모든 주행 조건하, 가령 맑은 날 · 비오는 날 · 눈이 내리는 날 등 다양한 기후 조건, 시가지 · 고속도로 · 꼬불꼬불한 길 등 다양한 주행 장소 혹은 오르막길 · 내리막길 · 가속 시나 감속 시 등 다양한 상황하에서 안심하고 쾌적한 주행을 실현할 수 있다.

그림2 는 C Segment class 승용차의 차량 제원과 노면 μ = 1의 조건을 이용한 시뮬레이션에 의하여 4WD와 2WD의 차량운동성능 포텐셜을 구한 결과이다. 차량운동 포텐셜이란, 여기에서는 자동차가 발휘할 수 있는 최대의 정상적인 전/후 가속도와 횡 가속도와의 합성 가속도라고 정의한다. 차량운동성능 포텐셜이 높을수록 자동차의 주행한계가 높고, 일반적인 주행에 있어서는 안전 · 쾌적성에 대한 여유도(余裕度)가 높아지게 된다. 이 그림에서 구동력이 커질수록, 또 전기자동차로 말하면 감속회생력(減速回生力)이 커질수록, 4WD와 2WD와의 포텐셜 차이가 명확해진다는 것을 알 수 있다. 아래의 그림도 참조하면서, 4WD가 주파성 · 안정성 · 선회성능의 3종류 성능을 향상시키는 주요 원리에 대해서 설명한다.

① 주파성

그림 2의 가로축(구동) 방향에 표시된 성능이다. 4WD가 만들어 낸 출발점의 성능이며 ESC 등을 장착한 최신의 2WD에서도 결코 얻을 수 없는 4WD의 가치인 것이다. 더 나아가서 전기자동차의 경우는 가로축 마이너스 방향이 감속회생(회생제동)의 능력에 해당되기 때문에, 연비(전력) 절약에도 4WD의 가치를 부여할 수 있다. 이 들 효과는 주로 4WD에서 전/후륜으로의 구동토크 배분기능에 의하여 실현된다.

간단히, 자동차가 직진을 하고 있는 상

그림 2　차량운동성능 포텐셜

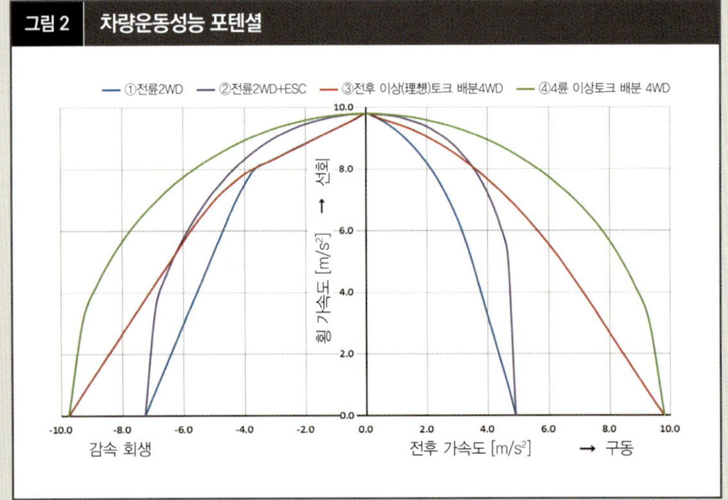

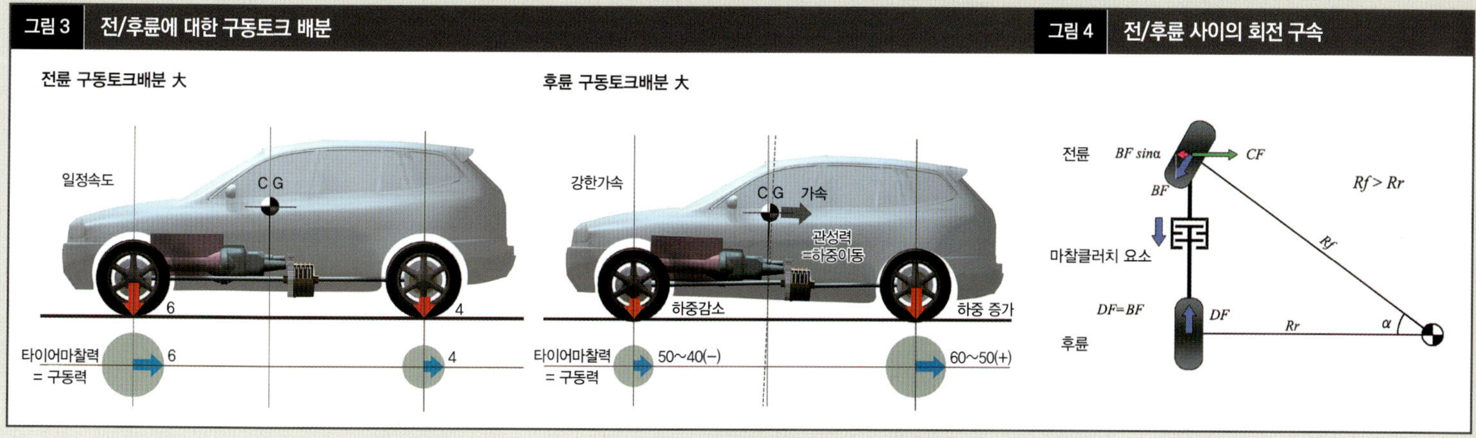

태를 생각해보자. 자동차의 전륜 및 후륜에 가해지는 수직 하중은 주행 중의 가속이나 감속 혹은 노면의 요철 등에 의하여 항상 변화하고 있다. 그리고 전/후륜 각각과 노면과의 사이의 최대 마찰계수도 시시각각 변화하기 때문에, 수직 하중과 마찰계수와의 곱으로 결정되는 전륜이나 후륜이 전달 할 수 있는 최대 구동력도 변화하고 있다. 그래서 이 변화에 따라 전/후륜에 구동토크를 배분하면 주파성이 향상되는 것이다 **그림3**.

② 안정성

4WD는 2WD에 비하여 안정성이 좋다고 알려져 있다. 실제로 Mitsubishi의 Pajero 등, 크로스컨트리 SUV로 고속도로를 주행하면서 2WD 모드에서 4WD 모드로 전환해보면 필링 평가에서는 직진안정성이 향상하는, 보다 정확하게는 핸들 중립(中立) 부근에서의 견고한 감이 향상하는 것을 확실히 체감할 수 있다. 그러나 4WD에 의한 이런 효과는 그림 2에서는 설명이 불가능하다. 왜냐하면 고속 직진 정상주행 상태는 그림 2의 제로점 부근에 해당하고, 2WD나 4WD도 마찬가지로 각각의 운동성능 포텐셜에 대해서 충분한 여유를 가지고 있기 때문이다. 더욱이 필링 평가에서는 확실히 차이를 느낄 수 있음에도 불구하고, 요잉율이나 핸들 조작력 등을 계측기로 측정하더라도 명확한 차이를 산출할 수 없다. 그러므로 4WD에 의한 안정성 향상의 원리가 완전하게 해명되지 않는 것이 현재의 상황이지만, 필자는 다음과 같이 전/후륜 사이의 회전구속 작용이 안정성을 향상시키고 있다는 가설을 세우고 있다.

전기자동차 이외의 종래의 4WD에는, **그림4** 에서와 같이 전륜과 후륜과의 사이에 각각의 자유스러운 회전을 막을 수 있는 마찰클러치 요소가 반드시 존재하고,

크든 작든 전/후륜 사이에서 구동토크를 주고 받고 있다. 두 가지의 회전요소 사이에 설치된 마찰클러치는, 회전수가 빠른 요소로부터 느린 요소로 구동토크를 전달하여 두 가지의 회전요소를 동일한 회전수가 되게 하려는 물리적인 특성을 갖는다.

직진상태로부터 핸들을 꺾어서 전륜에 슬립각이 생기고, 전륜에만 코너링포스 CF가 발생한 선회 초기상태를 생각한다. 이 순간은 전륜만이 방향전환을 시작하고, 후륜은 아직 계속해서 직진하고 있으므로, 자동차의 순간 선회중심은 그림 4에서와 같이 후륜축 선상에 있다고 생각할 수 있다. 전륜의 선회반경 Rf는 후륜의 선회반경 Rr보다도 크기 때문에, 전륜이 후륜보다도 빠르게 회전하게 된다. 이로인해 4WD의 전/후륜 사이에 존재하는 마찰 클러치가 전륜측에서 후륜측으로 구동토크를 전달하기 때문에 전륜에는 제동력 BF가, 후륜에는 구동력 DF가 생긴다. 그 결과 슬립각이 있는 전륜에 생성된 제동력 BF의 성분 BFsinα가 CF를 없애는 방향으로 작용하고, 슬립각에 대한 코너링포스의 코너링파워가 저하하는 것과 같다.

직진은 미세한 수정 조향에 의한 선회의 연속이라고 생각하면, 위에서 말한 작용이 직진안정성을 향상시킨다고 이해할 수 있다. 따라서 적절하게 전/후륜 사이의 회전구속을 실행할 수 있다면 안정성이 향상되는 것이다. 그러나 마찰클러치 요소에 의한 이 작용은, 선회 중의 언더스티어 (US)를 강하게 하는 작용이라는 점도 기억해 둘 필요가 있다.

③ 선회성능

그림 2의 세로축 방향에 표시된 성능이다. 전/후 가속도가 작은 영역에서는, 2WD에 ESC(정확히는 스태빌리티 컨트롤을 이용한 좌/우 구동 제동력 배분)을

조합하더라도 포텐셜이 상당히 향상되지만, 가장 포텐셜이 높은 것은 4륜의 이상(理想)적인 토크배분인 4WD인 것이다. 이 효과는 주로 좌/우륜 사이의 구동토크 이동(토크벡터링) 기능에 의하여 실현된다. 좌/우륜 사이의 토크벡터링은 두 가지 측면에서 선회성능을 향상시킨다. 하나는 좌/우 구동토크 배분에 의한 좌/우륜 부하의 적정화이며 다른 하나는 벡터링으로 생기는 직접(直接) 요-모멘트에 의한 전/후륜 부하의 적정화이다.

그림5 에 좌/우 구동토크 배분작용을 나타낸다. 선회 중에는 좌/우륜 사이에서 하중이동이 일어나며, 선회 내륜의 타이어 마찰원은 작아지고 외륜의 마찰원은 커진다. 간단히 말하면, 내륜의 마찰원까지 좌/우 균등 토크배분으로 구동력을 늘려나가, (A)와 같이 내륜은 코너링포스를 발생하지 않게하고 외륜만으로 코너링포스를 발생하게 하는, 좌/우륜 모두의 마찰

한계 상태를 생각한다. 같은 상황 하에서 (B)와 같이 좌/우 구동토크배분을 선회의 외륜 쪽으로 하면, 좌/우륜 모두 코너링포스를 발생할 수 있고, 좌/우륜 부하를 적정화함으로써 더욱 더 여유를 만들어 낼 수 있다.

다음에 직접 요-모멘트의 작용을 나타낸다. 역시 간단히 하기 위해, **그림6**과 같이 구동력도 제동력도 작용하지 않는 정상 선회상태에서, (A)의 벡터링이 없는 경우에 전륜의 코너링포스가 타이어 마찰원에 도달하고 있는 상태를 생각한다. 이 때 선회 내륜에서 외륜으로 토크벡터링을 실시하여 (B)와 같이 선회방향으로 직접(直接) 요-모멘트 Mc를 작용하게 하면, 같은 횡가속도 GY로 선회할 때의 전륜 코너링포스 부담이 작아지고, 후륜에서는 커진다. 따라서 직접 요-모멘트를 적절히 가함으로써 전/후륜 부하를 적정화할 수 있다.

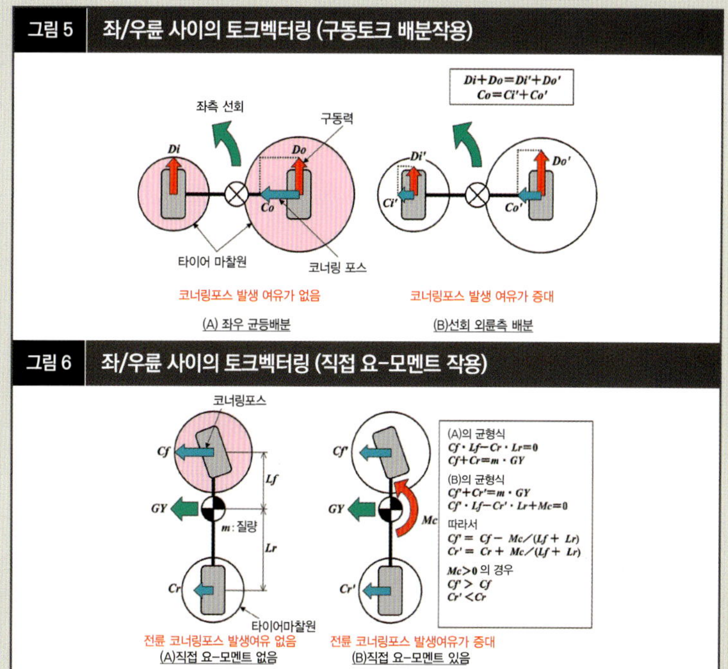

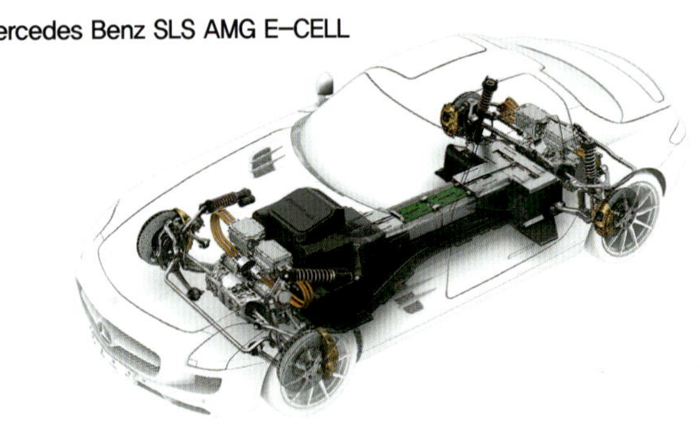

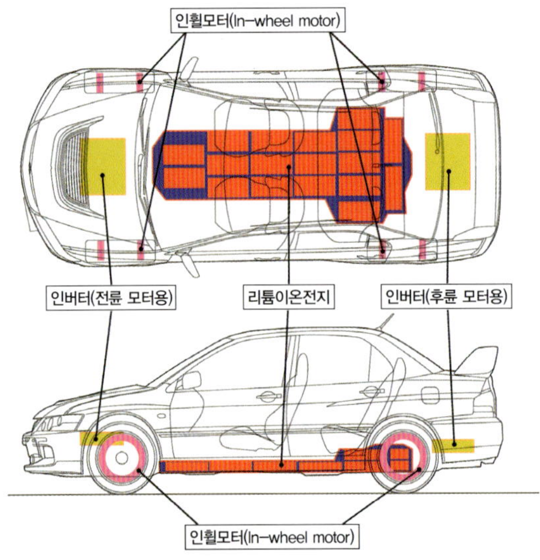

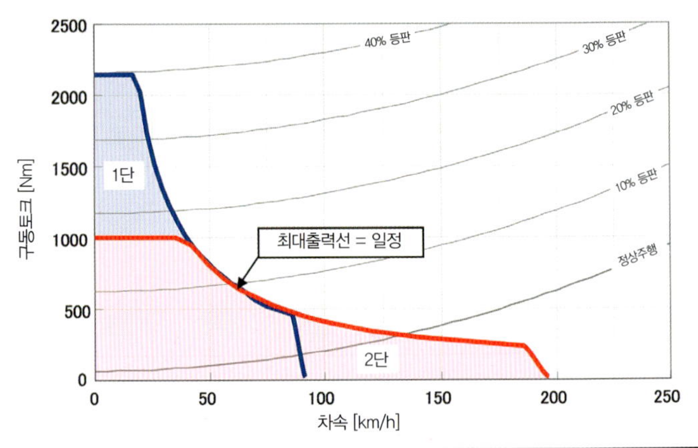

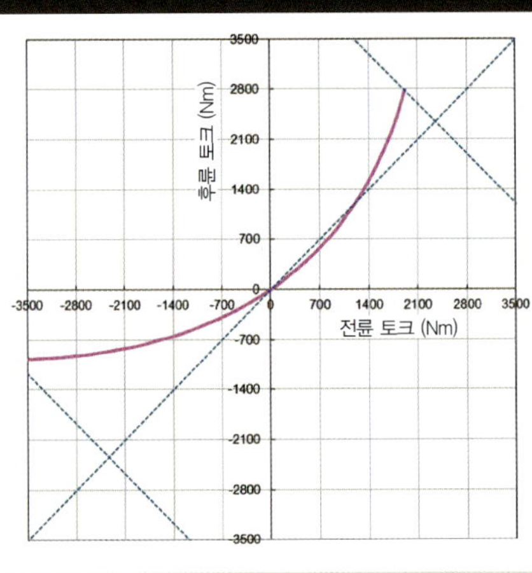

전기자동차 4WD 시스템의 특징

종래의 내연기관 자동차에서는 1대의 엔진 구동력을 적절히 4륜에 전달하는 것을 목표로 하여 다양한 4WD 시스템이 나왔다. 더욱이 좌/우륜 사이에 우력(偶力, Couple)을 만들어내 직접 요-모멘트를 자유자재로 조종하는 AYC(Active Yaw Control) 등의 TVD(Torque Vectoring Differential)라는 수단까지도 손에 넣고, 궁극적인 주파성·안정성·선회성능 향상을 도모하며 진화해 왔다.

이에 대해 전기자동차에서는, 현시점에서의 비용이라는 점을 생각하지 않는다면, 여러 대의 구동력원(전기모터)을 탑재하는 것이 비교적 용이하기 때문에, 종래의 4WD 시스템과는 다른 진화 방향을 생각할 수 있다. 그 궁극적인 것으로서 자주 제안되고 있는 것이 그림 7에 나타낸 4대의 전기모터를 탑재한 4륜 독립구동이며, 이상적인 4륜 인휠모터(IWM)라고 알려져있다. IWM의 실용화에 있어서는, 소형화 등 그 자체의 기술적 과제 이외에도 자동차의 스프링 아래 중량 증가에 따른 승차감 및 접지성 저하 등의 과제가 있다. 이것들은 앞으로 기술진화에 의하여 해결된다는 것을 전제로 하고, 여기에서는 4WD의 차량 운동성능의 가치인 주파성·안정성·선회성능을 각각 향상시키는 전/후륜에 대한 구동토크배분, 전/후륜 사이의 회전구속, 그리고 좌/우륜 사이의 토크벡터링 등의 여러가지 기능 실현에 대하여 생각해본다.

다이렉트 드라이브의 IWM이라면, 구동계의 비틀림 공진(共振)의 영향이 없으므로, 내연기관보다도 한 자릿수 이상 뛰어난 응답성을 살린 4WD 제어에 의한 새로운 가능성을 기대할 수 있다. 그런 경우에도 상기의 4WD 기능을 실현하는 데 있어서는 기본적인 전기모터의 출력특성을 고려할 필요가 있다.

그림 8은 전기모터와 2단 변속기를 조합한 자동차의 동력성능 선도의 예다.

일반적으로 전기모터는 어느 회전수 이하의 저속 회전영역에서 최대토크를 생성하고, 그 이상의 중고속 회전 영역에서는 최대출력이 일정한 특성을 갖는다. 따라서 그림에서와 같이 변속기가 1단이든 2단이든 최대출력선은 서로 겹친다. 이런 점은 고속주행일수록 구동토크가 작아지는 것을 의미하기 때문에, 4WD의 구동토크배분이나 토크벡터링 기능을 생각할 때에는 고려가 필요하다. 아래에서는 4WD의 3종류 기능을 전기자동차에서 실현하는 방법을 검토한다.

전/후륜에 대한 구동토크 배분

그림 2와 같은 C세그먼트 승용차의 차량제원으로 균일한 노면 조건에서 최대의 주파성을 실현하는 전/후 구동토크 배분을 구한 결과를 그림 9에 나타냈다. 균일 노면에서는 전/후륜 각각에 전달되는 최대 구동토크는 전/후륜의 동적인 분담 하중에 비례한다. 따라서 주파성 최대의 전/후 구동토크 배분은, 구동토크가 작은, 즉 전/후 가속도가 작은 영역에서는 정적인 전/후 분담 하중비에 가까운 전륜 60% 후륜 40%가 되며, 구동토크가 큰 영역에서는 후륜 배분이 늘어나 전륜 40% 후륜 60% 정도가 된다.

이 구동토크배분을 실현한다면, 가령 최고출력 280마력(208kW)의 전기자동차의 경우는, 구동토크가 큰 영역에 맞게 전륜측에 208×40%=83kW, 후륜측에 125kW의 전기모터를 탑재하면 주파성 최대의 전/후 구동토크배분을 실현할 수 있다. 따라서 주로 포장된 도로를 달리는 승용차의 경우에는, 전/후 독립 전기모터 구동의 4WD로 아낌없는 성능을 발휘할 수 있을 것이다.

그런데 비포장도로에서의 주파성도 요구되는 크로스컨트리 SUV의 경우는 사정이 다르다. 비포장도로에서는 전/후륜의 노면 마찰계수가 각각 다르고, 전/후륜 중 어느 한쪽에만 전체 하중이 가해지는 순간도 많이 있다. 이와 같은 경우에 최대의 주파성을 얻기 위해서는, 전/후륜 각각에 208kW를 전달할 수 있도록 해둘 필요가 있고, 전/후 독립구동방식에서는 전/후륜 각각에 208kW의 전기모터를 탑재하게 된다. 이렇게되면 분명히 허비가 많아, 종래차와 마찬가지로 전/후륜 사이에 어떤 동력전달장치를 설치하는 것이 합리적일지 모르게 된다.

전/후륜 사이의 회전구속

전/후 독립 전기모터 구동 4WD는, 종래의 4WD에서 반드시 존재하던 전/후륜 사이의 회전구속을 동반하는 일이 없으므로, 전/후륜으로의 구동토크를 자유롭게 배분할 수 있는 점이, 제어를 구성하는 데 있어서 매우 뛰어난 점이다. 그러나 4WD의 안정성 향상 효과가 전/후륜 사이의 회전구속에 의한 것이라는 가설이 옳다면, 무엇인가의 수단으로 이 기능을 실현할 필요가 있다.

다행히도, 공작기계의 세계를 보면 NC 치절반(齒切盤)이 있고, 이런 경우에는 호브커터(Hob cutter)와 가공대상물과의 회전속도를 제어로 완전히 동기시키고 있다. 이것은 2대의 전기모터를 제어적으로 회전구속하고 있다고 받아들일 수가 있다. 이와 같은 제어계를 전/후 독립구동의 전기모터 사이에 적용함으로써, 안정성 향상 효과를 실현할 수 있다고 생각한다.

좌/우륜 사이의 토크벡터링

좌/우륜 사이의 토크벡터링 기능에 의한 선회성능 향상 효과 중에, 그림 6의 직접 요-모멘트 작용을 고려하면, 구체적으로 실현하고 싶은 기능은 좌/우륜 사이의 구동토크 차이를 발생시키는 것임을

| 그림 11 | 좌/우륜 사이의 토크벡터링 장치 |

구조개념도		(A) 차륜독립구동방식 (인휠 모터 등)	(B)차륜간 토크이동방식 (TVD)	(C)새로운 방식 (예: 토크이동모터식)
직접 요모멘트 발생 자유도	고속 가속	×	○	○
	중속 완 가속	△	○	○
	저속 정상	○	○	○
	완 감속	△	○	○
	감속	×	○	○
마찰 손실		○	×	○

알 수 있다. 그리고 그림 8에 나타낸 전기모터의 출력특성으로부터, 좌/우 독립 전기모터 구동방식은, 고속 주행시나 가속시에는 총구동력을 확보하기 위하여 좌/우륜이 같은 정도의 출력토크를 발휘하게 되고, 그림 10 (A)와 같이 직접 요-모멘트의 발생 자유도가 작아진다. 따라서 이 기능을 충분히 발휘시키기 위해서는, 무엇인가 좌/우륜 토크 차이 발생장치가 필요하다.

그러나 (B)의 마찰클러치를 사용한 종래형의 TVD에서는, 요-모멘트 발생자유도는 뛰어나지만, 에너지 소비가 브레이크 제어의 1/10이라고 하여도, 전기자동차에 적용하기 위해서는 마찰클러치에 의한 손실이 마음에 걸린다. 그래서 고안된 것이 (C)와 같은 새로운 방식의 예로서 토크이동 모터식 등이다. 그림 11 의 장치가 이미 실험단계에 있는 이 방식은 TVD의 마찰클러치 역할을 전기모터로 옮겨 놓은 컨셉트이며, 토크벡터링용 모터는 3~5kW 정도의 작은 출력으로 필요한 기능을 발휘한다. 필자들은, 2대의 구동용 전기모터와 유성기어를 조합한 그림 12 의 장치에 의해, 2대 모터

의 구동토크 차이를 좌/우륜에 증폭시켜 전달함으로써 필요한 토크벡터링을 실현하는 컨셉트를 제안하고 있다. 이 이외에도 다양한 장치가 연구되고 있으며, 전기자동차의 4WD를 연구하는 데에 있어서, 좌/우륜 사이의 토크벡터링은 가장 흥미로운 분야라고 생각한다.

마지막으로

전기자동차용의 4WD 시스템에 대하여, 4WD의 차량운동성능에서의 가치 실현이라는 관점에서 검토해 보았다. 주로 균일한 노면을 주행하는 승용차로서는 전/후륜을 독립구동으로 하여, 전/후륜 각각의 좌/우 사이에 새로운 방식의 토크벡터링 디퍼렌셜을 조합하는 것이 유력한 듯하다.

한편으로, 4WD의 원점인 비포장도로를 포함한 온갖 조건하에서 주파성을 확보하려고 한다면, 또 다른의 방법이 필요하다는 것도 알 수 있었다. 이 분야에서의 앞으로의 연구와 기술개발 진전, 그리고 이에 대처하는 기술자들의 노력을 기대해본다.

| 그림 10 | Schaeffler · eDifferential |

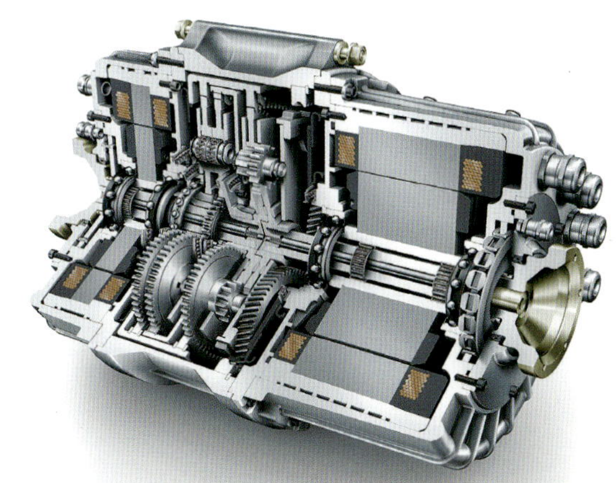

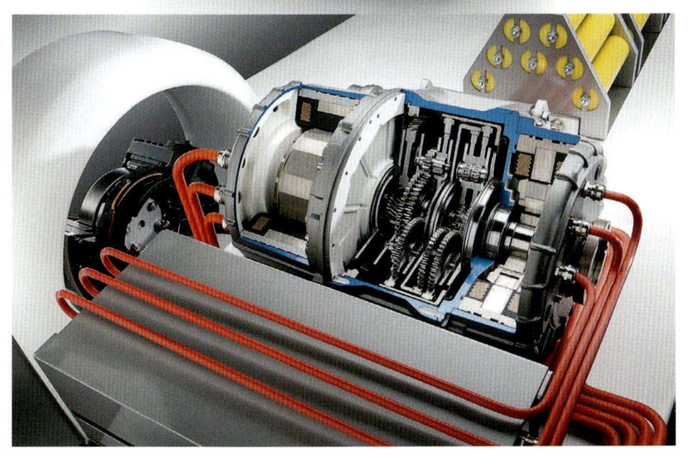

| 그림 12 | 모터 토크 차이 증폭식 좌/우륜 구동장치 |

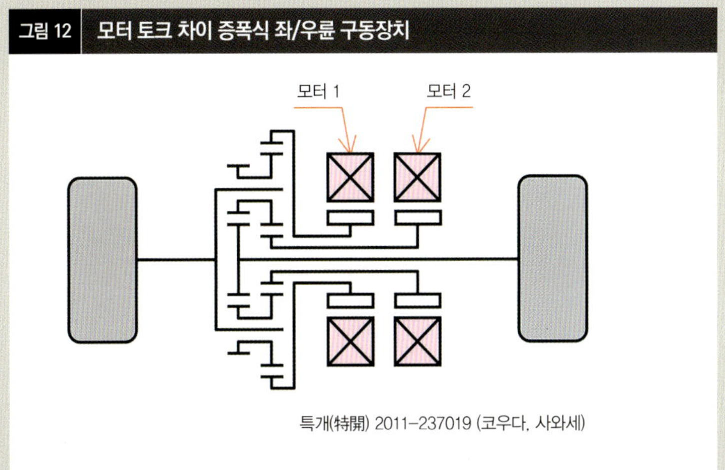

특개(特開) 2011-237019 (코우다, 사와세)

›› EPILOGUE

글 & 사진 : 마키노 시게오(牧野茂雄)
PORTRAIT : 세야 마사히로(瀬谷正弘)

일본이 세계를 이끈
그 기술자산이 시들지않도록
새로운 첫걸음을 내딛고 싶다

경자동차용의 값싼 시스템으로부터 운동성 향상을 위한 토크벡터링까지,
과거 20년 일본은, 4WD 분야의 연구개발로 세계 자동차 기술의 선두를 항상 달려왔다.
그 성과가 확실히 제품에 반영되어 다채로운 라인업을 갖기에 이르렀다.
특히 온로드 스포츠 4WD의 분야에서는, 독일의 기세까지도 꺾게 되었다.
부디 이런 자산을, 다음 세대의 엔지니어들이 지켜주기 바란다.
사용되지 않게 된 기술은 두 번 다시 되살아나지 않기 때문이다.

이번 4WD 특집에서는, 이치노세끼 공업고등전문학교 기계공학과 교수인 사와세 카오루박사(사진/오른쪽)로부터 여러 가지로 지혜를 빌렸다. 동시에 필자 마키노 시게오 자신의 식견을 깊게 할 수가 있었다. 이 장을 빌어서 사와세 교수에게 감사의 말씀을 드리고 싶다.

교수가 Mitsubishi 자동차공업에 재직하고 있었을 때, 나는 취재로 몇 번인가 방문하였다. 교수는 AYC (Active Yaw Control)의 창시자이고, 미국과 유럽에서도 4WD 개발 현장에서 「토크벡터링의 사와세」를 모르는 사람은 없다. 특집을 마감함에 즈음하여, 사와세 교수를 인터뷰한 상황을 전하고 싶다.

여기부터는 Mitsubishi 자동차 시대의 이야기이므로, 사와세씨라고 부른다. 사와세씨에게 인상이 깊었던 4WD 자동차는 어떤 것이 있었는지 물어보니, 이런 대답이 돌아왔다.

"우선은 1세대 Galant VR-4입니다. 내가 Mitsubishi 자동차에 입사하기 전 해에 시판되었습니다. 아, Mitsubishi가 좋은 자동차를 만들고 있구나! 하고 감동을 받았습니다. 같은 시기에 Celica GT-Four가 있었습니다. 『나를 스키장에 데리고 가줘』라는 영화에 나왔던 그 셀리카에도 매료가 되었었지요(웃음). 그것과 Skyline GT-R입니다. 그 무렵의 일본차에는 대단한 기세가 있었습니다. 그러나 엔지니어가 되어 최초로 깜짝 놀란 것은 Porsche 911 Carrera 4입니다. 회사에 있었던 시험차에 수도없이 시승을 하면서, 앞으로 나아가기 위한 4WD는 당연히 이래야 한다...고 깨닫게 되었습니다. 이것이 내 자신의 4WD 개발의 출발점이었다고 말할 수 있습니다."

놀랍게도, 사와세씨의 머리 속에는 구동력으로 「선회한다」는 목표가 쭉 있었다고 한다.

「Lancer Evolution Ⅳ가 시판되었을 때, 이것은 너무 지나친 감이 있다고 생각했다」라고 내가 고백을 하니까,사와세씨는 「지나친 감은 알고 있었습니다. 처음으로 AYC를 장착한 자동차였기 때문에, 제품 기획측은 그 존재를 어필하고 싶어했지요」라고 말하였다. 이 시점에서 이미, 토크벡터링을 사용한 슈퍼 AYC로의 여정이 그려지고, 랜서 에볼루션 X 나름의 「주행의 맛」이 목표가 되어 있었다고 한다.

그렇다. 자동차 메이커라는 거대한 조직 안에서 이뤄지는 제품개발에는, 여러 사정이 얽혀있다. 우선 회사의 내부를 설득하는 것부터 시작하지 않으면 안 된다. 그렇게 제품에 숨겨진 뒷사정을 읽는 것이 미디어의 역할이기도 하다. 하나의 현상만을 거론하여 비판하는 것은 얕은 지식의 증거라고 스스로 경계한다.

랜서 에볼루션 X는 세계 최고의 4WD 전천후 실용

차라고 말할 수 있다. 만약 일본이 독일과 같은 교통법규였다면, 에볼루션 X는 겨울의 적설한랭지에서의 「1시간 권(圈)」을 반경 100km로 확대해 줄 것이다. 적설도로나 반 동결로에서의 안심감은 감동 그 자체이다. 위의 사진은, 내가 많은 눈과 얼음의 세계에서 에볼루션 X를 약 800km 달리게 했을 때의 사진이다. 그녀(에볼루션 X)는 바로 눈앞에 바퀴 자국이 하나도 없는, 바람 소리만이 있는 세계로 나를 데리고 가 주었다.

에볼루션 X가 갑자기 태어난 것은 아니다. 사와세씨를 비롯한 Mitsubishi 자동차 개발진이, 하나의 이상(理想)을 그리며, 그곳으로 나아가기 위한 수단을 음미하고, 회사 내부를 설득하여 개발예산을 획득하고, 시행착오를 거듭하면서, 오랜 시간을 달려와 도달한 자동차다. 10세대를 이어온 에볼루션 시리즈는, 어느 것이나 중간지점이었다고 생각한다. "그렇습니다. 앞으로도 해야 할 것이 있습니다"라고 사와세씨는 말한다. 나는 그 모습을 반드시 보고 싶다.

「에볼루션 Ⅲ까지는 종래 기술의 숙성이었습니다. 에볼루션 Ⅳ에서 AYC를 도입하였고, 여기서부터 세계가 전부 변했어요. 에볼루션 Ⅴ에서는 타이어를 폭을 늘려 성능을 높임과 동시에 제어의 패치워크를 그만두었습니다. 이후 에볼루션 X에 이르기 까지 제어를 조금씩 심플하게 해 왔지요. 그에 따라서 차량 제원도 조금씩 바뀌었어요. 일단 기본 레이아웃과 각 부의 치수입니다」

물론 일이 원활하게 진행되었을 리가 없다. 「왜, 이러한 제어로 하는지」는 제품 기획측의 허락을 얻지 않으면 안 된다. 회사 내부의 설득도 큰 일이었을 것이다. 판매대수에 대해서 책임을 지는 입장에 있는 사람의 심리적 압박감은, 우리 문외한은 결코 알 수 없다. 그러나

결과적으로 토크벡터링이 있는 센터 디퍼렌셜 4WD는 Mitsubishi 자동차의 큰 재산이 되었다. 그 성과를 보고 Audi와 BMW가 뒤따라 왔지만, Mitsubishi가 10년을 앞서가고 있다. 선두는 흔들리지 않았다.

나는 두 가지의 「만약」을 생각했다. 만약, 에볼루션 X의 시판예정이 2008년 가을의 리먼 쇼크 후였더라면……과연 시판되어 있었을까. 만약 이것이 군사 기술이었다면……10년의 리드는 지배자를 바꾸고 역사를 바꾼다. 이 양쪽을 링크시켜서 생각해보면, 일본이 리드해온 4WD 기술을 더욱 진화시키는 일의 중요성은, 불을 보듯 명백할 것이다. 만약 에볼루션 X의 성능을 그대로 두고 4WD 시스템의 원가를 반으로 할 수 있다면……자동차의 세계는 변할 것이다.

4WD 일본판매차종 사양

엔진탑재방법 약호   FT:Front 횡배치 FL: Front 종배치 MT:Mid 횡배치 ML:Mid 종배치 RL: Rear 종배치

브랜드	차명	엔진 레이아웃	시스템	차동제한장치	메이커의 호칭
Toyota	Allion	FT	토크 분할	비스코스커플링	V 플렉스 풀타임 4WD
	Corolla Axio	FT	토크 분할	전자제어커플링	전자제어식 액티브 토크 컨트롤 4WD
	Crown Athlete	FL	센터 디퍼렌셜	전자제어커플링	i-FOUR
	Crown Majesta	FL	센터 디퍼렌셜	전자제어커플링	i-FOUR
	Crown Royal saloon	FL	센터 디퍼렌셜	전자제어커플링	i-FOUR
	Premio	FT	토크 분할	비스코스커플링	V 플렉스 풀타임 4WD
	Mark X	FL	센터 디퍼렌셜	전자제어커플링	i-FOUR
	Corolla Fielder	FT	토크 분할	전자제어커플링	전자제어식 액티브 토크 컨트롤 4WD
	Succeed	FT	토크 분할	비스코스커플링	V 플렉스 풀타임 4WD
	Probox	FT	토크 분할	비스코스커플링	V 플렉스 풀타임 4WD
	Mark X Zio	FT	토크 분할	전자제어커플링	전자제어식 액티브 토크 컨트롤 4WD
	Isis	FT	토크 분할	전자제어커플링	전자제어식 액티브 토크 컨트롤 4WD
	Alphard	FT	토크 분할	전자제어커플링	전자제어식 액티브 토크 컨트롤 4WD
	Alphard Hybrid	FT	모터	Rear motor	E-Four
	Wish	FT	토크 분할	전자제어커플링	전자제어식 액티브 토크 컨트롤 4WD
	Alphard	FT	토크 분할	전자제어커플링	전자제어식 액티브 토크 컨트롤 4WD
	Alphard Hybrid	FT	모터	Rear motor	E-Four
	Voxy	FT	토크 분할	전자제어커플링	전자제어식 액티브 토크 컨트롤 4WD
	Estima	FT	토크 분할	전자제어커플링	전자제어식 액티브 토크 컨트롤 4WD
	Estima Hybrid	FT	모터	Rear motor	E-Four
	Sienta	FT	토크 분할	비스코스커플링	V 플렉스 풀타임 4WD
	Noah	FT	토크 분할	전자제어커플링	전자제어식 액티브 토크 컨트롤 4WD
	Hiace	FL	센터 디퍼렌셜	비스코스커플링	풀타임 4WD 시스템
	ist	FT	토크 분할	전자제어커플링	전자제어식 액티브 토크 컨트롤 4WD
	Vitz	FT	토크 분할	전자제어커플링	전자제어식 액티브 토크 컨트롤 4WD
	Auris	FT	토크 분할	전자제어커플링	전자제어식 액티브 토크 컨트롤 4WD
	Corolla Rumion	FT	토크 분할	전자제어커플링	전자제어식 액티브 토크 컨트롤 4WD
	Spade	FT	토크 분할	전자제어커플링	전자제어식 액티브 토크 컨트롤 4WD
	bB	FT	토크 분할	비스코스커플링	V 플렉스 풀타임 4WD
	Porte	FT	토크 분할	전자제어커플링	전자제어식 액티브 토크 컨트롤 4WD
	Ractis	FT	토크 분할	전자제어커플링	전자제어식 액티브 토크 컨트롤 4WD
	Vanguard	FT	토크 분할	전자제어커플링	전자제어식 액티브 토크 컨트롤 4WD
	FJ Cruiser	FL	파트타임	——	파트타임 4WD
	Harrier	FT	센터 디퍼렌셜	비스코스커플링	풀타임 4WD
	Harrier Hybrid	FT	모터	Rear motor	E-Four
	RAV4	FT	토크 분할	전자제어커플링	전자제어식 액티브 토크 컨트롤 4WD
	Land Cruiser	FL	센터 디퍼렌셜	——	풀타임 4WD 시스템
	Land Cruiser Prado	FL	센터 디퍼렌셜	토르센 LSD	풀타임 4WD
Lexus	LS	FL	센터 디퍼렌셜	토르센 LSD	풀타임 4WD
	GS	FL	센터 디퍼렌셜	전자제어커플링	풀타임 4WD
	RX 350	FT	토크 스플릿	전자제어커플링	액티브 토크 컨트롤 AWD
	RX 450h	FT	모터	Rear motor	E-Four
Nissan	Juke	FT	토크 분할	전자제어커플링	ALL MODE 4X4-i
	Note	FT	모터	Rear motor	e·4WD
	Cube	FT	모터	Rear motor	e·4WD
	March	FT	모터	Rear motor	e·4WD
	Elgrand	FT	토크 분할	전자제어커플링	ALL MODE 4X4
	Serena	FT	토크 분할	Auto torque control coupling	오토 컨트롤 4WD 시스템
	LaFesta JOY	FT	토크 분할	Auto torque control coupling	오토 컨트롤 4WD 시스템
	Wingroad	FT	모터	Rear motor	e·4WD
	NV350 Caravan	FL	파트타임	——	파트타임 4WD
	GT-R	FL	토크 분할	전자제어커플링	ATTESA E-TS
	Skyline Crossover	FL	토크 분할	전자제어커플링	ATTESA E-TS
	Murano	FT	토크 분할	전자제어커플링	ALL MODE 4X4-i
	X-Trail	FT	토크 분할	전자제어커플링	ALL MODE 4X4
	Dualis	FT	토크 분할	전자제어커플링	ALL MODE 4X4
	Fuga	FL	토크 분할	전자제어커플링	ATTESA E-TS
	Skyline	FL	토크 분할	전자제어커플링	ATTESA E-TS
	Teana	FT	토크 분할	Auto torque control coupling	오토 컨트롤 4WD 시스템
	Sylphy	FT	모터	Rear motor	e·4WD
	Latio	FT	모터	Rear motor	e·4WD
Honda	Freed / Spike	FT	토크 분할	유압제어 클러치	리얼타임 4WD
	Fit / Shuttle	FT	토크 분할	유압제어 클러치	리얼타임 4WD
	Elysion Prestige	FT	토크 분할	유압제어 클러치	리얼타임 4WD
	Odyssey	FT	토크 분할	유압제어 클러치	리얼타임 4WD
	Stepwagon / Spada	FT	토크 분할	유압제어 클러치	리얼타임 4WD
	Stream	FT	토크 분할	유압제어 클러치	리얼타임 4WD
	CR-V	FT	토크 분할	전자제어커플링	리얼타임 4WD
	N BOX /+	FT	토크 분할	유압제어 클러치	리얼타임 4WD
	Zest / Spark	FT	토크 분할	유압제어 클러치	리얼타임 4WD
	Vomos / Hobio	ML	토크 분할	유압제어 클러치	리얼타임 4WD
	Life/ DIVA	FT	토크 분할	유압제어 클러치	리얼타임 4WD
Mazda	Demio	FT	모터	Rear motor	e·4WD
	Verisa	FT	모터	Rear motor	e 4WD
	Axela	FT	토크 분할	전자제어커플링	전자제어 액티브 토크 컨트롤 커플링 4WD 시스템
	Atenza	FT	토크 분할	전자제어커플링	전자제어 액티브 토크 컨트롤 커플링 4WD 시스템
	Premacy	FT	토크 분할	전자제어커플링	전자제어 액티브 토크 컨트롤 커플링 4WD 시스템
	MPV	FT	토크 분할	전자제어커플링	전자제어 액티브 토크 컨트롤 커플링 4WD 시스템
	Biante	FT	토크 분할	전자제어커플링	전자제어 액티브 토크 컨트롤 커플링 4WD 시스템
	CX-5	FT	토크 분할	전자제어커플링	전자제어 액티브 토크 컨트롤 커플링 4WD 시스템
Mitsubishi	RVR	FT	토크 분할	전자제어커플링	전자제어 4WD
	Pajero	FL	센터 디퍼렌셜(특수)	비스코스커플링/Freewheel	Super select 4WD II
	Outlander (현행)	FT	토크 분할	전자제어커플링	전자제어 4WD
	Delica D:5	FT	토크 분할	전자제어커플링	전자제어 4WD
	Colt	FT	토크 분할	비스코스커플링	풀타임 4WD
	Garant Fortis	FT	토크 분할	전자제어커플링	전자제어 4WD
	Garant Fortis Ralliart	FT	센터 디퍼렌셜	전자제어커플링	ACD
	Lancer Evo X	FT	센터 디퍼렌셜	전자제어커플링	S-AWC
	i	MT	토크 분할	비스코스커플링	풀타임 4WD 시스템
	ek Wagon / Sports	FT	토크 분할	비스코스커플링	풀타임 4WD 시스템
	Toppo	FT	토크 분할	비스코스커플링	풀타임 4WD 시스템
	Pajero Mini	FL	파트타임	——	——

브랜드	차명	엔진 레이아웃	시스템	차동제한장치	메이커의 호칭
Subaru	Legacy	FL	토크 분할	전자제어커플링	신세대 액티브 토크 스플릿 AWD
	Legacy	FL	센터 디퍼렌셜	전자제어커플링	VTD-AWD
	Exiga	FL	토크 분할	전자제어커플링	액티브 토크 스플릿 AWD
	Exiga	FL	토크 분할	전자제어커플링	신세대 액티브 토크 스플릿 AWD
	Exiga	FL	센터 디퍼렌셜	전자제어커플링	VTD-AWD
	Forester	FL	토크 분할	전자제어커플링	액티브 토크 스플릿 AWD
	Forester	FL	센터 디퍼렌셜	비스코스커플링	비스코스 LSD 장착 센터 디퍼렌셜 방식 AWD
	Forester	FL	센터 디퍼렌셜	전자제어커플링	VTD-AWD
	Impreza	FL	토크 분할	전자제어커플링	액티브 토크 스플릿 AWD
	Impreza	FL	센터 디퍼렌셜	비스코스커플링	비스코스 LSD 장착 센터 디퍼렌셜 방식 AWD
	WRX STI	FL	센터 디퍼렌셜	기계식 + 전자제어커플링	DCCD 방식 AWD
	WRX STI	FL	센터 디퍼렌셜	전자제어커플링	VTD-AWD
Daihatsu	Mira e.S	FT	토크 분할	비스코스커플링	4WD
	Mira / Custom / Cocoa	FT	토크 분할	비스코스커플링	4WD
	Move / Custom / Conte	FT	토크 분할	비스코스커플링	4WD
	Tanto / Custom / Exe	FT	토크 분할	비스코스커플링	4WD
	Atrai	FT	토크 분할	비스코스커플링	4WD
	Boon	FT	토크 분할	비스코스커플링	V플렉스 풀타임 4WD
	Be-go	FL	센터 디퍼렌셜	——	풀타임 4WD 시스템
Suzuki	Alto / Eco	FT	토크 분할	비스코스커플링	4WD
	Every	FT	토크 분할	비스코스커플링	4WD
	MR wagon	FT	토크 분할	비스코스커플링	4WD
	Jimny	FL	파트타임	——	4WD
	Palette / SW	FT	토크 분할		4WD
	Lapin	FT	토크 분할	비스코스커플링	4WD
	Wagon R / Stingray	FT	토크 분할	비스코스커플링	4WD
	SX4	FT	토크 분할	전자제어커플링	i-AWD 시스템
	Escudo	FL	센터 디퍼렌셜	전자제어커플링	4WD
	Kizashi	FT	토크 스플릿	전자제어커플링	i-AWD 시스템
	Jimny Sierra	FL	파트타임	——	4WD
	Swift	FT	토크 분할	비스코스커플링	4WD
	Solio / Bandit	FT	토크 분할	비스코스커플링	4WD
Ford	Explorer	FT	토크 분할	전자제어커플링	인텔리전트 4WD
	Kuga	FT	토크 분할	전자제어커플링	인텔리전트 4WD
	Lincoln MKX	FT	토크 분할	전자제어커플링	인텔리전트 4WD
GM	Cadilac SRX Crossover	FL	토크 분할	Haldex 커플링	4WD
	Cadilac Escalade	FL	센터 디퍼렌셜		4WD
	Chevrolet Captiva	FT	토크 분할		전자제어 AWD 시스템
Chrysler	Jeep Patriot	FT	토크 분할	전자제어커플링	Freedom Drive
	eep Cherokee / Sports cross	FL	파트타임	전자제어커플링	Selc-track II
	Jeep Wrangler / unlimited	FL	파트타임	——	Command-trac
	eep Grand Cherokee	FL	센터 디퍼렌셜		Quadra-trac II
	Dodge Nitro	FL	파트타임	——	AWD
Bentley	Continental Super sports	FL	센터 디퍼렌셜	토르센 LSD	AWD
	Continental GT	FL	센터 디퍼렌셜	토르센 LSD	AWD
	Continental GTC	FL	센터 디퍼렌셜	토르센 LSD	AWD
	Continental Flyingspur	FL	센터 디퍼렌셜	토르센 LSD	AWD
	Continental Flyingspur speed	FL	센터 디퍼렌셜	토르센 LSD	AWD
Landrover	Freelander 2	FL	토크 분할	Haldex 커플링	AWD
	Discovery 4	FL	센터 디퍼렌셜		AWD
	Range rover Evoque	FL	토크 분할	Haldex 커플링	AWD
	Range rover Sports	FL	센터 디퍼렌셜		AWD
	Range rover Vogue	FL	센터 디퍼렌셜		AWD
Mercedes benz	E	FL	센터 디퍼렌셜		4Matic
	G	FL	센터 디퍼렌셜		4Matic
	GL	FL	센터 디퍼렌셜		4Matic
	GLK	FL	센터 디퍼렌셜		4Matic
	ML	FL	센터 디퍼렌셜		4Matic
	R	FL	센터 디퍼렌셜		4Matic
	S	FL	센터 디퍼렌셜		4Matic
Porsche	911	RL	토크 분할	전자제어커플링	PTM
	Panamera	FL	토크 분할	전자제어커플링	PTM
	Cayenne	FL	토크 분할	전자제어커플링	PTM
Audi	A3	FT	토크 분할	Haldex 커플링	Quattro
	S3	FT	센터 디퍼렌셜	Haldex 커플링	Quattro
	A4	FL	센터 디퍼렌셜	토르센 LSD	Quattro
	S4	FL	센터 디퍼렌셜	크라운 기어	Quattro
	A5	FL	센터 디퍼렌셜	토르센 LSD	Quattro
	S5	FL	센터 디퍼렌셜	크라운 기어	Quattro
	RS5	FL	센터 디퍼렌셜	크라운 기어	Quattro
	A6	FL	센터 디퍼렌셜	크라운 기어	Quattro
	S6	FL	센터 디퍼렌셜	토르센 LSD	Quattro
	A7	FL	센터 디퍼렌셜	크라운 기어	Quattro
	S7	FL	센터 디퍼렌셜	크라운 기어	Quattro
	A8	FL	센터 디퍼렌셜	크라운 기어	Quattro
	S8	FL	센터 디퍼렌셜	크라운 기어	Quattro
	Q3	FT	토크 분할	Haldex 커플링	Quattro
	Q5	FL	센터 디퍼렌셜	토르센 LSD	Quattro
	Q7	FL	센터 디퍼렌셜	토르센 LSD	Quattro
	TT	FT	토크 분할	Haldex 커플링	Quattro
	TTS	FT	토크 분할	Haldex 커플링	Quattro
	TT RS	FT	토크 분할	Haldex 커플링	Quattro
	R8	ML	토크 분할	Haldex 커플링	Quattro
BMW	3	FL	토크 분할	전자제어커플링	xDrive
	5 Gran Turismo	FL	토크 분할	전자제어커플링	xDrive
	X1	FL	토크 분할	전자제어커플링	xDrive
	X3	FL	토크 분할	전자제어커플링	xDrive
	X5	FL	토크 분할	전자제어커플링	xDrive
	X6	FL	토크 분할	전자제어커플링	xDrive
	X5 M	FL	토크 분할	전자제어커플링	xDrive
	X6 M	FL	토크 분할	전자제어커플링	xDrive
	Active Hybrid X6	FL	토크 분할	전자제어커플링	xDrive
VW	Tiguan	FT	토크 분할	Haldex 커플링	4Motion
	Passat Alltrack	FT	토크 분할	Haldex 커플링	4Motion
	Touareg	FL	센터 디퍼렌셜	전자제어커플링	4Motion
Renault	Koleos	FT	토크 분할	전자제어커플링	All mode 4X4-i
Bugatti	Veyron	ML	토크 분할	Haldex 커플링	AWD
Lamborghini	Aventador	ML	토크 분할	Haldex 커플링	AWD
	Gallardo	ML	토크 분할	비스코스커플링	AWD
Volvo	S60/V60	FT	토크 분할	Haldex 커플링	AWD
	V70	FT	토크 분할	Haldex 커플링	AWD
	S80	FT	토크 분할	Haldex 커플링	AWD
	XC60	FT	토크 분할	Haldex 커플링	AWD
	XC70	FT	토크 분할	Haldex 커플링	AWD
	XC90	FT	토크 분할	Haldex 커플링	AWD

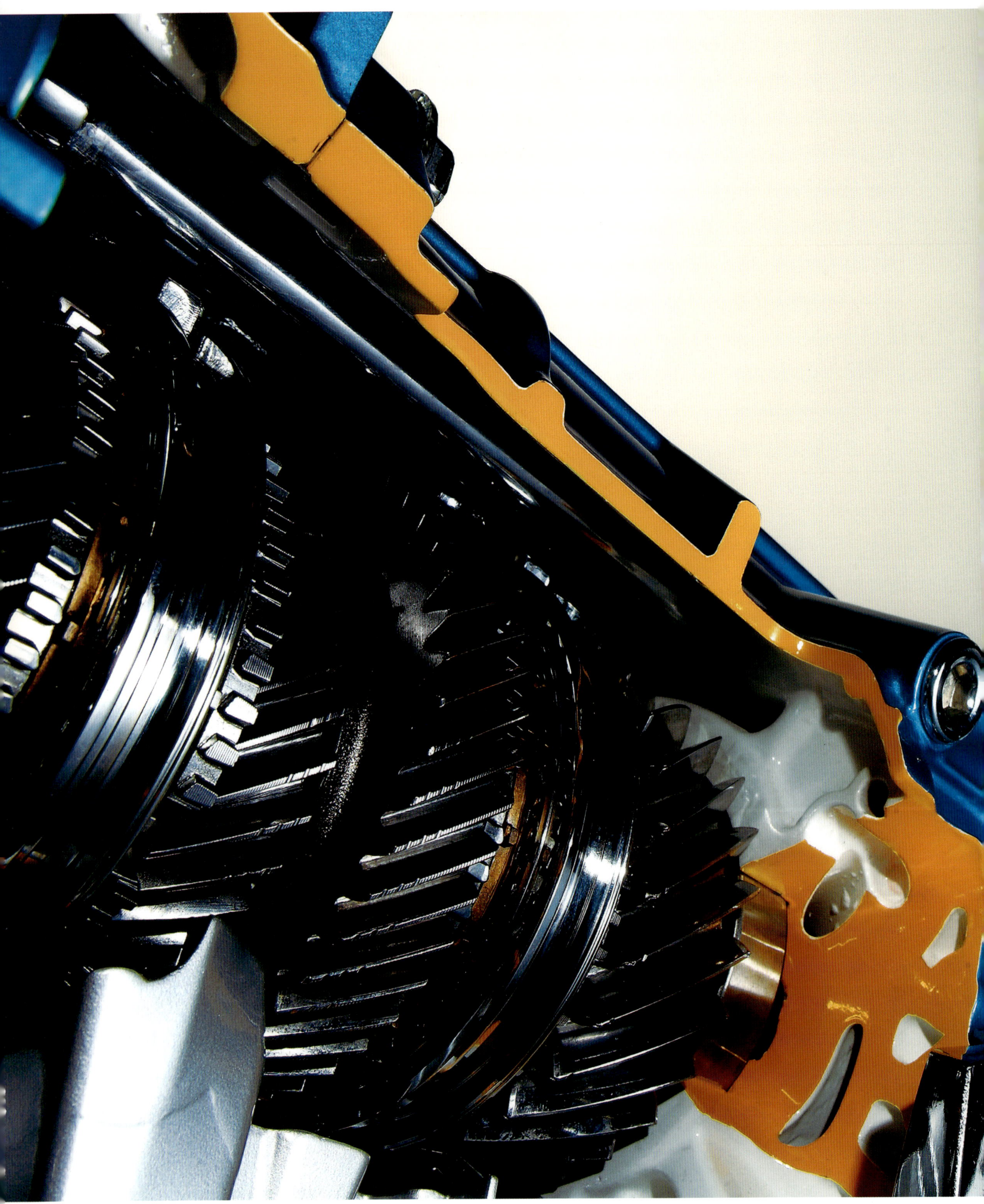

도해 특집

MT/DCT

Manual / Automated Manual / Dual Clutch Transmission Basics

완전이해

자동차 변속기로서 가장 오랜 역사를 가지고 있는, 기본구조인 수동변속기.

엔진의 토크를 운전자의 의지대로 잘 다루기 위해서는

클러치를 조작하며 기어를 잘 선택해야 한다.

항상 「지금의 상황」과 「조금 앞」을 생각하면서,

적극적으로 자동차와 대화하기 위한 장치이다.

근래에는 MT를 더욱 더 진화시킨 듀얼 클러치 변속기도 등장하고 있다.

MT / DCT가 어떻게 구성되어 있으며, 어떻게 작동하고,

어떤 기능을 수행하는지 생각해보자.

취재협력 : Aisin · AI / Aisin 정기 / Mitsubishi 자동차 / Mazda
Mitsubishi Fuso Truck & bus / FEV JAPAN / FIAT · Powertrain Technologies

구성 요소별로 분해된
변속기의 구조를 살펴보자.

앞으로 점점 강화되는 연비규제에 대한 대응이 급선무이다.
엔진 효율 향상은 착착 진행되고 있는데, 엔진과 조합시킬 변속기에는 어떤 것들이 있을까?
기본중의 기본인 MT(수동변속기)와 이로부터 파생된 AMT(자동화된 수동변속기), DCT(듀얼클러치 변속기)를 통하여 생각해보자.

글 : 마츠다 유지(松田勇治)

자동차용 변속기

발진장치
- 동력 전달기구
- 토크변동 완화기구

- **토크컨버터**
- **유체(流體) 커플링**
- **마찰 클러치**
  단판식
  다판식
  원심식
  전자분체식(電磁粉體式)
  원추(圓錐)식……등

변속기 부

변속 조작기구

[수동식]
- **기계식 링크**
  로드식
  케이블식

[자동식]
- **기계식 링크**
  로드식
- **유압기구**

회전 동기(同期)기구

- **동기치합식(Synchro mesh)**
- **상시치합식(Constant mesh)**
- **브레이크 & 클러치**

감속기구

- **무단식**
  풀리 · 스틸 벨트식
  Toroidal식
  전기식

- **다단식**
  평행축 상시치합 기어식
  유성기어식

변속기 종류에 따른 운전자 조작과의 관계

	MT	AMT	DCT	유단AT
클러치페달의 조작	필요	불필요	불필요	불필요
변속시의 시프트레버 조작	필요	불필요	불필요	불필요
패들 변속 장치	불가능	가능	가능	가능
임의의 변속단을 상시 선택 가능여부?	가능	가능	불가능	가능
크리프 현상의 유무	무	가능	가능	유

본지에서는 Vol.48에서 Vol.51까지의 4호에 걸쳐, 엔진을 주제로 특집을 구성하였다. 그리고 이번에는 엔진과 불가분의 관계인 변속기 중에서도, 가장 기본적인 존재인 수동변속기(MT)와 이로부터 파생된 자동화된 수동변속기(AMT) 그리고 듀얼클러치 변속기(DCT)에 대해 설명한다.

왜 엔진 특집 직후에 MT를 특집으로 다룬 것일까? 현시점에서「자동차」의 주동력 장치는 엔진인데 그 효율을 최대한으로 높일 수 있는 변속기는 역시 MT라고 생각했기 때문이다.

MT는 현존하는 자동차용 변속기 중에서 가장 전달효율이 뛰어나고, 기구의 간편함으로 경량화에도 기여한

다. 기계적으로만 연결된 직접적인 구동의 실감은, 운전의 기본중의 기본인 속도관리를 쉽게 터득하게 하며, 이런 점으로도 연비향상에 기여할 수 있다. 그러나 불행히도(굳이 말하면), 일본에서는 AT한정 면허라는 것이 존재하고, 더 나아가서 토크컨버터에 의존하는 느슨한 유단 AT나 변속 단수가 아주 많은 CVT가 만연하고 있는 까닭에, 운전의 기본중의 기본인 속도 관리를 올바르게 배울 기회조차 얻을 수 없는 실정이다. 우리들 사이에서는 흔히 농담 삼아「친환경이 중요하다면 MT차 이외의 자동차 판매를 규제해야 할 것」이라고 말하곤 하지만, 만약 그렇게 된다면 일본에서 소비하는 자동차용 연료의 총량이 적잖이 감소될 것임은 틀림이 없다.

그러면 자동차는 왜 변속기를 구비하고 있는 것일까? 68페이지 이후에 상세히 설명하겠지만, 한마디로 말하면 주동력 장치로 엔진을 사용하고, 그 출력 특성의 약점을 보완하면서, 정지 상태로부터 200km/h가 넘는 속도 영역까지의 다양한 주행 상황에 대응하기 위해서이다. 그러면 변속기는 어떤 구조로 구성되어 있을까? 본지 Vol.21의 변속기 특집 첫머리에 게재한 변속기 종류별 구성요소 분류표를 MT용으로 수정하여 각각의 역할을 대략적으로 파악하도록 설명하려 한다. 그리고 표에서 회색으로 표시한 부분이 이번 특집에 관련된 요소들이다.

변속기의 가장 큰 기능은 엔진이 생성한 회전속도와

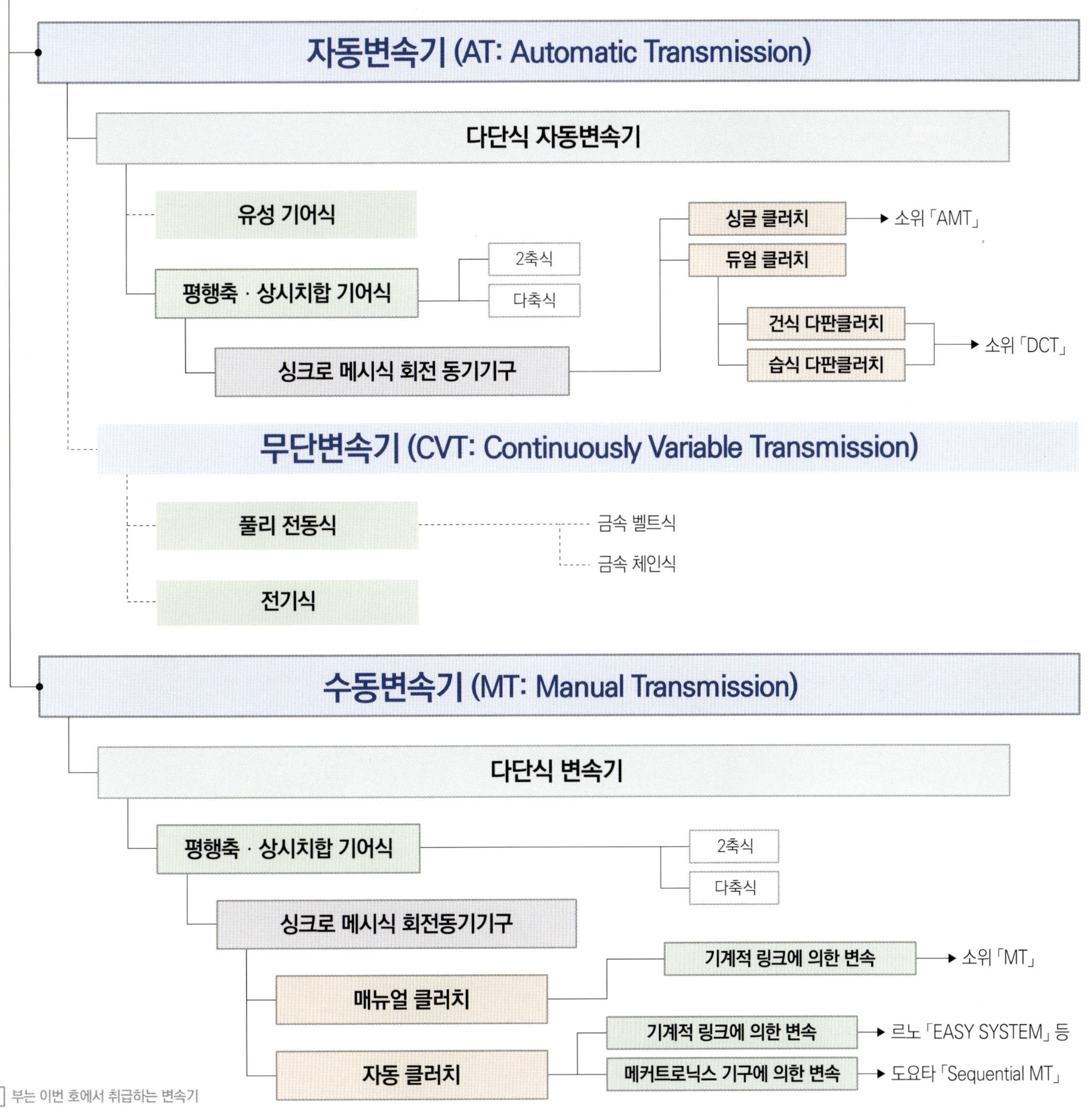

☐ 부는 이번 호에서 취급하는 변속기

토크를 주행 상황에 알맞은 크기로 변환하는 것이다. 감속 기구에는 여러 가지의 종류가 있는데, MT계 변속기에서는 각각 기어를 구비한 2개의 축을 평행하게 배치하고, 상대하는 기어(기어 세트 = 변속단)를 항상 맞물리게 하는 「평행축 · 상시 치합식」을 사용하고 있다. 토크를 전달하는 측의 축을 「입력축」이라고 하며, 그 축의 기어가 구동 측이 된다. 상대하는 축은 회전방향이 반전하므로 「카운터 축」라고 하며, 기어는 피동 측이 된다.

다음으로 중요한 역할은, 하나의 변속기 안에 복수의 기어 세트를 갖추고, 다양한 감속비를 상황에 맞게 임의로 전환할 수 있는 「변속」의 실현이다. 기어 세트는 1세트 당 하나의 감속비만 가지고 있다. 따라서 다수의 기어 세트를 구비해 두고, 상황에 따라서 전환하며 사용하는 구조로 설계되어 있다. 그러한 작동을 실현하는 기구가 변속 조작기구이고, MT계에서는 기계적 링크를 사용한다. AMT는 링크를 모터로 작동시켜서 자동 변속을 실현한다. DCT만이 유단 AT와 마찬가지의 유압회로를 사용하여 변속을 실행한다.

변속조작 과정에서 문제가 되는 것은 기어세트 간, 서로 다른 회전속도를 동기시키는 것이다. 이를 위해 사용하는 것이 회전동기기구이다. 자동차용의 MT에서는 동기 치합식(싱크로 메시)을 사용하는데 AMT나 DCT도 마찬가지이다.

마지막으로는 엔진과 변속기 사이에서, 상황에 따라 양자를 결합 / 분리하기 위한 기구이다. 자동차는 사용 중에 발진과 정지를 반복한다. 엔진의 출력축과 변속기의 입력축이 직결 상태라면 정차할 때마다 엔진이 정지할 것이고, 발진시에는 엔진 재시동 뿐만 아니라 변속기와 그 다음에 연결된 구동계 부품 전부를 작동시키는 힘이 필요하게 된다. 통칭 발진장치라고 하는 기구로서 MT는 마찰 클러치를 사용하는데 AMT나 DCT도 마찬가지이다. 이 기구는 변속시에 엔진의 토크 전달을 차단함으로써, 기어세트 사이의 회전동기를 촉진하는 기능도 겸비하고 있다.

최소한의 기어 열(列)로 동력을 전달하는 MT는 전달효율이 가장 뛰어난 변속기이다.

매 분당 1000회전 이상으로 회전하는 엔진 크랭크 축의 회전운동을 끌어내어 이를 차륜 쪽으로 전달한다.

맞물리는 기어잇수에 따라 엔진의 토크를 보다 크게 혹은 더 작게 변환시키고,

그 때의 자동차의 주행조건에 적합한 최종적인 차륜 회전속도를 도출한다.

이것이 변속기의 역할이며, 동력 전달의 「효율」이라는 점에서는 기어보다 더 우수한 기구는 지금까지 존재하지 않는다.

특집의 도입부로서 MT / 유단AT / CVT의 동력 전달기구를 소개하고자 한다.

글 : 마키노 시게오(牧野茂雄) 사진 / 삽화 : 쿠마가이 토시나오(熊谷敏直) / 세야 마사히로(瀬谷正弘) / 만자와 코토미(萬澤琴美) / DAIMLER / JATCO

MT에 사용되는 기어

동력을 전달하는 기구 중에서, 기어를 조합하는 방법이 가장 확실하며 내구성이 뛰어나고 기구 전체를 콤팩트하게 무리 할 수 있다. 그리고 일반적으로 가장 저렴하다. 자동차용 MT에서는 이런 기어가 사용되고 있다. 기어 중에서 가장 단순한 것은, 기어이가 기어 회전축과 평행으로 된 스퍼(spur) 기어이다. 단품으로서의 동력전달 효율은 평행축과 교차축에서 98~99%로 알려져 있다. 다만 자동차의 MT에서 스퍼 기어를 사용하는 예는 거의 없다. 기어이를 비틀어 비스듬히 경사지게 한 헬리컬(helical) 기어가 거의 전부를 차지한다. 기어 본체의 폭을 변화시키지 않고 기어이의 길이를 길게 할 수 있기 때문에, 같은 크기라면 스퍼 기어보다도 고강도가 가능하다. 그리고 기어이가 서로 맞물림으로써 발생하는 기어 소음(기어이끼리 부딪치는 소리)도 작아진다. 반면에 축 방향의 힘(추력)이 발생하는데, 이에 견딜 수 있는 베어링을 필요로 한다.

기본적인 스퍼 기어

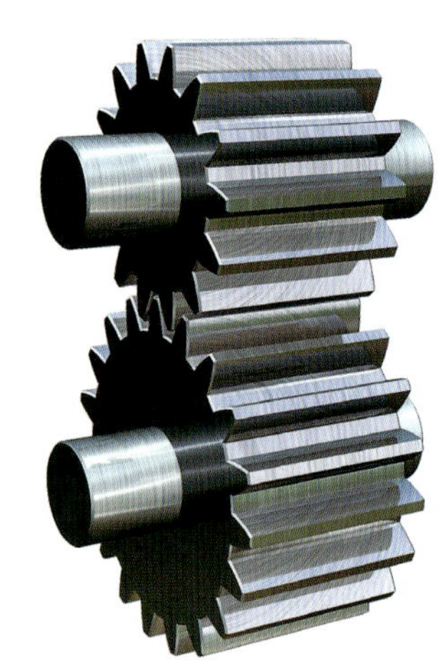

MT용 헬리컬 기어

동력 전달용 기어의 기본형상은 인벌류트(Involute) 곡선이다. 어떻게 맞물릴지는, 기어이의 설계나 조합되는 기어의 직경 등에 따라 다르지만, 일반적으로는 1~3점에서 맞물린다. 기어이가 서로 맞물리는 동작은 「미끄럼마찰」이고, 실제로는 각(角)속도가 변화하면서 동력이 전달된다. 그리고 전달효율은 기어의 재질이나 기어이의 가공 정밀도에 의해 좌우된다.

기어가 「맞물린」, 즉 치합된 상태

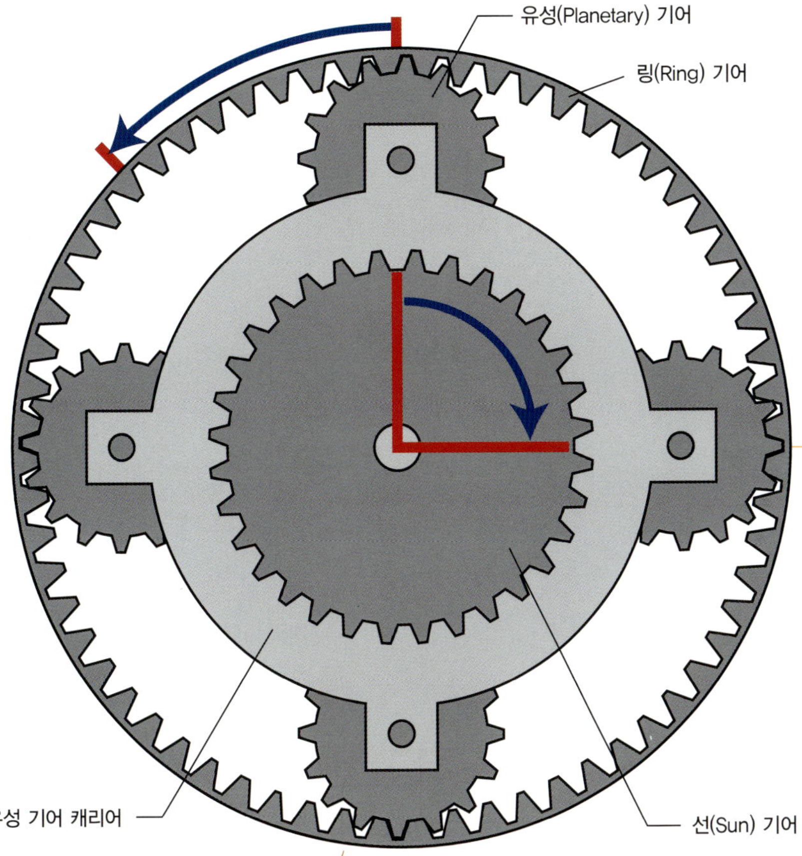

기어를 조합한 유성 기어 세트

본지 47호 「AT특집」에서 다룬 유성기어(Planetary gear) 세트는, 대부분의 유단 AT에 사용되고 있는 표준 기구이다. 단순 유성기어 세트에서는 선 기어 / 유성 기어 / 링 기어의 3요소를 이용하여, 입력 / 고정 / 출력을 어느 기어에 할당할지에 따라 2개의 전진 기어비와 하나의 후진 기어비를 얻을 수 있다. 2세트를 사용하면 전진 4단, 3세트를 사용하면 전진 8단이 된다. 사용되는 기어는 헬리컬 기어가 압도적으로 많다. 왼쪽의 삽화는 선기어를 90° 회전시켰을 때, 유성기어 캐리어를 고정해 두면 링기어는 선기어와 반대방향으로 45° 회전하게 된다. 90°와 45°이므로 감속이 행해지고 있다. 감속비는 각 기어의 잇수에 따라 결정된다. 다만 헬리컬 기어를 조합하기 때문에, 기어간의 접촉부위가 늘어나고 그만큼 전달효율은 저하한다. 자동차 AT용으로서 일반적인 가공 정밀도와 기어 소재의 경우, 세트 전체의 전달효율은 96% 정도이다.

JATCO에서 만든 7단 AT에는 3개의 유성기어 세트가 사용되고 있다. 왼쪽의 사진은 독일 ZF제 AT이다. 3세트로 8단까지 대응할 수 있지만 AT 전체에서의 동력 전달효율은 당연히 같은 변속비의 MT보다 나쁘다.

풀리(Pulley)와 벨트에 의한 CVT

CVT(연속무단계변속기)에 사용되는 벨트 및 풀리의 예이다. 소위 감아서 전달하는 풀리 · 벨트 방식의 동력전달기구이다. 자동차용에서는 네덜란드의 DAF가 개발한 고무벨트 및 풀리 방식이 원조이다. 보다 큰 구동력을 전달할수 있도록 얇은 금속판을 환상(環狀)으로 겹친 금속벨트의 주위에 금속편(코마)을 나열한 형식이 개발되었다. 근래에는 체인 방식도 있다. 2개의 풀리 중 한쪽의 축방향의 간격을 바꾸면, 풀리의 사면을 벨트가 미끄러지면서 접촉원의 직경이 변한다. 이에 호응하여 반대쪽의 간격도 변화한다. 벨트가 풀리와 접촉하는 위치로 변속비가 변하기 때문에, 연속 무단계의 변속이 된다. 그러나 벨트가 풀리에서 미끄러지고 있는 상태(기어비가 변하는 상태)에서의 전달효율은, 일반적으로는 60% 전/후로까지 떨어진다. 변속이 행해지고 있지 않는 상태라도 벨트와 풀리 사이에서는 회전 방향 / 축 방향의 「미끄럼」이 발생하기때문에, 전달효율은 높아봐야 92% 정도에 지나지 않는다고 한다.

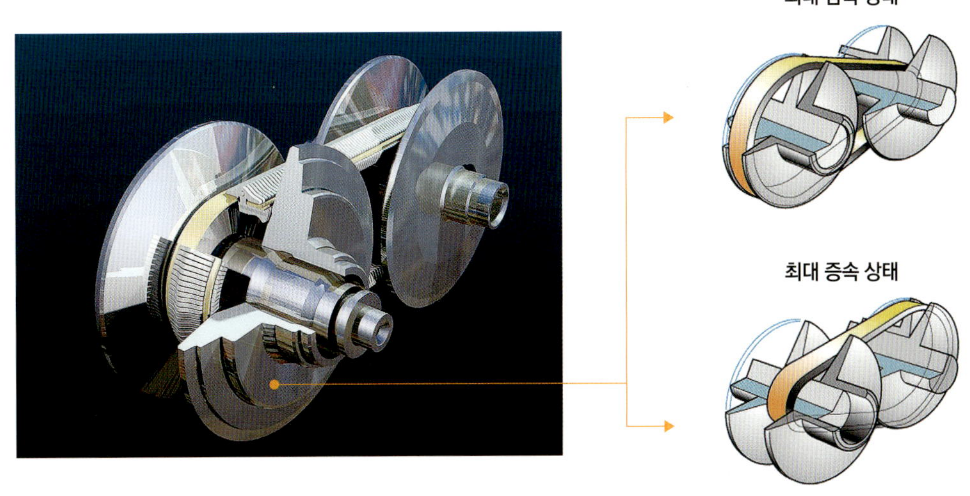

트랜스미션의 역할

The Function of The **Transmission**

지금 필요로 하는 구동력을 차륜에 전달한다.

공전 상태의 엔진은 작은 토크밖에 생성하지 않는다.
그렇기 때문에 속도 제로로부터 자동차를 발진할 때에는 엔진의 토크를 증폭시킬 필요가 있다.
그리고 속도가 정상 궤도에 진입한 상태라도, 엔진 토크만으로는 자동차를 달리게 할 수가 없다.
어느 기어단에서든 공통의 「감속비」가 설정되어 있는 이유는 거기에 있다.

글 : 마키노 시게오(牧野茂雄)　사진 : MAZDA

엔진의 토크만으로는 부족하다

엔진 배기량 100cc당 발생 토크는 최근 10년 동안에 현격하게 상승하였다. 그렇다 해도 운반성이 뛰어나고 가격적으로도 적당한 액체연료가 원래 가지고 있는 포텐셜 중, 겨우 30% 정도밖에 이용하지 못하고 있는 것이 현재의 내연기관이다. 가령 이 효율이 2배가 되었다고 해도, 엔진의 힘만으로는 자동차를 달리게 할 수 없다. 전기모터의 경우는 큰 가능성이 있지만, 전기를 저장하는 수단에 한계가 있어, 에너지 밀도는 액체연료의 100분의 1, 1000분의 1이 현재의 실정이다.

종감속 기어의 「감속비」에 기어단 마다의 「변속비」를 곱하면, 엔진의 힘이 변속기를 거쳐, 구동차 축에서 출력될 때의 「실제 감속비」가 된다. 여기에서는 1단은 15.6415이다. 즉 엔진이 15회전 이상 돌지 않으면 구동차축은 1회전 하지 않으므로, 토크는 15배 이상으로 커진다.

모든 기어에 똑같은 「감속비」를 준다. 여기서는 4.100인데, 즉 변속기 출력축이 4.1 회전하면 구동륜은 1 회전 한다. 구동축의 회전수를 4.1분의 1로 감속함으로써 토크를 4.1배 상승시킨다.

중량 1톤의 자동차를 발진시켜서 일정한 속도까지 가속시키기 위해서는 굉장한 힘이 필요하다. 그런데 엔진의 힘만으로는 아무리 해도 부족하다. 회전하자마자 최대토크를 발생시키는 전기모터일지라도 그러하다. 그래서 감속을 실행한다. 이 페이지 사진의 Mazda Roadster의 종감속비는 4.100이다. 변속기 출력축이 이 4.100 회전하면 차륜은 1 회전하는 것이다. 회전수가 감소하면 이에 반비례하여 토크가 증가한다. 이것은 엔진이 발생하는 토크가 아니라 감속(리덕션)에 의하여 얻을 수 있는 외관상의 토크이다.

로드스터 엔진의 최대토크는 189Nm이다. 이 토크는 5000rpm일 때에 생성된다. 속도 제로에서 발진할 때에

선택하는 1단 기어에서는, 종감속비 4.100에 1단 기어만의 변속비인 3.815를 곱한 15.6415가 최종적인 「감속비」가 된다. 엔진을 15 회전 이상 돌려야 구동차륜이 1 회전한다는 것이다. 구동륜에 전달되는 토크는 엔진토크의 15.6415 배이다. 예를 들어 3000rpm까지 회전했을 때의 엔진토크가 140Nm이라고 가정한다면, 이때 구동륜에서의 토크는 2190Nm이라는 큰 값이 된다.

엔진토크는 최대로 189Nm이다. 그러나 이 토크로는 자동차가 달리지 못한다. 변속기가 토크와 속도를 주행에 알맞게 변화시켜야 한다. 자동차는 「엔진의 힘」으로 달리는 것이 아니라, 변속기의 도움을 받아 드디어 달리는 것이다. 전기자동차에서도 모터의 회전속도를 감속시

켜서 토크를 증폭시킨다. 2000Nm 정도의 토크를 발생시킬 수 있는 엔진을 보통의 승용차 엔진룸 안에 설치할 것은 유감스럽게도 불가능하다.

이런, 감속에 의한 토크 증폭은 어떤 자동차용 변속기에서나 공통적인 수법이다. 토크컨버터식 AT에서도 감속이 일어난다. 카탈로그에 기입되어 있는 「최종감속비」가, 그 증폭 비율이다. CVT도 마찬가지이다. 최대토크 600Nm인 강력한 대배기량 엔진이라도 감속이 없으면 달릴 수 없다. 엔진과 변속기을 합해서 「파워트레인」이라고 부르는 이유는 여기에 있다.

이만큼이나 커다란 토크를 다루는 변속기이므로 견고하게 설계되어 있다. 따라서 변속기 중량은 무겁다. 소형 경량인 CVT라도, 그 중량은 평균적인 성인 남성의 체중에 가깝다. 변속기의 분류 중에서 보면, 구조가 가장 단순한 MT는 중량 면에서도 유리하다. 동력 전달효율은 말할 것도 없고, 중량에서도 장점이 있다. 덧붙여 말하면 수동변속기의 긴 수명도 특필할 만하다. 엔진이 망가질 확률에 비해, MT가 망가질 확률은 대체로 낮다.

그러한 MT를 일본의 자동차 시장은 완전히 망각하려고 하고 있다. 이것은 커다란 문제이다.

차륜 회전속도 (rpm)		타이어 사이즈	주행속도		3000rpm에서의 엔진토크가 140Nm이라고 하면, 각 기어단에서의 토크는
191.80			1단	368.64m/s≒22km/h	2190Nm
323.76		205/50R16	2단	622.27m/s≒37km/h	1297Nm
446.16	×	외경 0.612m	3단	857.52m/s≒51km/h	941Nm
621.67		외주길이	4단	1194.85m/s≒72km/h	676Nm
731.70		1.922m	5단	1406.33m/s≒84km/h	574Nm
879.46			6단	1690.32m/s≒101km/h	478Nm

구동륜

이 자동차에서 엔진이 3000rpm으로 회전하고 있을 때, 각 기어단에서의 차륜 회전속도는 위와 같다. 차륜 회전속도에 타이어 외주 길이를 곱하면 각 기어단에서의 차속이 된다. 엔진 회전속도가 3000rpm으로 일정해도 선택하는 기어단에 따라서 주행속도는 달라진다.

각 기어단에서의 「실제 감속비」에 엔진이 3000rpm에서 생성하는 토크를 곱하면 구동륜에 전달되는 토크가 된다. 이 엔진의 최대토크는 189Nm / 5000rpm이다. 그런데 실제로는 위와 같이 큰 토크로 증폭되고 있다. 그 역할은 변속기가 담당한다.

Aisin · AI BG6

MT를 만들기 위해서는
어떤 과정을 거치며
어떤 이론이 뒷받침 하는 것일까?

이제까지 보아온 것처럼
변속기의 역할은
사용하기 좋은 영역이 아주 좁은,
엔진이라는 동력기관에서 발생하는
토크를 남김없이 활용하는 것이다.
그러므로 여러 세트의 기어 기구를 내포하고
있으며, 매번 기어를 전환할 필요가 있다.
그러면 그러한 변속기는
어떻게 설계되고, 제작되는 것일까.
전문적인 관점에서,
그 과정을 소개해본다.

글 : 이노우에 아츠유키(井上敦之, Aisin AI 구동기술부 부부장)
삽화 : AISIN AI

AISIN AI의 핵심인 FF용 MT「BG6」를 예로 들어, MT의 개발 과정을 설명하기로 한다.

BG6은 디젤 엔진의 고출력화, 연비향상을 위한 6단 채용확대, 안전성 향상을 위한 사이드프레임 직선화 · 강성 강화에 대응하기 위하여 개발된, 전체 길이가 짧다는 것을 특징으로 하는 MT이다.

전체 길이를 짧게하기 위해 기어트레인부터 재검토하면서, 독자적인 기어 배치인 「3축 기어트레인」을 개발하였다. 3축 MT는 유럽 메이커에서는 볼 수 있지만, 일본에서는 AISIN AI만이 개발 · 생산하고 있다. 개발 과정을 설명한다.

1. 개발 목적과 목표치의 명확화

우선, 개발의 목적을 명확하게 하는 것은 매우 중요하다. 최초에 정한 목적은, 개발 도중에 변경 · 타협되는 일 없이, 최종제품으로 실현시켜야만 할 것이다. 이렇게 함으로써 타사와 차별화되고, 타사를 능가하는 제품을 개발할 수 있을 것이다.

BG6의 개발 목적은 아래의 3항목으로 정하고 개발을 시작하였다.

우선순위 1 : 전체 길이 최단 기어트레인 : 총 길이 380 mm이하 – 타사 벤치마크, AT 등의 다른 변속기의 동향 등에 의해 결정.

우선순위 2 : 타사를 능가하는 변속 감각의 실현

우선순위 3 : 높은 전달효율의 실현

2. 전체 길이 최단 기어트레인

우선, 기어트레인의 기본이 되는 축 배치를 결정한다. BG6은 전체 길이 단축을 위하여, 입력축 1개와 2개의 출력축을 갖는 「3축 기어트레인」을 채용하였다.

다음으로 각 변속단 기어의 배치를 결정한다. MT는 변속 패턴에서 생기는 제약에 의하여. 마주보는 변속단 기어와, 그 사이에 삽입되듯이 배치되는 동기기구와의 조합을 기본으로 하여 구성된다. 이 기어와 동기기구의 조합을, 어느 위치에 배치할 것인가에 따라, 기어트레인이 결정된다.

5단의 경우는 5세트의 기어, 6단의 경우는 6세트의 기어 배치가 필요하게 된다. 통상의 2축 FF용 MT의 경우는, 출력축 상에 1단과 2단, 입력축 상에 3단부터 6단까지를 배치하는 것이 일반적이다(자료 1).

BG6에서는 3축상에 배치할 수 있는 점, 그리고 하나의 입력 기어에 대하여, 2개의 출력 기어를 맞물리게 하는 것이 가능해지는 등으로 기어 배치의 자유도는 증가한다. 그러나 입력 기어를 공용화시키면, 모순되게 기어

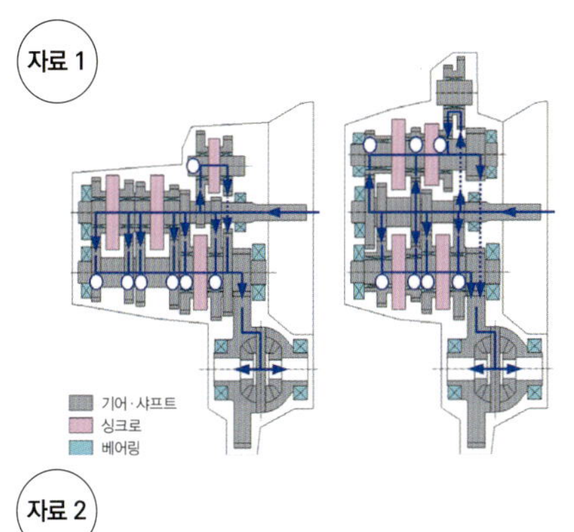

자료 1

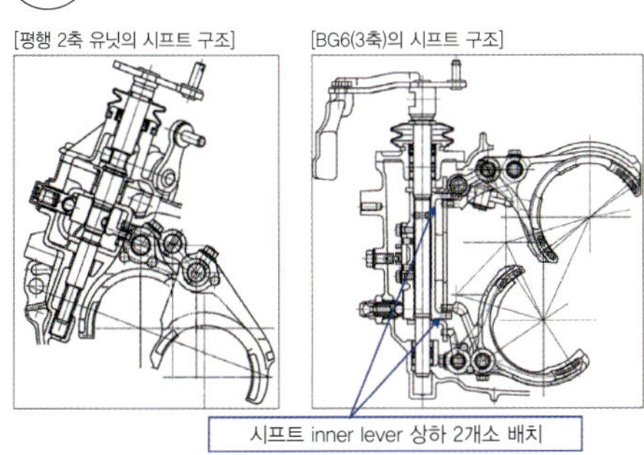

자료 2

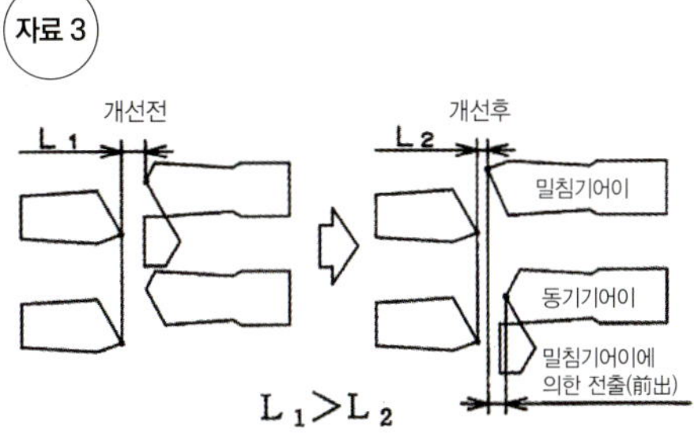

자료 3

자료 4

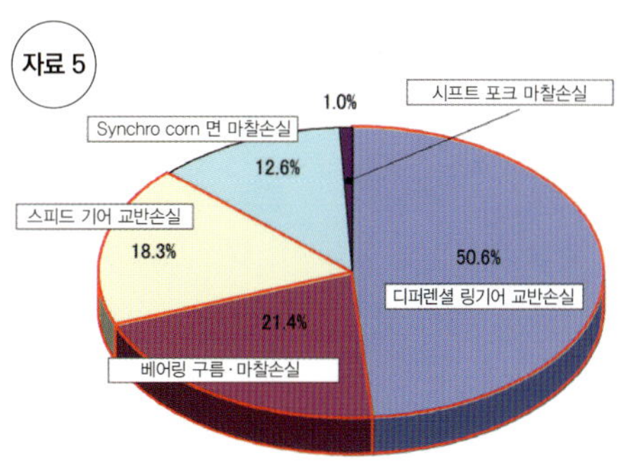

자료 5

자료 6

비 설정에 제약이 발생한다.

3축의 경우, 기어의 배치로서는 수십 종류를 생각할 수 있지만, 많은 차량에 대응이 가능한 기어비가 확보되면서 전체 길이 단축이 가능한, 4단과 5단 입력 기어를 공용하는 기어트레인을 채용하였다. 이렇게 함으로써 전체길이가 기어 1개의 폭 만큼 단축된다.

그 밖에, 철저한 단축을 위한 방책이 포함되어 있다.

· 동기기구 행정 단축
· 냉간단조 가공 기어

이상의 기술로써, 동일한 토크 용량비에서 경쟁 상대보다 전체의 길이가 짧은 MT를 개발하였다.

3. 타사를 능가하는 변속 감각의 실현

BG6에서는 개발 목적으로서 「타사를 능가하는 변속 감각」을 내세우며, 특별한 집념을 가지고 개발하였다.

BG6은 유럽 중심의 변속기이므로 유럽 사용자가 선호할 변속 감각을 지향한 것이다.

(1) 고효율 변속 구조

MT측 변속의 취출 위치는 FF의 경우, 차량 측 케이블과 MT를 결합시키기 때문에, 가능한 한 케이블을 직선으로 배치하고, 케이블의 마찰 저항을 줄일 수 있는 위치에 배치할 필요가 있다. 그리고 내부 구조의 경우, 변속 감각에 큰 영향을 주는 「변속 효율」의 향상을 위한 구조의 최적화가 매우 중요하다. 특히 BG6의 경우는, 동기기구가 상하 2축상에 배치되기 때문에, 변속계의 배치가 복잡해져 버린다.

그래서 1개의 시프트&실렉트 샤프트(Shift and Select Shaft) 상에 상하 2개소에 시프트 내부 레버를 배치하고, 그 사이를 하나의 철판 인터록 플레이트로 연결하는 구조를 채용하여 구조의 간소화와 변속의 고효율화를 실현하였다(자료 2). 그리고 포크 축의 배치는 시프트 포크가 가능한 한 좌/우 대칭형상이 되고, 싱크로에 균등한 부하를 부여할 수 있는 위치에 설정한다.

그 밖에, 변속 감각 향상을 위한 기술로서

· 샤프트 지지부에 슬라이드 볼베어링 채용
· 시프트 가이드 플레이트에 의한 흔들림 저감

등을 실시하였다.

(2) 시프트 디텐드(Shift Detent)의 부하 튜닝

시프트 디텐드 부하는 차량 메이커나 차량별로 그 목표 특성이 다르다.

우선 각 고객 요구를 반영한 설계를 실시하고, 실제로 차량에서 확인해 가며, 각 차량에 매칭되는 특성을 보아가며 개량해 나간다. BG6에서는 이 여러 가지의 디텐드 부하를 내부 레버 상의 캠 형상과, 볼을 통하여 스프링 부하 특성을 변경해 가면서 간단한 구조로 만들었다.

(3) 싱크로 설계

걸림이 없는 원활한 변속을 위해, 동기기구의 세세한 곳까지 철저하게 계산된 설계를 실시하였다.

우선 슬리브 챔퍼는 「2단 형상 챔퍼」를 채용하였다. MT의 변속 감각에서 특히 일반적으로 발생하는 「걸림감」를 개선하기 위한 방책이다. 동기하는 챔퍼와, 맞물리는 챔퍼를 별도로 하고, 동기 완료후의 회전 속도차가 작은 상태에서 원활하게 맞물리게 함으로써 걸림감을 개선하는 것이다(자료 3).

그리고 동기 챔퍼는 「사다리꼴 형상 챔퍼」를 채용하였다. 이것은 슬리브와 동기 링 챔퍼의 접촉상태를 개량하고, 변속을 원활하게 하기 위한 기술이다(자료 4).

이 밖에 AISIN AI의 독자생산 기술인 「슬리브 챔퍼 냉간단조화」에 의해, 챔퍼 형상 최적화를 실행하였다. 종래의 엔드밀(Endmill)가공에서는, 커터와 인접 기어이와의 간섭 때문에, 챔퍼 각도 등에 제약이 있었다. 그래서 챔퍼를 냉간단조로 가공함으로써, 자유롭게 챔퍼 형상을 만드는 것이 가능해 졌다.

4. 높은 전달효율의 실현

전달효율이 높은 변속기인 MT이지만, 가일층의 전달효율 향상은 연비 향상면에서도 중요하다.

MT 내부 손실 중, 「오일 교반 손실」은 상당히 큰 비중을 차지한다(자료 5). BG6에서는, 이 오일 교반손실을 저감시키기 위해 오일 세퍼레이터를 채용하였다. 기어 외주부에 판상의 세퍼레이터를 설치하여 필요 이상의 오일 교반을 줄이는 방법이다.

그러나 기어 치합부에서 오일을 완전히 분리해버리면 기어가 타버린다. 그러므로 오일 세퍼레이터 아랫면에는 오일 유입구를 설치하여, 최소한으로 필요한 오일만 유입되도록 형상 설계를 하였다(자료 6). 그후 실제의 기기에서 각 변속단의 다양한 회전속도·오일 온도·전/후/좌/우 경사 등의 조건을 변화시켜 가면서 검증 평가를 실시하였다.

최근에는 「오일 흐름 시뮬레이션」을 활용하고, 설계 단계에서의 윤활 검토도 일부분 실행하고 있다.

그 외의 고효율화 기술로서

· 변속 시에 슬리브×포크의 마찰손실을 없앤 구조
· 손실이 적은 베어링

을 채용하였다.

이상의 기술에 의하여, BG6은 유럽 경쟁사의 목표 대비 20%의 손실 토크 저감에 성공하였다.

이와같은 설계 과정을 거쳐 개발한 BG6은 지금까지 차량 메이커 5사·20 차종에 탑재되고 있다. 그 태반이 유럽용 차량이며, 현재도 더 많은 유럽용 차량에 채용을 확대시키기 위해 개량 개발을 지속하고 있다.

MT/AMT의
구조와 작동원리

기어의 집합체이며 예전부터 그 구조가 크게 바뀌지 않은 수동변속기.
엔진으로부터 토크를 전달받아, 회전속도를 변화시켜 토크를 증감하여 출력한다.
그 내부는 어떤 구조로 되어 있을까? FR용과 FF용 유닛을 관찰해 보자.

글 : MFi 삽화 : AUDI / GM

MT로서 일반적인 방식은 FR용의 종배치 유닛이다. 동력은 변속기 후단으로
부터 프로펠라 샤프트를 경유해, 종감속 기어 및 디퍼렌셜을 거쳐 후륜을 구
동한다. 대부분은 차량 전방으로부터 엔진 → T/M이 탑재되는데 이 경우,
운전자의 바로 옆에 배치되어진다. 차량 전/후 방향의 길이가 충분하므로,
변속 단수 만큼의 기어를 직렬로 배열할 수 있다. 따라서 입력축 + 카운터 축
의 2축 구성을 채용하는 것이 특징이다. 차량의 진행방향으로 축이 배치되
어 있기 때문에, 플로어 시프트라면, 레버를 오른쪽으로 밀면 시프트포크는
왼쪽으로, 레버를 앞으로 움직이면 시프트포크는 뒤로 라는 식으로, 축방향
은 동일하게 작동한다. 아래의 삽화는 아우디의 FR 베이스인 4WD 차량 용
인데, 출력축에서 PTU (Power Transfer Unit)을 통해서 전륜을 구동하는
시스템이다.

for FF

FF용 유닛은 엔진과 함께 횡방향으로 탑재되고 있기 때문에, 좌/우 폭에 커다란 제한이 따른다. 허용 입력토크가 작다면 기어폭을 좁게 하여 2축(입력 / 카운터) 구성으로 하는 것도 가능하지만, 큰 입력을 수용하기 위해서는 축의 수를 늘려, 카운터 샤프트가 2개인 3축 구성으로 대응한다. 유닛 내에 종감속 기어와 디퍼렌셜을 일체화하고, 드라이브 샤프트를 통해서 전륜을 구동한다. 삽화는 아우디의 FF 베이스인 4WD차용이다.

우측 삽화는 클러치 어셈블리이다. 엔진 측에 설치된 플라이휠과 T/M측의 압력판(Pressure plate) 사이에 끼어 있고, 다이어프램 스프링의 압착력과 마찰에 의해 동력을 전달하는 것이 클러치 디스크이다. 자동차용 MT에서는 오일에 담그지 않고, 한 장의 디스크를 사용하는 건식단판 구조가 대세이다.

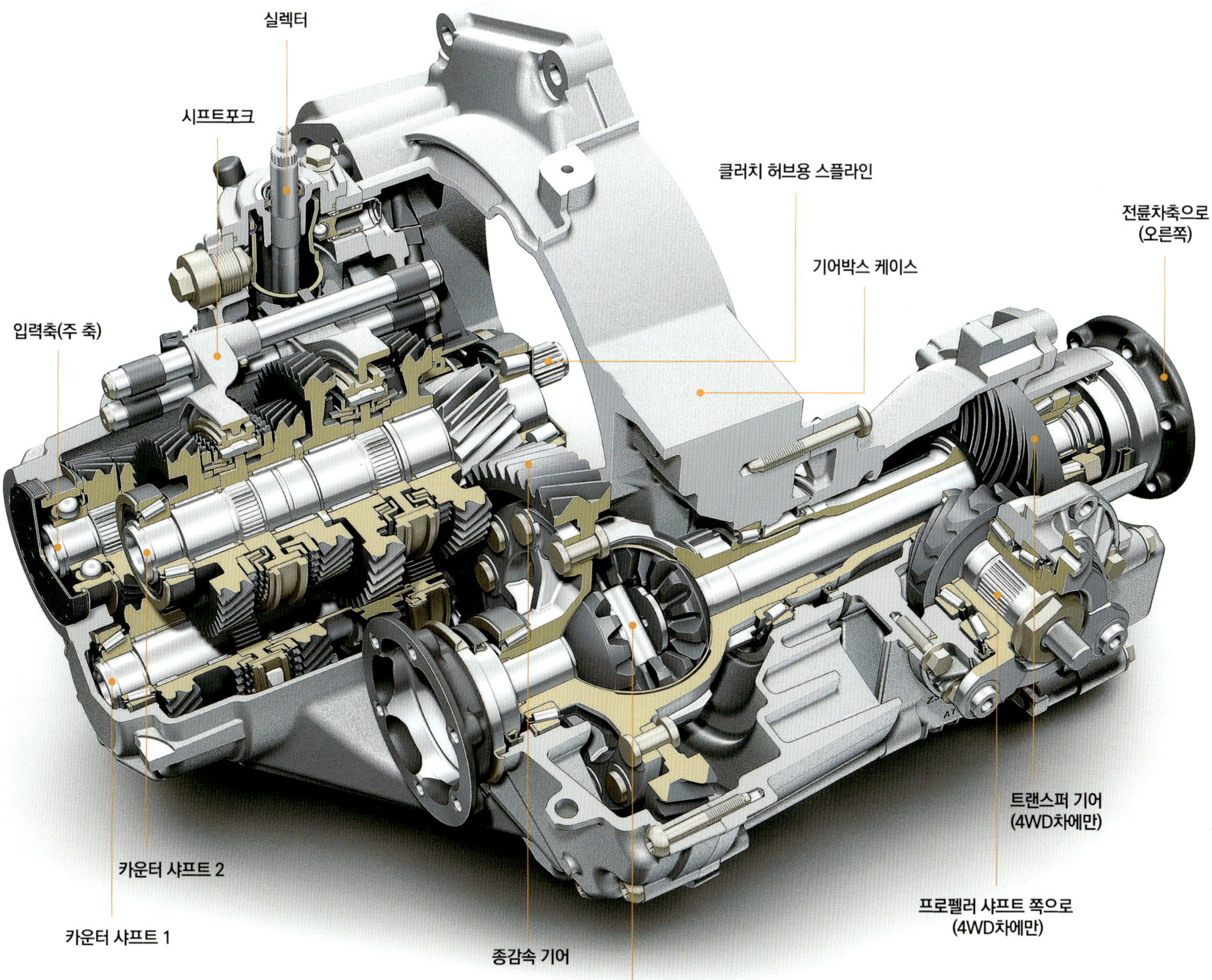

기어로, 최저한의 손실로 구동력을 전달

MT계의 변속기가 「감속」에 사용하는 것은 전달효율이 높은 기어이다.
파워 트레인 전체의 효율 개선에 있어서 이 구성은 큰 장점이다.
평행 축에 의한 단순한 구조는 경량화에도 기여한다.

글 : 마츠다 유지(松田勇治)　삽화 : 쿠마가이 토시나오(熊谷敏直)

종배치 · 2축식 · 5단 + R의 MT

엔진으로부터의 토크를 위쪽의 입력축이 전달받아, 각 기어세트에서 감속하면서
아래쪽의 카운터 샤프트로 전달한다. 토크는 카운터 샤프트로부터 다시 주축으로
전달되어, 전용 출력축에서 출력된다. 샤프트는 기어를 관통하고 있지만 고정하지
않고, 기어는 시프트 슬리브에 의하여 선택되지 않은 상태에서는 회전하지 않는
다. 시프트 레버와 시프트 포크의 사이는 3개의 시프트 로드로 연결하고, 3조(組)
의 슬리브에 변속조작을 전달한다. 시프트 레버의 횡방향으로의 조작을 「시프트」,
종방향으로의 조작을 「실렉트」라고 말하고, 시프트 조작으로 슬리브를 선택하고,
실렉트 조작으로 기어세트를 선택한다.

엔진 내부에서 연료의 연소에 의해 발생된 에너지는, 회전속도에 따라 출력축의 회전토크로서 외부로 송출된다. 그러나 엔진은 회전속도가 낮은 상태에서는 출력의 대부분을 스스로의 작동 유지를 위하여 사용해 버리고, 큰 토크를 만들어 낼 수 없다. 한편 자동차는 정지 상태에서 발진할 때에 큰 토크를 요구한다.

이런 모순을 해결하는 것이 「감속」이다. 회전토크를 전달하는 과정에서 기어 등을 사용하여 회전수를 바꾸면 그에 따라 출력 토크가 증감한다. 가령 변속기의 입력축이 1000rpm으로 회전하고 있는 상태의 회전토크가 10Nm이라고 가정하자. 이 회전속도를 반으로 「감속」하면서 전달하면, 받는 쪽의 샤프트는 500rpm으로 회전하면서 20Nm의 토크를 발생한다.

본래는 자동차용 동력장치로서 적합하지 않은 엔진을 원활하게 사용하기 위해 「감속」으로 토크를 증대시켜 상황에 맞는 주행을 실현하는 것이다. 이것이 감속기구의 역할이다.

MT의 감속기구에는, 입력축과 평행한 위치에 카운터 샤프트를 두는 「평행축식」의 기어장치가 사용된다. 각 축은 각각의 기어를 구비하고, 상대하는 기어가 직접 항상 맞물리고 있는 「상시 치합식」구성이다. 자동차의 여명기(黎明期)에는 상대 기어가 치합되거나 분리되게 하는 「선택 치합식」도 채용되고 있었지만, 고속으로 회전하고 있는 기어를 맞물리게 하거나 분리되게 하는 것이 매우 어렵기 때문에, 상시 치합식이 주류가 되었다.

종배치 MT에서는 2축식이 주류이지만, FF 등의 횡배치 MT에서는 전체의 길이를 단축할 목적으로 카운터 샤프트를 여러 개 사용하는 3축 이상의 구성이 주류이다.

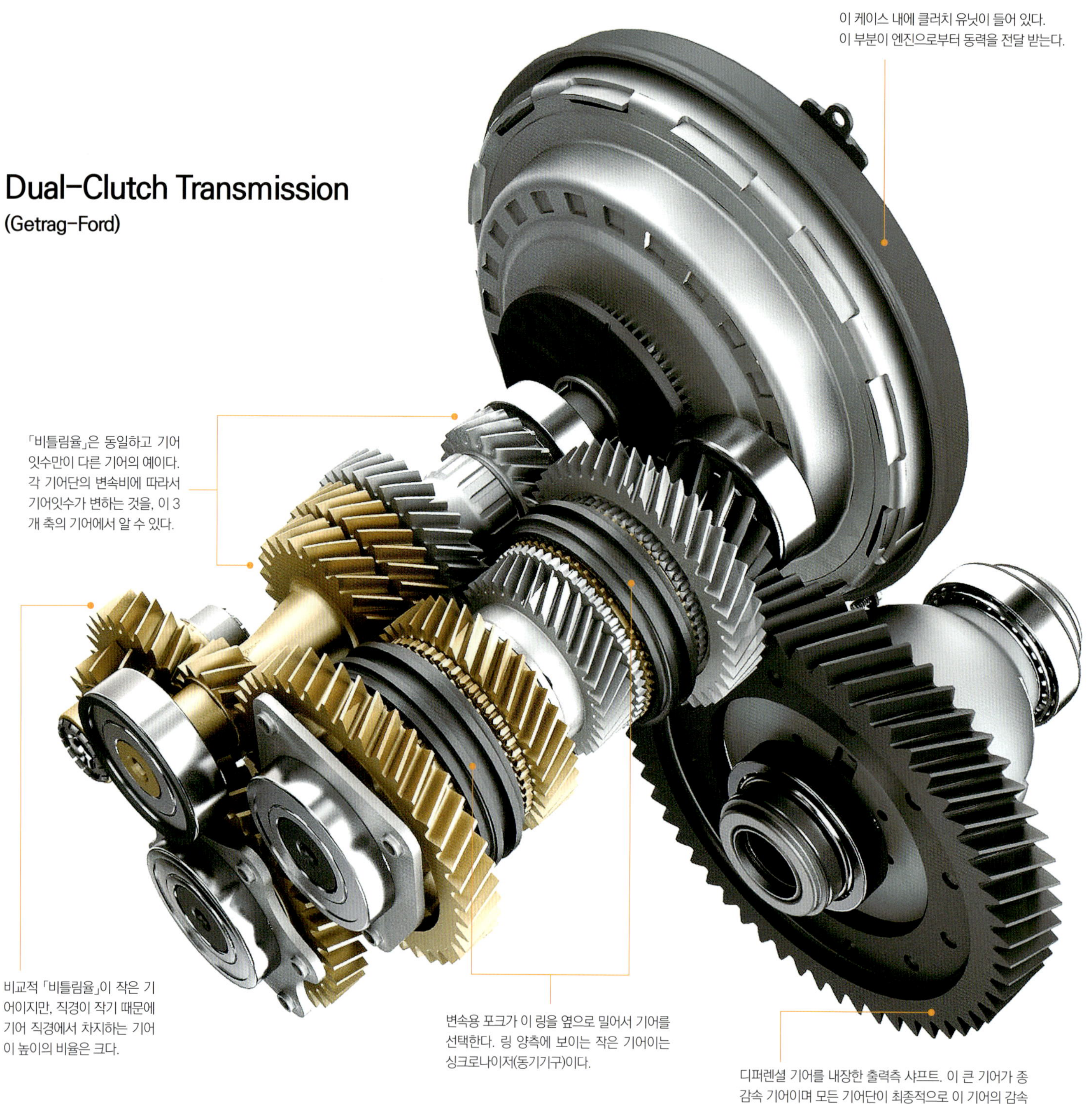

성능 · 기능과 비용의 가장 좋은 밸런스

변속기 기어의 설계

기어의 「맞물림」은 토크가 걸린 상태에서는 반드시 「유격(裕隔)」이 생긴다.
그러므로 설계 단계에서는 규정 토크가 걸렸을 때에
기어로서 가장 올바른 상태가 되고 소정의 성능을 발휘할 방법이 필요해진다.
MT용 기어는 모든 기어가 각각의 설치 위치에서 최상의 성능을 발휘하도록 설계된다.

글 : 마키노 시게오(牧野茂雄)
승인 : AISIN AI
사진 & 삽화 : 쿠마가이 토시나오(熊谷敏直) / AISIN AI / FORD / 마키노 시게오(牧野茂雄)

MT 내의 기어는 한쪽은 회전축에 고정되어 있고, 다른 한쪽은 회전축에 대하여 자유로이 회전할 수 있는 구조이기 때문에 베어링을 통해서 접하고 있다. 그 만큼 유격이 발생하게 되고, 토크가 걸린 상태에서는 축의 휨이나 지지부 변형 등이 겹쳐져서 기어이 끝의 맞물림이 어긋날 수 있다. 따라서 기어의 설계는 토크가 걸린 상태에서 「요구되는 성능을 발휘」하고 「기어이로서 가장 올바른 상태」가 되어야 한다.

왼쪽 페이지의 DCT용 기어열의 사진에서 알 수 있듯이, 모든 기어가 헬리컬 기어이다. 이런 점은 MT나 DCT나 유단AT에서도 마찬가지이다. 헬리컬 기어를 사용하는 이유는, 기어끼리의 「치합율」을 확보, 치폭(齒幅)이 넓고, 기어이 높이 방향의 치합 길이를 크게 할 수 있다는 점 등 세가지가 주된 이유다. 그리고 헬리컬 기어에서는 기어이가 접촉할 때 발생하는 접촉 소음이 작다. 다만 헬리컬 기어에서는 추력(스러스트)이 발생하기 때문에, 이를 감당할 수 있는 베어링을 필요로 한다. 기어이 끝을 어느 정도의 경사 각도로 할지는, 치합율과 베어링 수명의 밸런스에 의해 결정된다.

기어 단에 따라서도 설계 기준은 변한다. 1단 기어의 경우는, 큰 토크를 받기 때문에 강도가 요구된다. 반대로 5단, 6단등의 순항(巡航)용 기어는, 차량이 조용한 상태에서 사용되기 때문에 소음 저감의 요구가 높다. 높은 강도와 낮은 소음의 밸런스를 어디에서 취할지는 기어 마다의 튜닝 문제인데, 전문적으로 말하면 기어이를 비틀어서 치합율을 높이는 방향과 그 「비틀림」에 의하여 발생하는 비틀림각 압력의 튜닝이 된다.

MT내의 기어는 기어이의 비틀림각이 점점 커지는 경향이 있다. 현재는 1단 기어에서 비틀림각이 20~25°, 오버 드라이브인 6단 기어에서는 33~35° 가까이가 표준이라고 말할 수 있다. 고속단 측에서는 기어이에 걸리는 토크가 작아지기 때문에, 비틀림 각을 크게 하더라도 베어링에 미치는 영향은 작다. 언뜻보기에 어느 기어든지 같은 기어이형상으로 보이지만, 실제로는 비틀림 각이나 기어이 길이가 다른 것이 MT 기어다.

그리고 기어이를 얼마만큼 비틀지는 진동과의 관계도 고려하지 않으면 안 된다. 기어에서는 맞물림점이 항상 변한다. 게다가 맞물림점에서는 「미끄럼」이 발생하고 있다. 어느 1점의 맞물림이 떨어지기 전부터 옆의 기어이와의 맞물림이 시작된다. 실제로 토크가 걸린 상태에서는, 기어이와 기어이의 접촉이 1점 / 2점 / 3점으로 변화한다. 이것은 하나의 기어이가 받는 토크가 변화하는 것을 의미함과 동시에, 기어이의 휨량이 변하는 것이기도 하다. 이런, 휨량의 변화가 기어 진동의 근본 원인이 된다.

세간에서는 「이상적인 인벌류트 곡선이라면 서로의 기어 회전속도는 같아진다」고 알려져 있지만, 토크를 전달하고 있는 상태에서는 결코 같게 되지는 않는다. 즉, 서로 접하고 있는 기어에 미크론 레벨의 「뒤처짐 / 앞섬」이 발생하고, 토크가 가해지면 기어이의 물림 매수(枚數)도 변한다. 기어이의 강성에 따라서도 좌우되지만, 이것이 최종적인 「앞섬 / 뒤처짐」으로 되어, 기어이 끝 → 기어 본체 → 축 → 변속기 케이스로 전달되면서 진동이 발생한다.

어느 정도의 주파수 진동이 될지는 엔진의 회전속도나 드라이브 트레인 전체의 디자인에 따라서도 좌우된다. 엔진 회전속도를 1000~6000rpm으로 하면, 기어 소음은 500Hz~3kHz 부근이 되지만, 이것은 인간의 귀에 잘 들리는 주파수 대역이기 때문에 소음으로서 느끼기 쉽다. 더욱이 엔진 마운트, 변속기 마운트의 설계, 보디의 진동 모드 등이 관계하면서 1kHz 이하의 진동이 전해지기 쉽다. 기어이의 맞물림 전달 오차(강제력)를 낮추는 것이 소음·진동 대책의 기본이지만, 이것도 기어 강도나 베어링 수명과의 밸런스에 관계가 있기 때문에, 기어의 설계는 매우 어려워진다.

또 한 가지, 치면(齒面)의 가공에 대해서 아래의 차트를 준비하였다. 일본에서는 쉐이빙(shaving)가공 후에 열처리를 하는 것이 일반적이다. 열처리에 의한 변형을 미리 계산에 넣고 세이빙을 하며 열처리 후에는 그대로 제품으로 조립한다. 한편, 변형을 계산에 넣지 않고 세이빙을 하고, 열처리를 한 후에 기어이를 절삭가공하여 형상 정밀도를 얻는 방법도 있지만, 일본에서는 그다지 많이 사용하지 않는 방법이다. 다만 열변형을 예상한 세이빙을 대량생산 기어에서 틀림없이 실행하기 위해서는 제조현장에 그만큼의 능력이 요구된다.

일본은 재고를 없애기 위해서 그리고 감속비/변속비의 변이 모델이 많다는 이유에서, 공정에 시간이 걸리는 절삭가공을 기피해 왔다. 그러나 숙련된 스텝이 제조 현장에서 사라지고 있어서, 언젠가는 일본에서도 절삭가공이 주류가 되는 것은 아닐까 하는 생각이 든다.

일본이 해외에서의 자동차 생산을 개시한 것은 1960년대이지만, 현재도 정밀도가 요구되는 MT기어는 일본 국내에서 제조하여 해외로 보내는 경우가 많다. 생산 현지화의 최후의 최후로 남는 것이 MT이고, 바꿔 말하면 제조 노하우의 결정체이다.

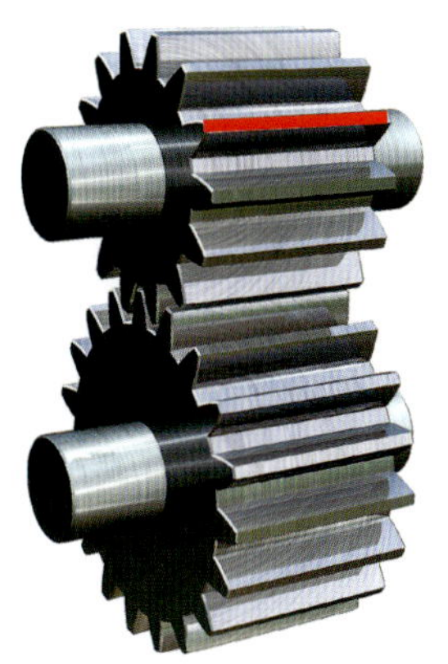

통상의 스퍼 기어는 기어의 길이 = 기어이의 길이 (적색 부분)이고, 맞물려 있을 때에는 원칙적으로 서로 회전 방향의 힘만이 치면에 걸린다. 같은 크기의 기어로, 보다 「물림 길이」를 확보하고 싶은 경우에는 기어이를 비틀어 기어이 끝의 길이를 확보한다. 이것이 아래의 헬리컬 기어(나선형 기어)이다.

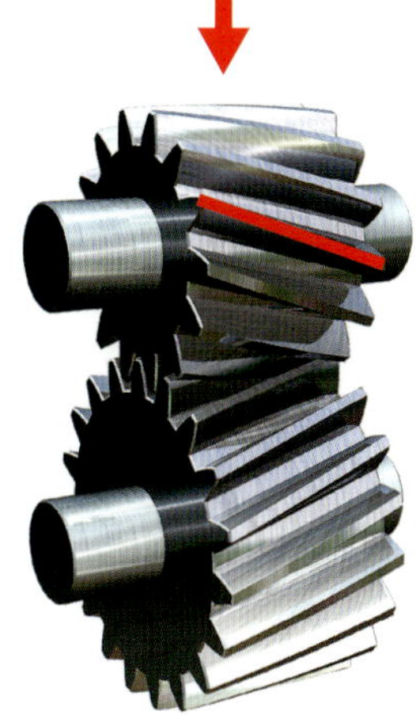

기어이를 비틀면, 스퍼 기어보다도 긴 치합 길이를 확보할 수 있다. 같은 크기의 기어라면 보다 큰 토크를 감당할 수 있게 된다. 그러나 동시에 축방향의 힘(스러스트)이 발생하기 때문에 축 방향 힘에 견딜 수 있는 베어링을 필요로 한다.

MT기어의 제조 광경이다. 왼쪽은 기어이를 절삭가공(치연)하는 머신이다. 가공에 시간과 비용이 들지만, 마무리는 좋다. 위는 세이빙 후에 열처리되고 그대로 조립되는 기어이다. 열처리 시간과 온도의 관리도 일본이 가장 자신 있어 하는 기술이다.

▶ 변속기용 기어의 치면 가공

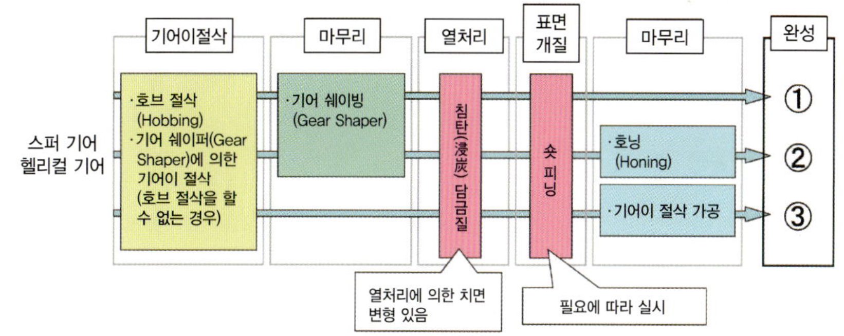

빠르기가 다른 것을 어떻게 동조시킬까?

변속기의 역할이 엔진의 토크를 변환시킨다는 것을 이제까지 설명하였다.
그러나 고속으로 회전하는 기어와 저속으로 회전하는 기어를 접속하기 위해서는 연구가 필요하다.
MT 내부에서 운전자의 의사를 확실하게 전달시키기 위한 "동기치합 기구"를 생각해보자.

글 : 마츠다 유지(松田勇治)　삽화 : 쿠마가이 토시나오(熊谷敏直)

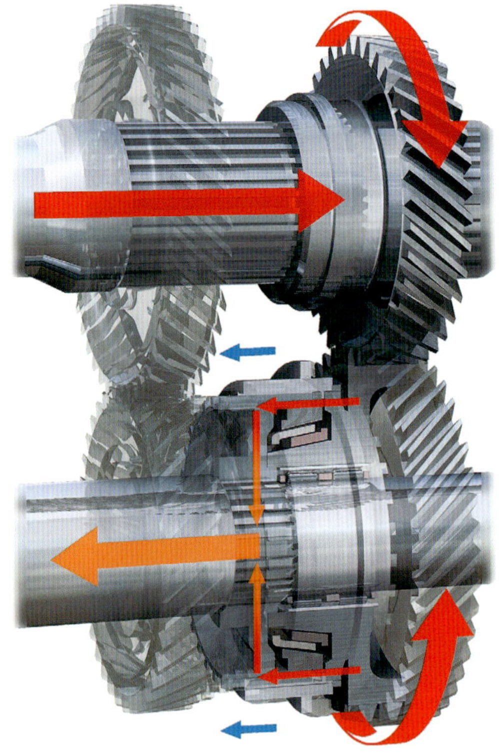

변속전의 토크 흐름(Torque Flow)

삽화의 트랜스미션에서는 엔진으로부터의 토크는 메인 샤프트를 통하여 카운터 샤프트 상의 기어로 전달되고, 다시 짝이되는 샤프트 상의 기어로 전달되는 구성이다. 횡배치이므로 흐름의 방향이 변하며, 아울러 조금은 복잡하지만, 동기치합 기구에 주목하여 보길 바란다.

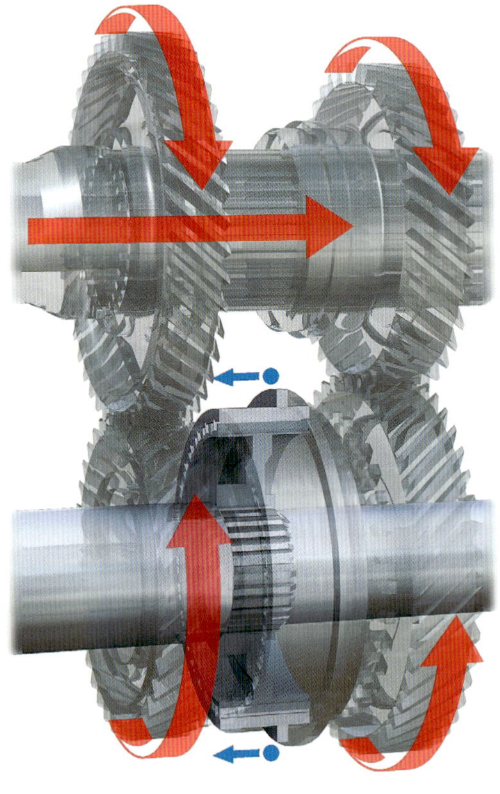

변속 개시, 슬리브의 이동

상향변속 할 때를 예로 설명한다. 클러치를 끊으면 엔진에서의 토크가 기어에 전달되지 않게 하기 때문에, 슬리브의 스플라인(Spline)을 기어의 스플라인에 밀어붙이는 회전방향의 힘이 약해진다. 이때에 변속기구를 조작하면, 스플라인의 감합(嵌合: 기어의 각 부분이 맞물리는 상태)이 풀려 슬리브를 반대방향으로 움직이게 하는 것이 가능해진다.

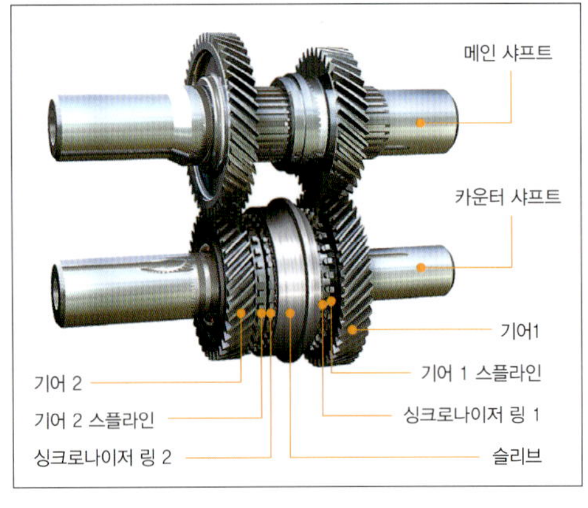

평행축 · 상시 치합식 변속장치에서의 「변속」은, 엔진의 토크를 전달하는 기어세트를 선택하는 조작이다. 변속단을 선택하는 기구는 「슬리브」라고 부르며, 내주(內周)면에 설치된 스플라인에 의해, 슬리브를 입력축에 고정하는 「허브」와 맞물려 있다. 그리고 표면에는 홈 부분이 설치되어 있어 여기에 시프트포크가 끼워지면, 포크의 움직임에 따라 축방향의 좌/우로 움직이기 때문에, 하나의 슬리브로 2조(組)의 기어세트를 선택할 수 있도록 설계되어 있다.

시프트 레버의 움직임은 시프트포크를 통해서 슬리브를 움직이게 한다. 슬리브 내주면의 스플라인이, 움직이고 있던 방향에 있는 기어세트의 구동측 기어가 장착된 스플라인과 감합함으로써, 엔진의 토크가 기어세트로 전달된다. 슬리브를 반대방향으로 움직이게 하고, 구동측 기어의 감합을 풀면 토크는 전달되지 않으며, 기어세트는 따라 도는 상태가 된다. 모든 기어세트가 슬리브와 감합하고 있지 않은 상태가 「뉴트럴(중립)」이다. MT의 「변속」 행정을 말로 하자면 오로지 이것뿐인 것이다.

다만, 원활한 변속을 실시하기 위해서는 「회전속도의 동조」가 필요해진다. 일반적으로「회전속도를 맞춘다」라고 한다. 통상의 MT나 DCT는 기계요소만으로 토크를 전달하기 때문에, 이러한 변속기를 탑재한 자동차에

포르쉐의 싱크로메시

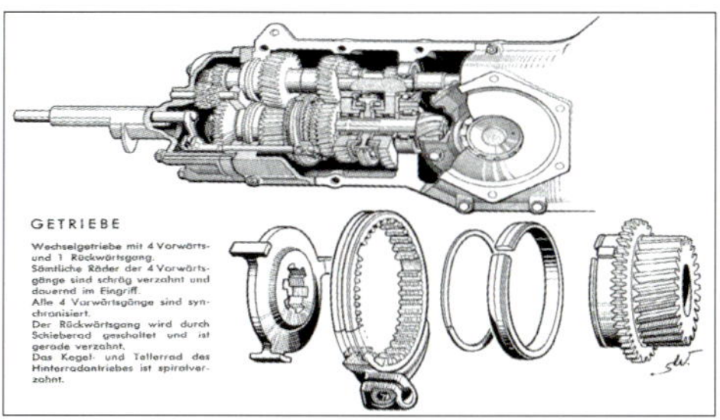

예전의 포르쉐는 독자적으로 개발한 원주 형상의 서보 싱크로로 회전을 동기시키는 「포르쉐 싱크로 기구」를 채용하고 있었지만, 「꿀 속에서 젓가락을 휘젓는다」라고 평가된 변속 감각은 선호도가 떨어져, 1987년 이후에는 「보르그워너 식」이라고 하는 일반적인 동기치합 기구를 채용하였다.

도그 클러치(Dog Clutch)

혼다 VFR 1200F의 DCT이다. 모터사이클의 MT는 회전 동기에 동기치합 기구가 아니라 콘스탄트 메시(도그 클러치)를 이용한다. 적극적으로 회전속도를 맞추면 동기치합 기구 보다 단시간에 순간적으로 변속이 종료된다. 사진 좌측의 포크 왼쪽에 보이는 요철을 지닌 부품이 입력측 도그이다.

기어측의 스플라인

기어측의 스플라인은 기어에 끼워져 일체화되어 있는 싱크로나이저 콘(Synchronizer cone)을 갖추고 있다. 선단부의 형상에는 접촉의 용이성이나 변속 감각 향상의 노하우가 응축되어 있다. 단면에 있는, 기어 측만큼 높아지는 경사면을 따라 링이 밀어붙여지면서 서서히 동기해 나간다.

싱크로나이저의 작동

슬리브가 반대쪽의 기어를 향해서 움직여나감에 따라 싱크로나이저 링을, 기어 측면에 일체화되어있는 싱크로나이저 콘으로 밀어붙여 나간다. 링과 콘 사이에서 생기는 마찰에 의하여 축 전체의 회전을 감속시킨다. 하향변속 시에는 반대로 증속시키는 움직임이 된다.

슬리브와 기어 체결, 변속 완료

축의 회전수가 감소되어 허브+슬리브 측의 회전수에 가까워지면, 스플라인의 선단끼리 접촉을 시작하며 감합하기 쉬운 상태를 만들기 시작한다. 회전이 동기하면 자연스레 감합하기 때문에 그 위치에서 슬리브가 고정되어 변속이 종료된다.

서는, 각 변속단이 갖는 감속비에 대응하며, 차속과 엔진의 회전속도가 주종관계로 된다. 예를 들면 40km/h로 주행하는 경우, 변속단 위치가 1단이라면 엔진의 회전속도는 5000rpm, 2단이라면 3000rpm, 3단이라면 1800rpm… 이라는 식이다.

결국은 2단 40km/h로 주행 중에 3단으로 변속하는 경우, 엔진 회전속도를 3000rpm에서 1800rpm으로 떨어뜨리지 않으면 안 된다. 조금 더 정확하게 말하면, 직전에 선택하고 있던 변속단(의 기어세트)이 요구하고 있던 입력축의 회전속도를, 새롭게 선택하려고 하는 변속단 (의 기어세트)이 요구하는 회전속도로 까지 떨어뜨리지 않으

면, 슬리브와 구동측 기어는 원활하게 치합할 수 없다.

그렇기 때문에, 우선은 클러치를 끊어서, 엔진의 토크가 변속기의 입력축로 전달되지 않는 상태(동시에 액셀페달을 되돌려서 엔진이 과회전(過回轉)이 되지 않는 상태)로 하지만, 이것만으로는 입력축의 회전속도가 천천히 감소한다. 대체로 축은 스스로의 회전관성에 따라 운동을 계속하려고 한다. 더욱이 주행 중에는 차륜 측으로부터 구동계를 회전시키는 힘이 지속적으로 작용하며, 선택 중인 기어세트를 통해서 카운터 축에서 입력축으로 작용하기 때문이다.

그래서 필요해지는 것이, 변속조작의 과정에서 입력축

과 카운터 샤프트의 회전속도 차를 원활하게 동기시키는 구조를 갖는 「동기기구」이다. 현재의 MT에서는 동기기구로 「싱크로메시」라는 기구를 사용하고 있다. 싱크로메시를 구성하는 요소는 「싱크로나이저 링」「싱크로나이저 키 & 키 스프링」「싱크로나이저 콘」이다. 이들 부품은 슬리브 및 허브와 조합되어 입력축 상에 설치된다.

위의 연속 삽화는 FF용의 4축 구성 DCT를 예로 든, 변속시의 싱크로메시 기구의 움직임을 나타내고 있다. 다음 페이지와 아울러, 입력축의 회전속도를 변화시키기 위하여 싱크로메시 기구가 무엇을 하고 있는 지, 자세히 관찰하기 바란다.

싱크로메시 기구는 어떻게 작동할까?

글 : 마츠다 유지(松田勇治)　삽화 : AISIN AI

현재의 MT가 채용하고 있는 회전동기장치는 보르그워너식 동기치합 기구 또는 이너셔 로크 키 (inertia lock key) 식이라고 부르며 싱크로나이저 키를 구비하는 것이 특징이다. 클러치 허브의 노치에 끼워진 키의 작동에 따라 축 = 슬리브 측과 기어의 회전을 동기시켜 나가는 구조이다. 구성부품은 싱크로나이저 링, 싱크로나이저 키 & 키 스프링, 싱크로나이저 콘이다. 시프트 슬리브, 클러치 허브와 일체로 구성되어 있기 때문에, 전체를 싱크로 기구라고 부르기도 한다.

동기치합 기구는 기어세트의 구동측에 구비된다. 허브는 구동측 샤프트에 고정되고, 바깥쪽 원주면의 스플라인이, 슬리브 안쪽 원주면의 스플라인과 맞물려 있다. 슬리브는 시프트포크의 움직임에 따라서 스플라인 홈의 양방향으로 움직이고, 양쪽에 있는 기어세트 중 한 쪽을 선택하여 감합한다. 이 선택 → 감합의 행정이 「변속」이다.

아주 예전의 MT는 동기치합 기구를 가지고 있지 않거나 능력적으로 여유가 없는 것이 많았다. 그래서 변속조작 중에 뉴트럴 위치에서 한번 클러치를 연결하고, 엔진측에서의 간섭으로 샤프트 회전을 조정하고 나서 다시 클러치를 끊어서 변속단을 선택하는 「더블 클러치」 조작이 유효하게 여겨졌지만, 현재는 완전히 무의미하다. 마찬가지로 클러치를 끊지 않고 변속하는 행위도, 회전 동기에 시간이 걸리기 때문에 의미가 없다.

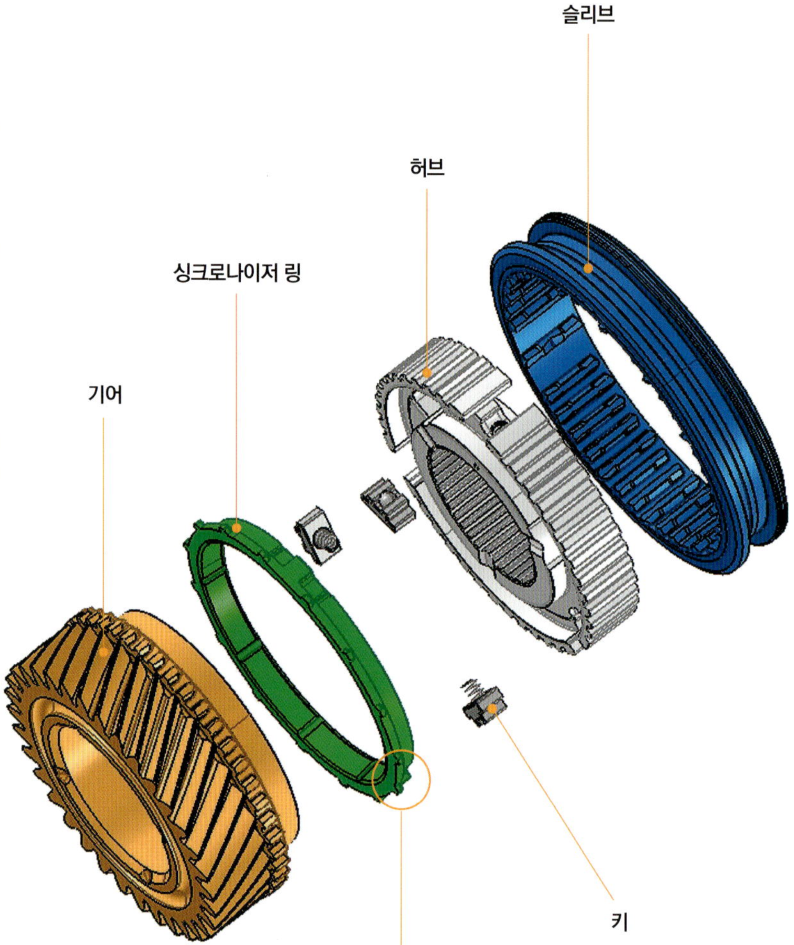

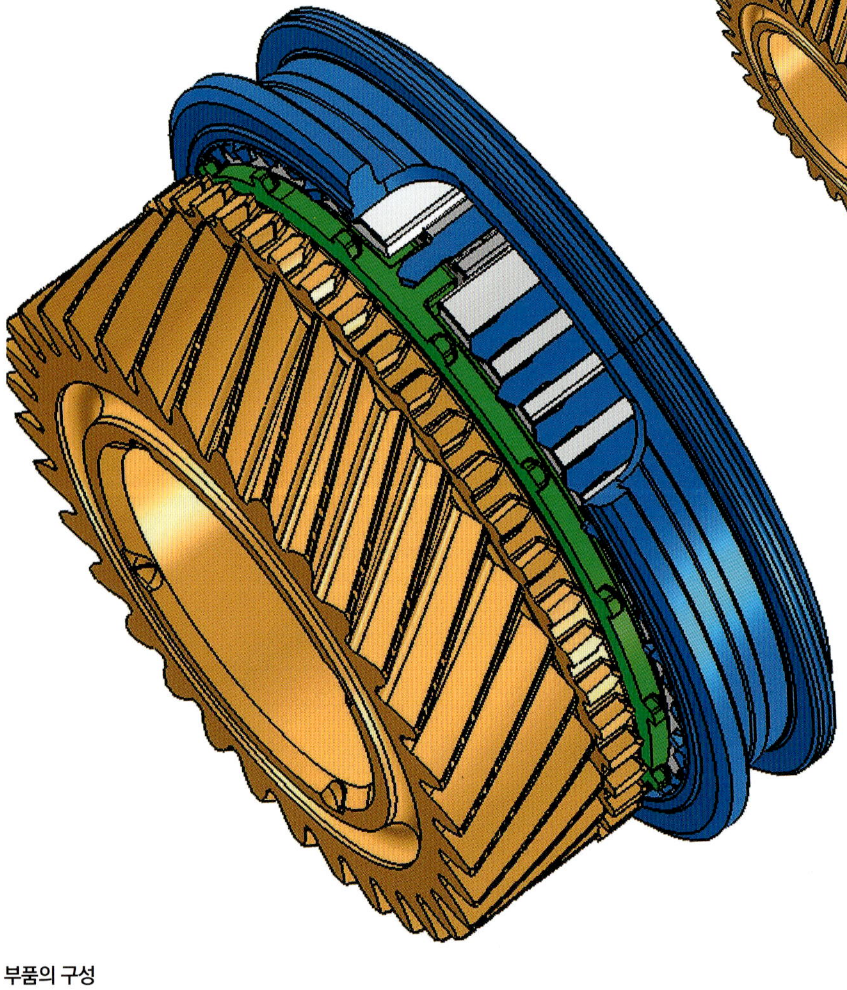

부품의 구성

오른쪽 위 삽화의 부품들을 조립한 상태(슬리브에서 잘려져 있는 부분은 구조 / 작동 설명용으로 커트 한 것임). 이 상태로 변속 기어세트의 구동측 샤프트 상에 고정되고, 슬리브에는 시프트포크가 끼워 넣어진다. 원래는 슬리브 우측에도 기어가 있지만, 설명을 위해서 생략하였다. 오른쪽 페이지는 포크의 움직임에 따라 슬리브가 기어를 선택해 가는 행정을 나타낸다.

싱크로나이저의 챔퍼 (chamfer)

흔히 「싱크로 챔퍼」라고 하는 것은, 싱크로나이저 링이 가지고 있는 돌기부를 말한다. 이 부분이 슬리브의 스플라인 선단부와 접촉함으로써 회전속도를 동기시키고, 슬리브와 회전속도가 동기된 상태에서 콘에 압착되어, 접촉면에서 발생되는 마찰토크에 의해, 콘과 일체화되어 있는 기어를 회전시킨다.

트리플 콘

싱크로나이저 콘은 기어에 끼워져 일체화되고, 콘 면과 링의 마찰에 의하여 슬리브와 기어의 회전속도를 동기시키며, 최종적으로 슬리브의 스플라인과 맞물리는 부품이다. 콘 본체 이외에도 마찰재를 갖는 「더블 콘」「트리플 콘」은 저속 측 기어에서의 채용예가 많지만, 질량 증가와 동기 성능의 밸런스가 과제이다.

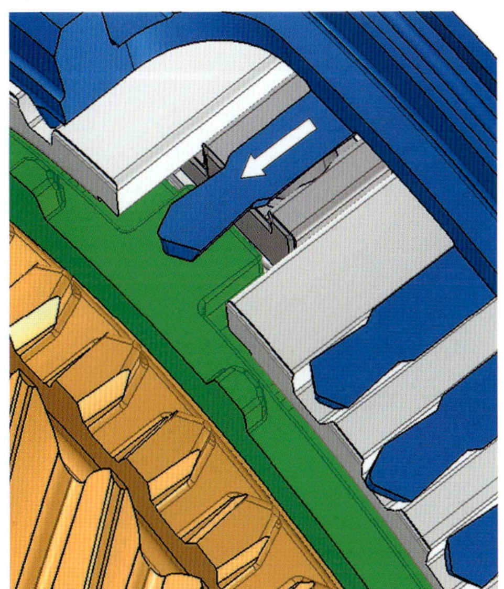

1

중립에서 변속 개시

시프트 슬리브가 어느 쪽의 기어에도 치합되어 있지 않은 상태이다. 모든 기어세트가 이 상태로 되어 있는 것이 「중립」 위치이다. 클러치가 연결되어 있더라도, 변속기 내부에서는 엔진의 토크가 어느 기어세트에도 전달되지 않으므로 차륜이 구동되지 않아 자동차는 정지 상태를 유지한다. 싱크로나이저 키는 키 스프링의 힘에 의하여 슬리브 내주면에 압착되어있어, 키 표면의 돌기에 의하여 슬리브가 축방향으로 움직이려하는 것을 억제한다. 외부로부터 슬리브를 움직이게 하려는 힘이 가해지지 않는 한, 자연스레 이 상태가 유지된다.

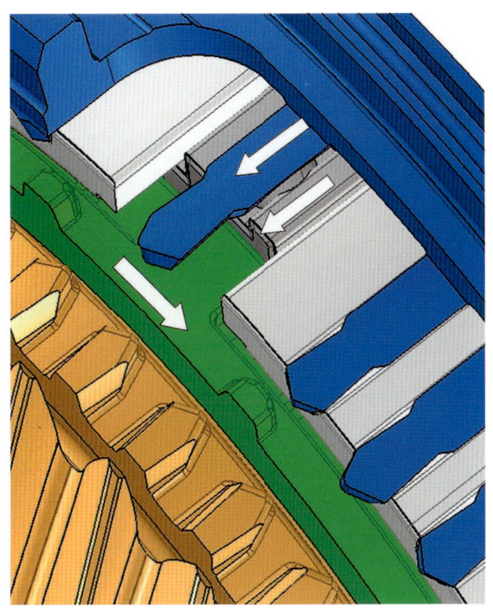

2

키의 작동, 싱크로의 인 덱스(In decks)

운전자가 시프트레버를 변속할 방향으로 조작하면, 시프트포크의 움직임이 슬리브로 전달되며 선택하려는 기어의 방향으로 슬리브와 키가 움직인다. 그러면 키가 싱크로나이저 링의 측면에 밀어붙여지고, 그 힘에 의하여 링이 기어와 일체화되어 있는 싱크로나이저 콘과 접촉한다. 링과 기어 사이에는 상대회전이 있으므로, 싱크로 링은 키 홈의 틈만큼 회전하고, 슬리브의 챔퍼(청색 화살표 부분)와 싱크로 링의 챔퍼가 상대하는 위치까지 나아간다. 이런 상태를 싱크로의 「인 덱스」 상태라고 한다.

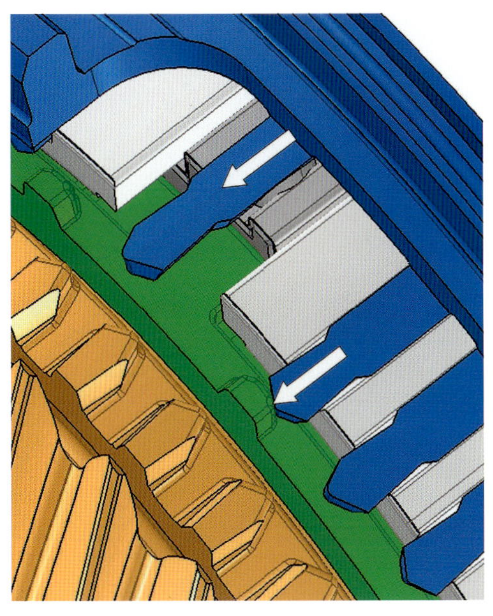

3

싱크로의 작동, 회전의 동기

키는 이 위치에서 멈추지만, 슬리브는 더욱 기어측으로 이동해 간다. 그러면 스플라인과 링의 챔퍼가 접촉하며, 동시에 링이 기어측으로 밀어붙여지기 때문에, 기어와 일체화되어있는 콘의 마찰면을 밀기 시작한다. 이에 따라 마찰토크가 발생하며 입력축 → 허브 → 슬리브의 회전토크가 기어측으로 전달되어 기어가 회전하며 동기가 시작된다. 덧붙이자면 스플라인 및 링 챔퍼의 형상에는, 확실한 접촉과 원활한 변속을 위한 노하우가 숨어 있으며 MT 설계에서의 중요한 포인트가 되고 있다.

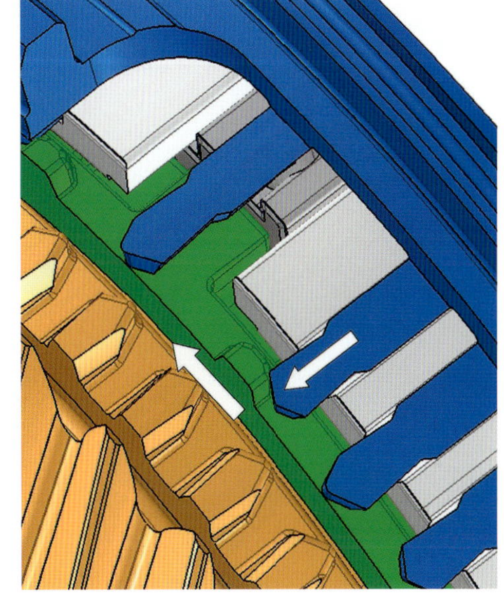

4

동기 후, 싱크로를 밀어붙인다.

슬리브 측의 회전속도와 기어측의 회전속도가 완전하게 동기하면, 링과 콘 접촉면의 마찰토크가 소멸한다. 그런 상태에서 슬리브는 더욱더 기어측으로 이동해 가고, 스플라인의 챔퍼부가 링의 챔퍼부와의 접촉면을 미끄러지면서, 다시 기어측으로 맞물려 들어가는 행정으로 들어간다. 슬리브의 챔퍼가 링의 챔퍼를 밀며 들어가는 과정에서 생기는 인덱스 토크는 변속 시의 걸리는 감각 등에 영향을 주는 파라미터의 하나로서 설계상의 포인트가 되고 있다.

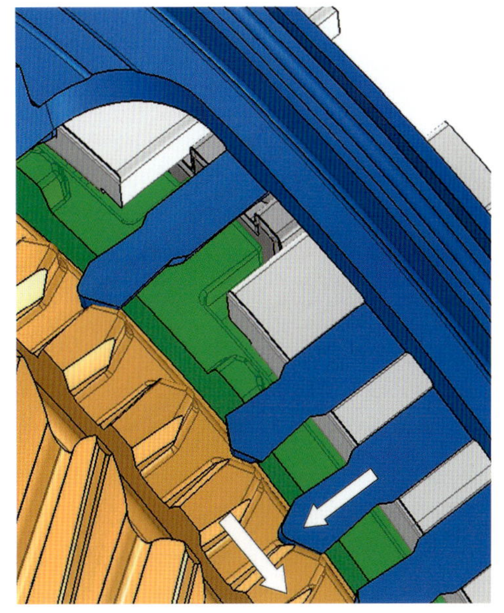

5

슬리브가 기어에 도달

슬리브가 더욱 기어측으로 이동해 가면, 스플라인의 챔퍼가 콘부에 부착되어 있는 스플라인의 챔퍼와 상대하기 시작한다. 변속 조작 중, 이 단계로 오면 변속 레버의 조작력이 가벼워지는 상태이다. 이 단계에서는 이미 슬리브과 기어측의 회전속도는 완전히 동기하고 있다고 말할 수 있고, 노이즈 등을 발생하는 일 없이 원활하게 상대하게 하기 위해서는 역시 챔퍼의 형상 설계가 큰 포인트가 된다.

6

스플라인이 맞물리며, 체결

슬리브가 더 이동하여 스플라인이 콘 측 스플라인과 완전히 치합한 상태이다. 이것으로 변속은 종료되며, 「구동측 축+ 허브 + 슬리브+링」과 「콘+기어」가 기계적으로 결합되어 일체가 되어 회전하는 상태가 된다. 엔진의 토크는 선택 중인 기어세트가 갖는 감속비에 따른 힘과 속도로 변환되어 변속기의 출력축에서 FDU로, 그리고 차륜측으로 전달된다. 토크 전달상태에서는 슬리브의 스플라인과 콘의 스플라인의 접촉면에 커다란 토크가 걸려있기 때문에 맞물림이 쉽게 빠지지 않는다.

운전자의 손의 움직임을 기계조작으로 변환

엔진 / MT 횡배치인 FF차는 운전자의 시프트레버 조작이 케이블을 통해서 MT로 전해진다.
여기에서 거론하는 BG6의 경우, 운전자의 횡방향은 기어선택, 종방향은 기어변속이다.
손의 움직임이 각각의 전용 케이블과 링크를 통해서 기어 선택과 변속이 실행된다.
마치 입체 퍼즐과 같은 MT 메커니즘 안에서의 동작을 소개한다.

글 : 마키노 시게오(牧野茂雄) 삽화 : AISIN AI

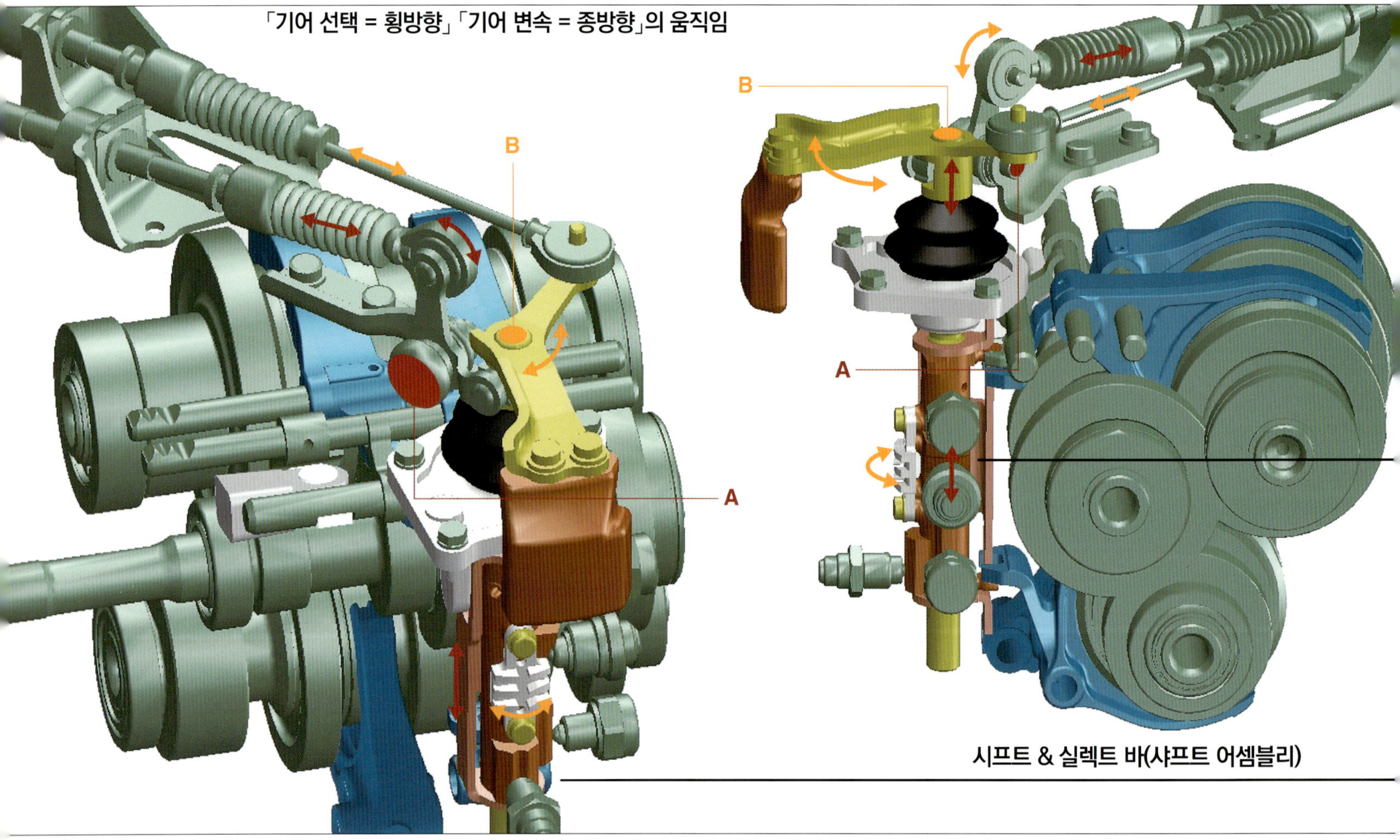

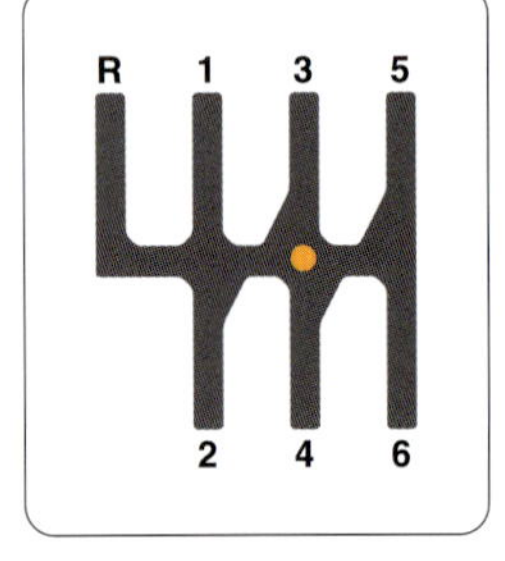

차량 중심선상 혹은 그 근방에 엔진으로부터의 입력축과 시프트레버를 배치할 수 있는 MT에서는, 변속기구가 단순하다. 그러나 엔진 / MT를 횡배치로 탑재하고, 운전석 주변의 시프트레버와 변속기구가 서로 멀리 떨어져 있는 차량에서는, 운전자의 손의 움직임을 MT로 전달하기 위한 연구가 필요하다. 일반적인 방법은 시프트 조작을 운전자 위치를 기준으로 전/후와 좌/우의 움직임으로 나누고, 각각의 전용 케이블로 MT 내부와 연결하는 것이다. H자 형 게이트의 시프트 기구에서 그 조작은 「전/후 = 각 기어로의 시프트레버의 운동」과 「좌/우 = 횡방향으로 시프트레버를 움직여 게이트를 선택」하는 두 개의 동작을 운전자는 실행한다. 전자를 「변속(Shift)」, 후자를 「기어선택(Select)」이라고 한다. 위의 삽화에 그린 AISIN AI제 「BG6」형에서는, 적색의 A가 기어선택 방향, 오렌지색의 B가 시프트 방향을 담당한다. 운전자가 시프트레버를 N(중립)위치에서 1단으로 움직이게 할 때는, 우선, 1단 기어의 위치에 있는 좌측의 게이트를 선택한다. 이런 「선택」의 움직임은 케이블을 따라 옮겨가고, 링크에 의해 방향이 전환되어, 변속기구인 시프트 & 실렉트 바의 「상하 움직임」이 된다. 그리고 1단 기어를 선택하고, 그 위치로 시프트레버를 움직이면, 이번에는 이것이 회전운동으로 변환되어, 시프트 & 실렉트 바의 「회전」으로 된다. 이것이 전부이며 기본이다.

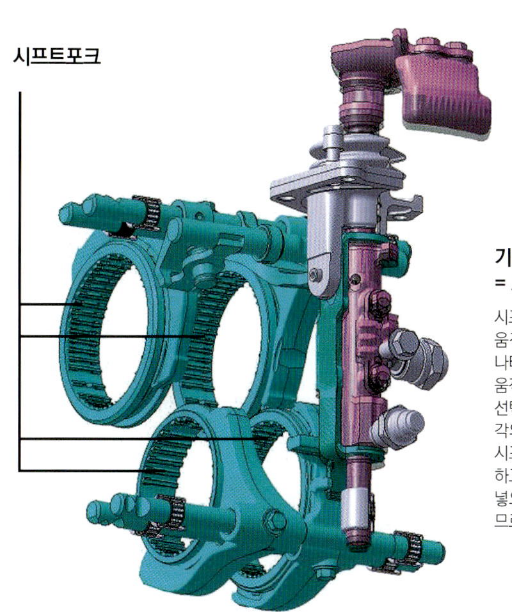

시프트포크

기어 실렉트(선택)의 경우
= 포크를 선택한다.

시프트 & 실렉트 바의 가동부분의 움직임을 회색의 잔상(殘像)으로 나타낸 그림이다. 상하 (종방향)의 움직임은 실렉트, 즉 시프트포크의 선택이다. 4개의 시프트포크는 각각의 로드에 장착되고, 로드 수는 시프트 게이트의 「H」패턴에 대응하고 있다. R(Reverse = 후진)을 넣으면 종방향의 게이트는 4열이므로 4개의 로드이다.

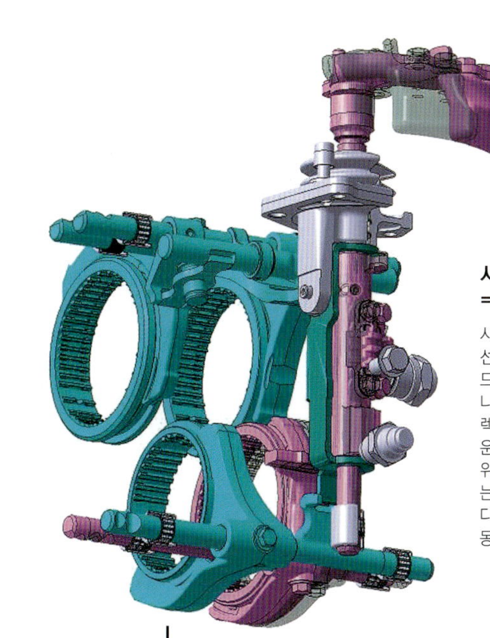

시프트(변속)의 경우
= 포크를 슬라이드시킨다.

시프트 & 실렉트 바의 회전운동은, 선택한 포크를 횡방향으로 슬라이드시키는 움직임이 된다. 회색으로 나타낸 잔상이 그 움직임이다. 실렉트에서의 움직임과 합체시키면, 운전자가 기어단을 선택하고, 그 위치에 시프트레버를 움직이게 하는 운동을 MT 내부로 전달할 수 있다. 단 2개의 케이블이 원활하게 작동하게 하는 것이 대전제가 된다.

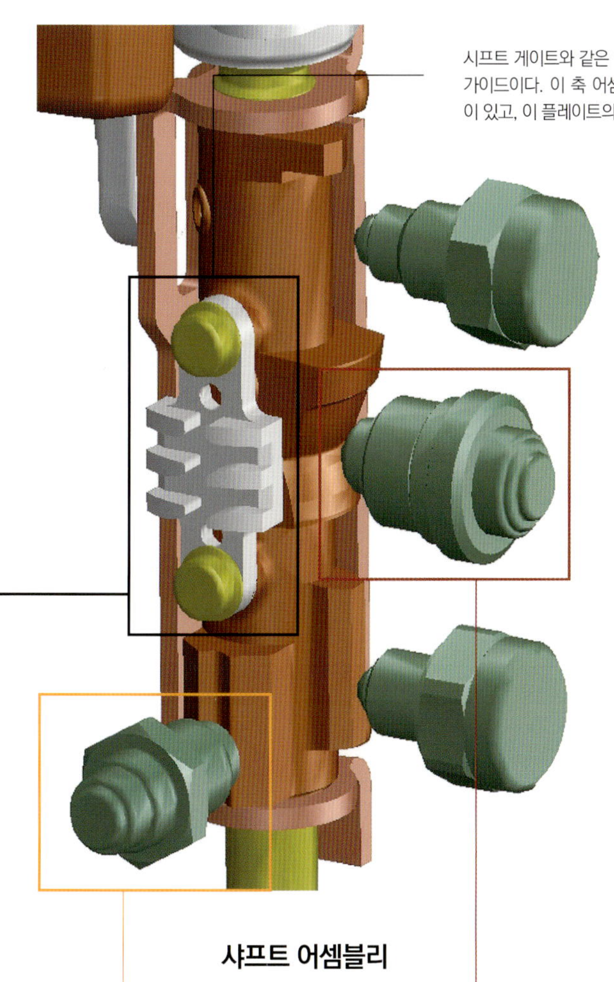

시프트 게이트와 같은 「H패턴」이 그려져 있는 플레이트 가이드이다. 이 축 어셈블리를 장착하는 케이스측에 핀이 있고, 이 플레이트의 홈에 들어가도록 되어 있다.

샤프트 어셈블리

시프트 & 실렉트 레버와 그 주변 부품을 조립한 상태를 샤프트 어셈블리라고 부른다. 적색 사각형 안의 핀 내부에는 스프링, 그 끝에는 볼이 장착되어 있어서, 일정한 힘으로 볼이 축 측면의 V자형 홈에 밀착되어 있다. 축이 위아래로 움직일 때에는 볼이 V자의 사면을 상하로 굴러가는데 이것이 실렉트 방향의 「저항감」이 된다. 한편 오렌지색 사각형 안의 핀도 같은 구조이며 핀이 접하는 축 측에는 V자형 홈이 파여져 있다. 시프트 방향에서는 이 샤프트 전체가 회전하기 때문에, 볼이 홈에 들어갈 때에 「딸깍 하는 느낌」이 들 수 있다. 양쪽 핀 모두 샤프트 전체의 상하와 회전 움직임을 통제하는 부품이다.

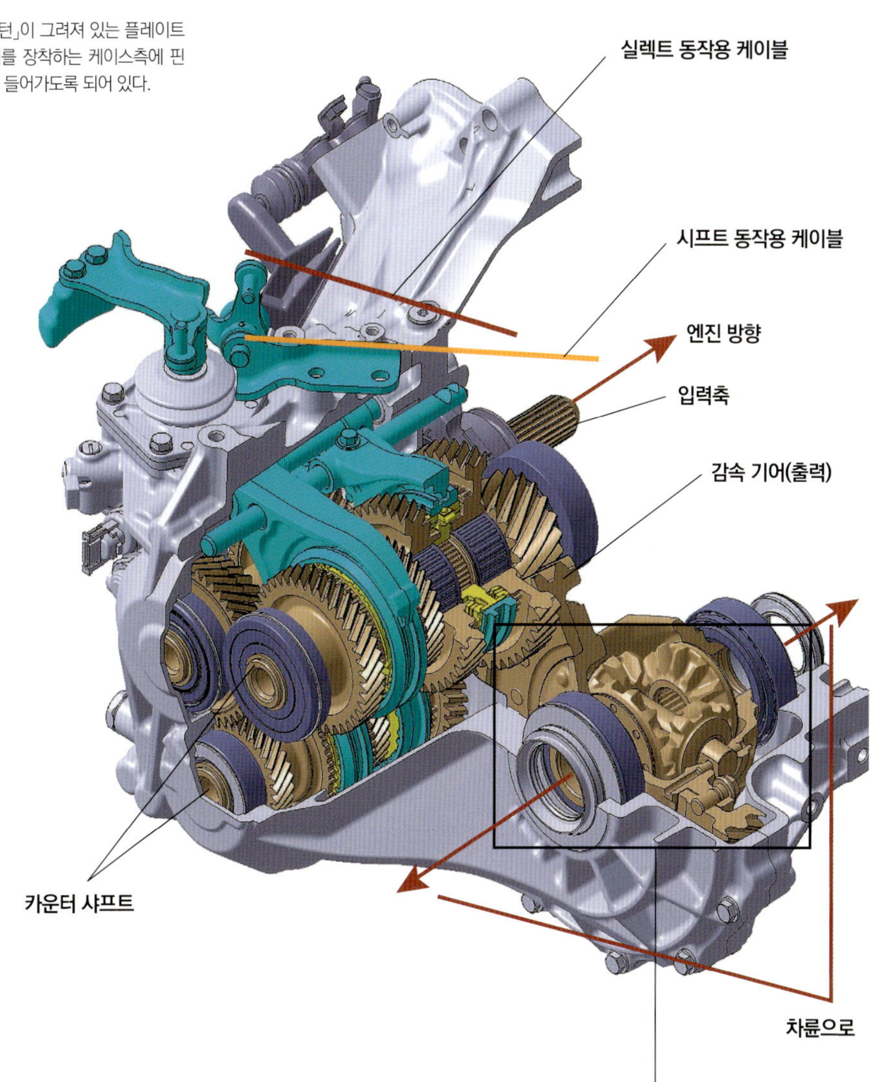

실렉트 동작용 케이블

시프트 동작용 케이블

엔진 방향

입력축

감속 기어(출력)

카운터 샤프트

차륜으로

BG6의 컷모델이다. 케이블은 적색과 오렌지색의 선으로 표시했다. 좌측 페이지의 삽화와 아울러 보기 바란다. 검정색 사각형 부분이 디퍼렌셜 기어이고, 여기에 종감속기어가 내장되어 있다. 엔진으로부터의 입력을 전달받는 입력축과 시프트포크와 연결되는 2개의 카운터샤프트가 보인다.

4단에서 5단으로의 상향변속 동작

앞 페이지에서 소개한 케이블과 시프트 & 실렉트 레버에 의한 변속구조가,
실제로 어떻게 움직이는지를 4단에서 5단으로 상향변속(시프트 업)하는 경우를 예를 들어 해설한다.
요점은 「상하」와 「회전」이 합체된 동작이다.

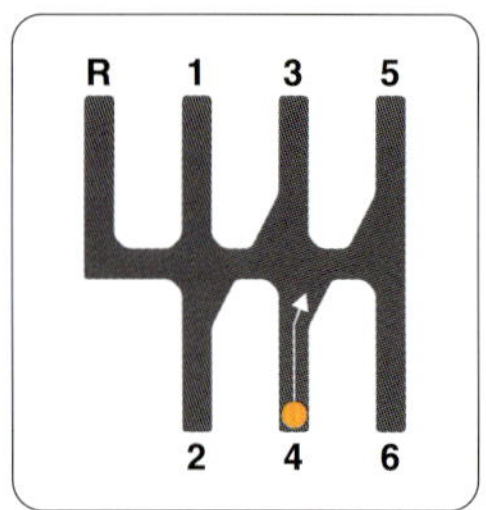

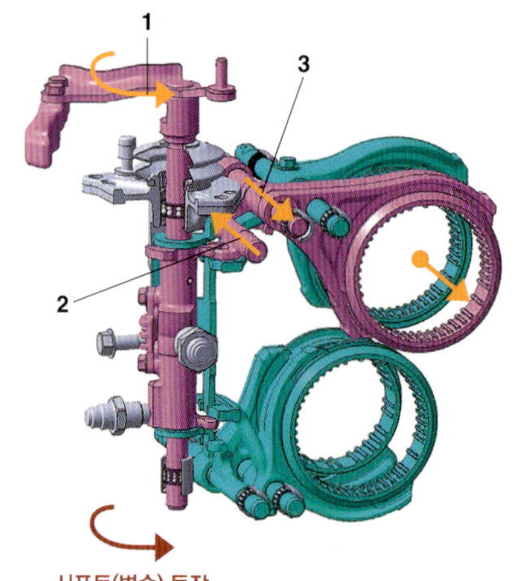

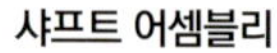

맞물린 기어를 푸는 동작은 (1)의 회전운동이 된다. 샤프트에 부착되어 있는 돌기의 위치가 움직임으로써 로드 (2)가 눌리며, 이 동작을 이용하여 시프트포크 (3)이 반대방향으로 미끄러진다. 왜 이렇게 되는 지는 가장 아래의 삽화에서 (6)이 포인트이다. 2개의 로드를 연결하는 「암」 한가운데에 피봇이 있어, 한쪽의 로드가 오른쪽으로 움직이면 다른 한쪽의 로드는 왼쪽으로 움직이게 만든 간단한 기구이다.

샤프트 어셈블리

시프트 & 실렉트 레버(노란 부분)에 몇 개의 부품이 조합되어 어셈블리가 되고, 이것이 전체로 상하·회전을 실행한다. MT의 노하우가 가득 들어있는 부품이다.

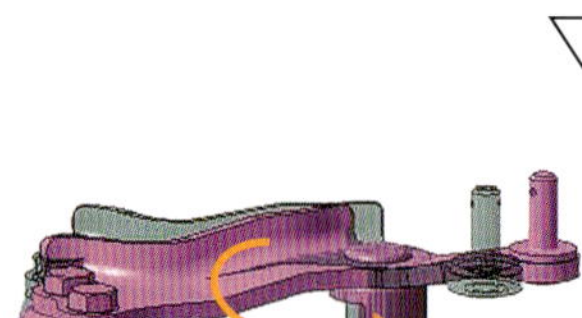

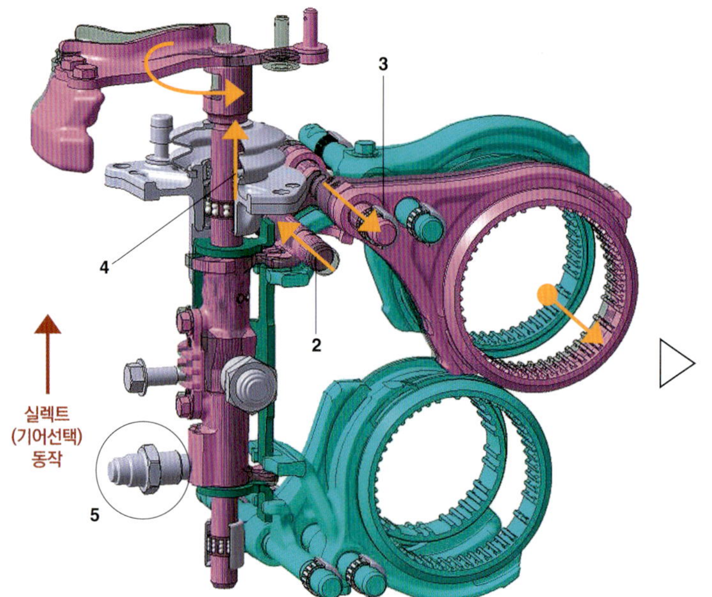

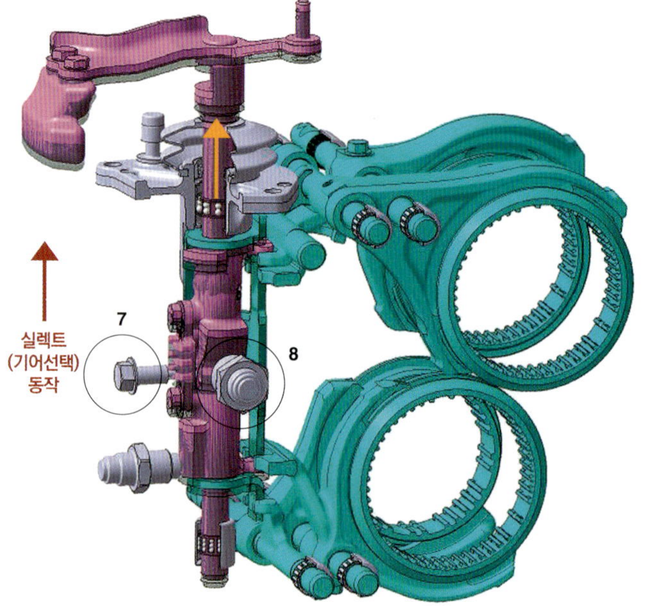

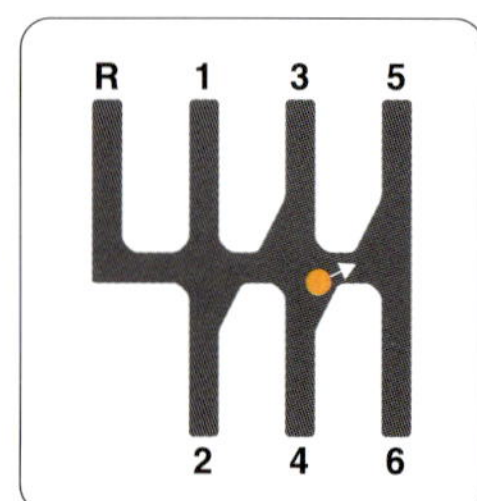

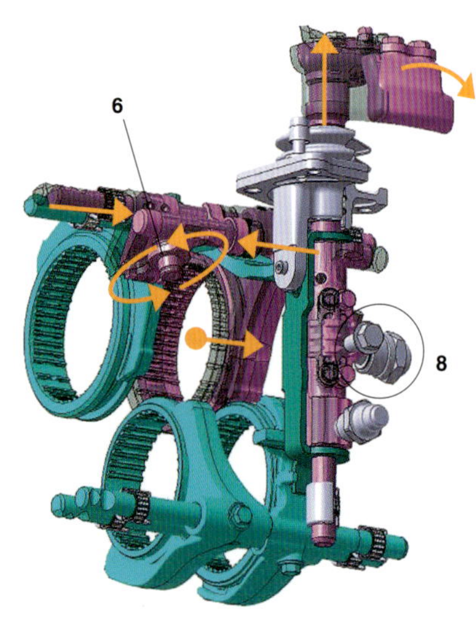

이어서 시프트레버를 옆으로 움직이고 게이트를 선택하는 기어선택 동작이다. 이것은 샤프트의 상하 움직임이 되지만, 4단 기어를 빼내면서 5단 기어가 있는 게이트를 선택하는 움직임이기 때문에, 회색으로 잔상을 그리면 이와 같은 회전 / 상하의 더블 동작이 된다. 우측은 같은 장면을 각도를 바꾸어서 바라본 모습이다. 피봇 (6)에 주의하자. (5)(8)은 앞 페이지에서 다룬 볼인데 레버와의 위치관계에 주의하자.

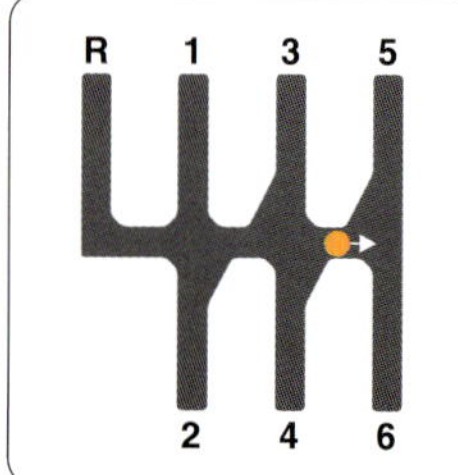

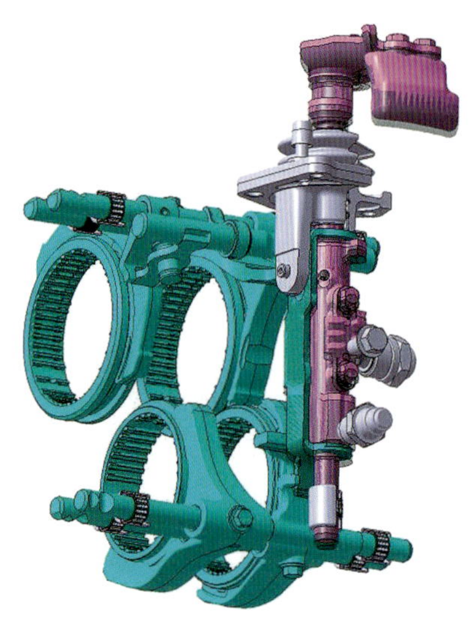

시프트레버를 옆으로 움직이게 하고, 5단 기어가 위치하는 게이트를 선택하는 기어선택 동작이다. 그냥 단순하게 시프트 & 실렉트 레버가 위로 이동할 뿐인 동작이지만, 이 때 핀 (8)의 선단의 볼이 레버 측면의 V자 사면(앞 페이지 참조)을 미끄러지고, 동시에 플레이트 가이드 위를 핀 (7)이 움직인다. (8)과 마주하는 V자 사면의 제조 방법으로 실렉트의 감촉이 변한다.

여러 가지의 요구 속에서 진화해온 MT의 시프트(변속) 기구

횡배치 엔진 FF차에서는, 변속기에 허용된 공간이 한정되어 있다. 그러므로 MT는 어쩔 수 없이 다축화(多軸化)를 하게 된다. MT는 변속단별로 기어가 필요하며 6단 + 후진이라면 7개의 기어세트를 필요로 한다. 이들을 좁은 공간에 설치하기 위해서는 기어열을 꺾어 다축화 하는 수밖에 방법이 없다. 그러나 다축화를 하면 시프트포크가 분산되어 그 모든 것을 원활하게 움직이게 할 기구를 필요로 한다. 동시에 다축화는 변속기 중량의 증가를 초래한다. 그러나 엔진룸에 설치할 수 있는 크기로 만들지 않으면 변속기는 성립될 수가 없다. 요즘에는 충돌안전 대책으로 프런트 사이드멤버를 직선화하는 경향이 있어, 엔진 및 변속기에 허용되는 공간은 점점 줄어드는 추세이다.

AISIN AI제 BG6은, 입력축의 부근에 상하 2단의 카운터 샤프트가 배치되어 있다(P83 우측 아래 사진참조). 시프트포크에 내장된 싱크로나이저를 좌/우로 슬라이드시켜서 변속하기 때문에, 서로 이웃한 기어가 「하나는 상단」「하나는 하단」이라는 관계인 것이 바람직하다. BG6에서는, 위쪽 카운터샤프트는 엔진에 가까운 쪽에서부터 1 / 2 / 4 / 3단, 아래쪽의 카운터샤프트는 R / 5 / 6단의 기어가 배치되며, 4 / 5단은 입력축 상의 기어를 공용함으로써 전체의 기어수를 억제하고 있다. 토크 용량은 400Nm이며, Toyota, Mazda, Mitsubishi, Chrysler, PSA Peugeot · Citroen 등 많은 자동차 메이커에 채용된 실적을 가지고 있다.

2축식이건 혹은 BG6과 같은 3축식이건, 횡배치 FF차용 MT는 운전자의 시프트 / 실렉트 동작을 상하방향과 회전방향의 움직임으로 분해하여 케이블과 링크로 변속기에 전달하며, 기계기구로 변속을 실시하는 것이 대부분이다. 변속기 측의 케이블 설치부분은, 종단에 고무 부시를 배치한 것이 많고, 케이블 자체의 마찰도 있으므로 변속 감각을 좋게 하는 것은 쉽지 않다. 그러나 FF차가 나오기 시작했던 무렵의 MT에 비해서 요즈음의 제품은, 그 변속 감각에서 격세지감이 있다. 시프트 기구 자체의 됨됨이도 감각의 향상에 한 역할을 담당하고 있다. MT는 보이지 않는 곳에서 확실하게 진보하고 있다.

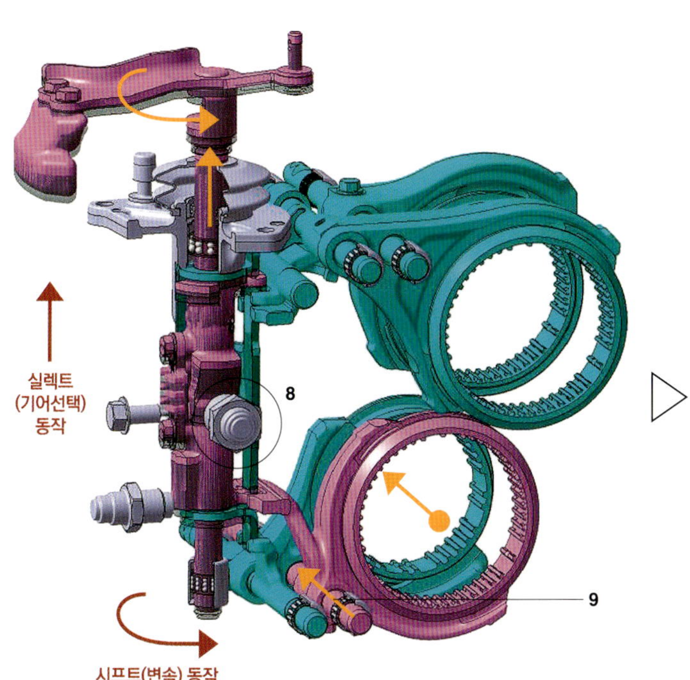

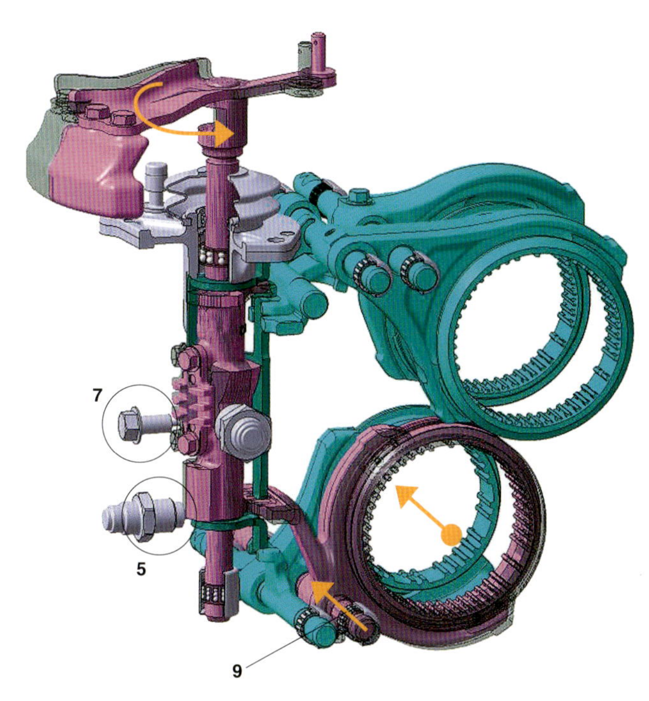

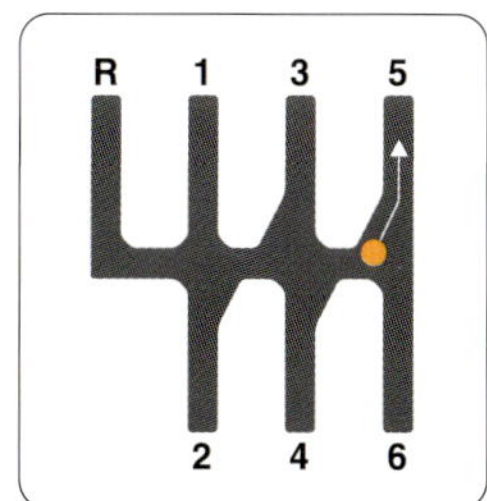

실렉트에서 시프트로 변하는 동작이기 때문에, 시프트 & 실렉트 레버는 회전과 상하의 양쪽을 합성한 움직임이 된다. 5단 기어의 위치까지 횡으로 이동, 그 다음은 시프트 동작이다. 오른쪽 삽화는 다른 각도에서 본 것이다. 샤프트 어셈블리 전체가 회전하며 돌기가 로드를 밀고 이 조작에 의하여 시프트포크가 슬라이드한다. 위와 아래의 삽화에 그려진 회색의 잔상으로 확인할 수 있다.

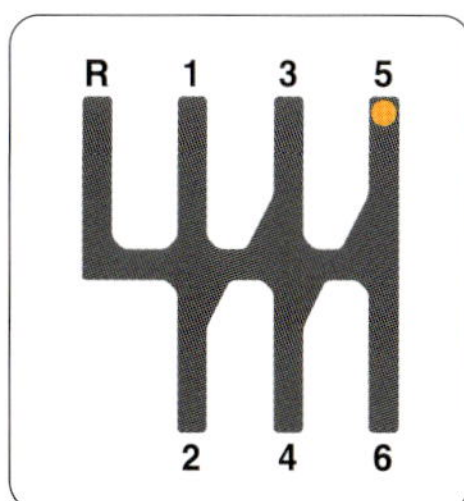

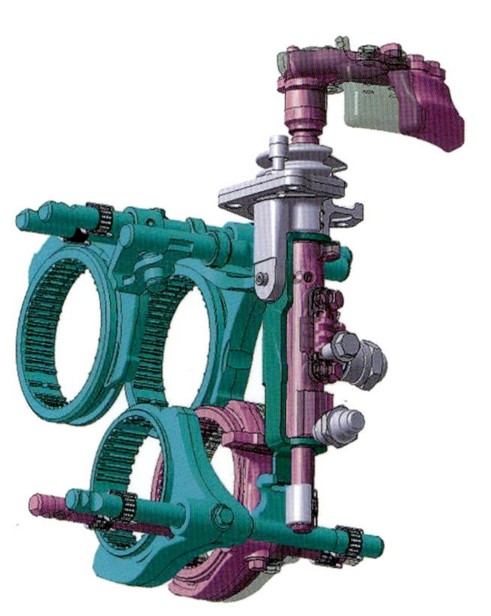

마지막으로 운전자는 5단 기어로 시프트레버를 넣는다. 이것은 샤프트의 회전동작으로 된다. 선택된 5단 기어용 시프트포크가 슬라이드하며 스토퍼에 닿을 때까지 싱크로나이저가 동기하고, 5단 기어가 엔진의 힘을 받아낸다. 주행 중이라면 1초 정도로 끝나는 일련의 변속동작이지만, 그것을 분해하여 보면 이 페이지의 9개의 삽화와 같다.

상쾌하고 기분 좋은 시프트의 경량화

변속감각(시프트 필링) · 튜닝

손목을 조금 움직이는 것만으로, 마치 게이트에 빨려 들어가듯이 시프트레버가 움직인다.
찰깍, 찰깍하면서 상쾌하고 기분 좋게, 더욱이 부드러운 동작으로 시프트 체인지를 할 수 있다 ——
MT차의 시승 리포트에서는 흔히 이러한 표현들이 사용되는데,
그러면 MT의 시프트 필링(변속 감각)에는 어떤 요소가 관계하며 어떻게 튜닝이 되고 있는 것일까?

글 : 마키노 시게오(牧野茂雄) 기술 & 삽화 : AISIN AI

● 변속 조작시의 시프트 파형(횡배치 FF차 / 주행상태)

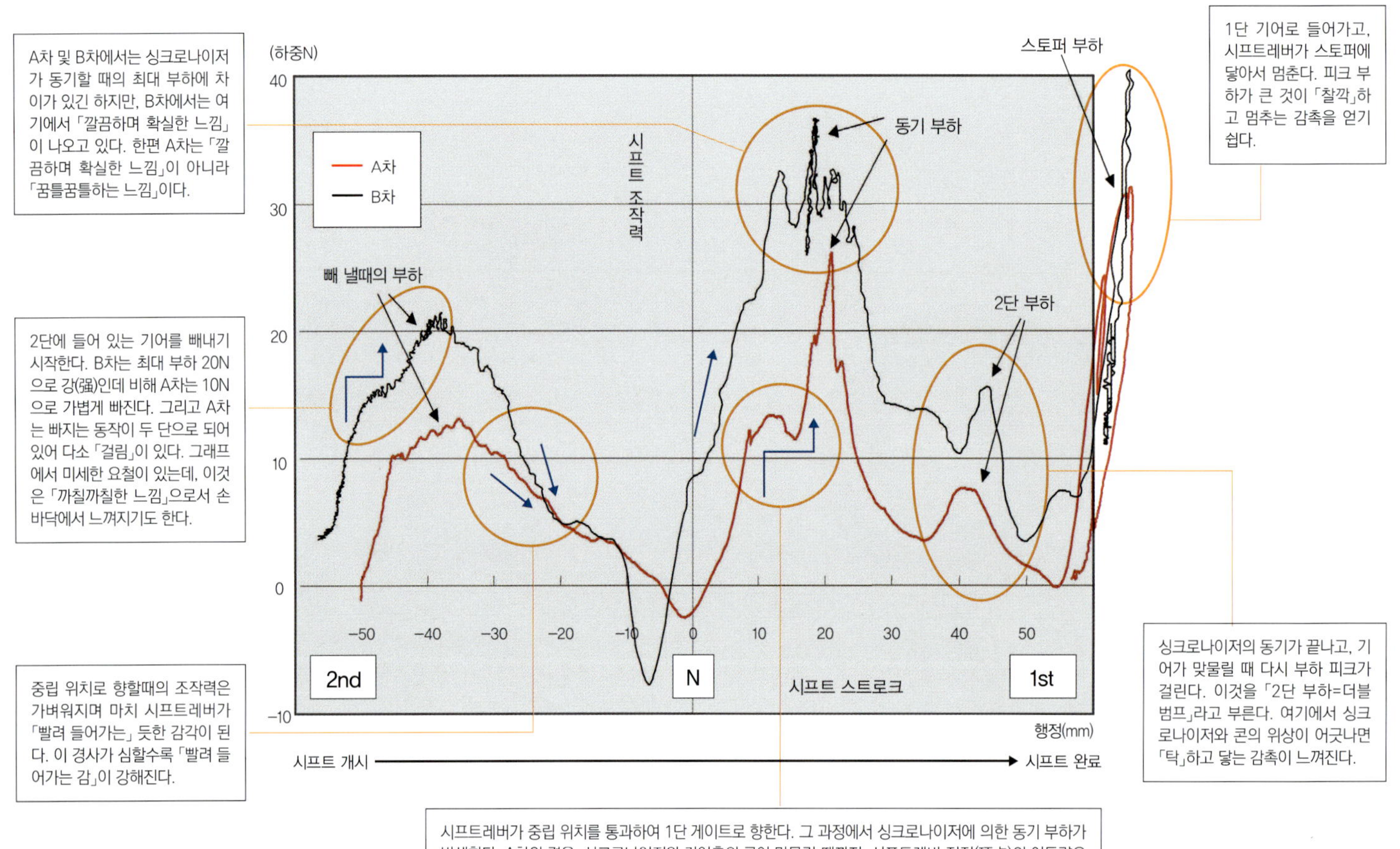

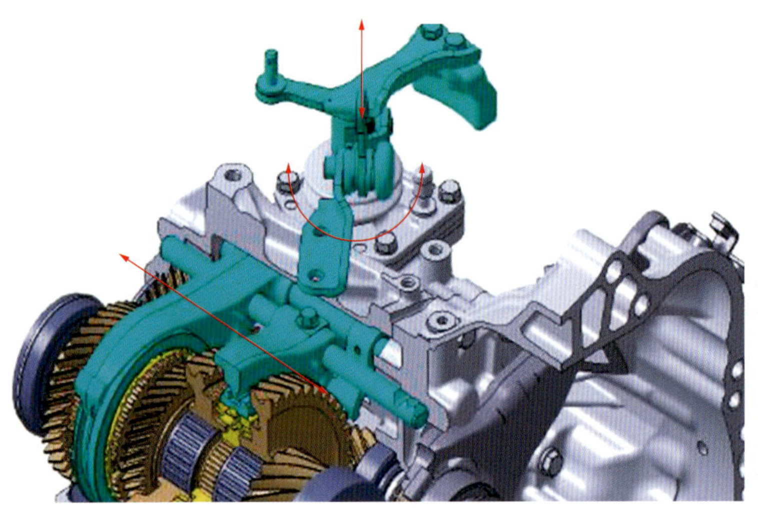

엔진 횡배치 FF차의 MT는, 변속조작을 상하움직임 및 회전이라는 기계적 동작으로 치환한다. 각부가 원활하게 움직이며 일정한 절도(節度)감을 가지고, 항상 일정한 조작력으로 변속할 수 있어야 한다는 것이 설계시의 요구사항이다. 그리고 이것을 베이스로 탑재 모델별 튜닝이 되풀이된다.

관능 평가를 수치로 치환하는 작업이다. 소위 정량화 작업은 자동차의 다양한 분야에서 실시되고 있다. 시트의 착석감, 조작 스위치류의 취급 용이성, 그리고 시프트 필링 등, 인간의 감각에 의존하는 채점에서는 점수가 고르지 않아 어디가 평균치인지를 판단하기 어렵다. 기본은 「운전자가 즐겁게 힘들이지 않고 시프트를 조작할 수 있는」「확실하게 선택한 기어로 들어가는 정확성」이지만, 그 중에 「견고한 감 = 치즈를 칼로 자르는 듯한 감각」「당기는 감 = 운전자가 시프트레버를 미는 것이 아니고, 빨려 들어가는 감각」「강성감 = 포지션이 명확하고 흔들흔들 하지 않는」「부하의 밸런스 = 어느 위치에서의 업 시프트나 다운 시프트라도 부하의 변함이 없는」것이라는 관능평가가 포함된다. 이것을 「노브 위치」「시

● 정적(靜的) 변속(시프트) 특성(FR차 / 정지상태)

기어중립에서 3단기어로 넣을 때, 이 자동차는 시프트레버의 앞에 가로막는 「벽」이 전혀 없다. 하지만 오른쪽 그래프의 같은 포인트에서는 보다 분명하게 부하의 피크가 발생하고 있어 「벽」의 존재감이 있다. 이것이 기어를 넣을 때의 저항이 된다.

시프트를 넣을 때의 부하 피크가 이 자동차는 작다. 가벼운 조작력으로도 시프트시킬 수 있도록 되어있다. 오른쪽 그래프와 비교하면 「넣기」및 「복귀」에서 모두 파형의 흐트러짐이 크다.

시프트 동작, 즉 앞뒤로 시프트레버를 움직이는 조작이며, 기어를 「넣고」「빼내며」 왕복동작을 한 데이터이다. 정확히 시프트레버가 기어쪽으로 빨려 들어가는 이 위치에서, 그래프 상에 가는 「선」이 뻗어 나와 있다. 마이너스 방향이므로 「흡인력」이다. 이 경우, 조금 「걸리는 듯한」 인상을 운전자에게 준다.

3단 위치에 넣었던 시프트레버를 다시 중립 위치까지 되돌리는 조작이 그래프 중의 파란 화살표로 표시되어 있다.

기어의 「빼내기」동작에서는 이 위치가 최소 부하가 된다. 여기에서부터 중립 위치를 향하여 한차례 부하가 증가 했다가 수렴한다.

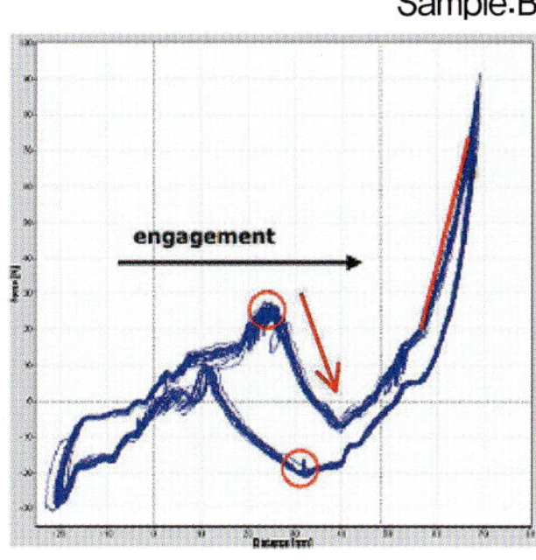

왼쪽 그래프의 자동차는 굳이 말한다면 만인에게 걸맞게 맞춘 것이다. 오른쪽 그래프의 자동차는 「찰칵」하고 들어가는 느낌을 연출하고 있다. 그래프 중, 오른쪽으로 내려가는 화살표는 경사가 심하지만 이것은 부하 피크의 끝에서 단시간에 빨려 들어가는 것을 의미한다. 덧붙이자면 이 그래프의 자동차는 「스포티한 변속감각」으로서 유럽에서는 정평이 나있다. 다만 모든 사람에게 걸맞는 것이라고는 말하기 어렵고, 시장의 평가도 엇갈린다.

● 정적 선택(실렉트) 특성(FR차 / 정지상태)

실렉트 동작 즉 시프트레버를 옆으로 움직이는 동작이다. Low측(1/2단 게이트)에서 중립 위치(3/4단 게이트)를 통과하여 High측(5/6단 게이트)로 갔다가 다시 Low측으로 되돌리는 동작이다. 중립 부근이 계단 형상으로 되어 있지만, 이러한 특성이라면 「부하를 걸지 않으면 스트로크가 발생하지 않기」 때문에, 중립 위치가 확실한 인상을 준다.

이와 같이, 실렉트의 「넣기」및 「복귀」의 부하 피크와, 그 때의 스트로크 위치가 가지런히 정렬되어 있으면, 부드러운 인상을 주는 경우가 많다.

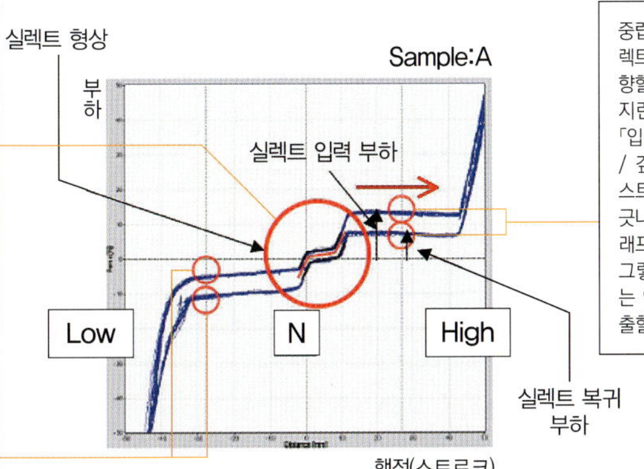

중립 위치를 통과한 후의 실렉트 「입력」 부하와, 중립을 향할 때의 「복귀」 부하가 가지런히 정렬되어 있다. 이 「입력」 및 「복귀」 부하 피크 / 깊이의 포인트가 실렉트 스트로크로 20mm정도 어긋나 있는 자동차도(우측 그래프도 그중 한 예) 있지만, 그렇게 함으로써 「찰칵」하는 인상이나 「고급감」을 연출할 수도 있다.

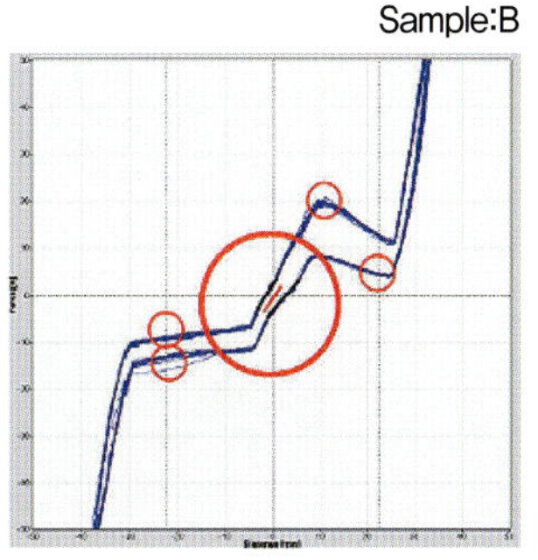

왼쪽 그래프와 비교해보면, 실렉트 「입력」 및 실렉트 「복귀」가 모두 저항이 크고, 히스테리시스가 확실히 나오고 있다. 이 자동차는 시프트 방향도 그랬지만, 실렉트 방향에서도 「찰칵」하는 느낌을 연출하고 있다. 조작력은 약간 무거운 듯하지만 「확실한 시프트를 하였다」라는 신호를 운전자에게 느끼게 해주는 타입이다. 물론 이것은 의도적으로 맛을 낸 것으로 이런것이 시프트 캐릭터가 된다.

시프트레버의 위치와 형상은 시프트 필링에 영향을 주지만, 시트의 홀드성이나 드라이빙 포지션도 큰 요소이다. 대체로 유럽차의 드라이빙 포지션이 올바른 것은 MT 베이스이기 때문이라고도 말할 수 있다.

MT내부에서는, 이렇게 늘어선 시프트로드 위를 시프트포크가 슬라이드 함으로써 기어가 선택된다. 기계 공작 정밀도가 감각에 영향을 주는 것은 이러한 부분이다.

FR용 MT의 실렉트 기구이다. 로드의 움직임에 연동하는 롤러가, 돌면서 금속 사면을 미끄러질 때의 히스테리시스가 실렉트감에 영향을 준다. 여기에도 미세한 튜닝이 이루어진다.

프트레버의 감촉」「시프트 부하」「스토퍼 강성」「실렉트 부하」「시프트 스트로크」「대각선방향의 시프트 성」「후진 로크」「시프트 노이즈」라는 파라미터로 점수를 매기고, 정지 상태에서 시프트레버를 움직이게 하는 「정적 시프트」와, 실제로 자동차를 주행하면서 실행하는 「동적 시프트」의 종합 점수로 관능평가를 한다.

평가 데이터를 축적한다면, 어떤 설계상의 방법이 어느 부분의 평가에 밀접한 관계를 갖게 되는 지, 어느 정도는 관련지을 수가 있다. 각각의 파라미터에 관한 평가 데이터를 보고, 그 MT의 최종적인 평가를 예상할 수 있게 되는 것이 이상인 것이다. 덧붙이자면 자동차 사용자를 대상으로 한 관능평가는 JD Power and Associate와 같은 조사회사가 실시하고 있으며, 자동차 메이커는 그 평가를 참고로 하고 있다. 시장에서 어떠한 평가가 내려질지를 설계 단계에서 예측하기 위하여, 이러한 정량화가 각 방면에서 실행되고 있다.

한 걸음 더 나아가서 생각해보면, 자동차 메이커별로 특징 있는 변속감각의 「이유」와, 거기에 이르는 튜닝의 수법을, 이러한 정량화 작업에서 고려할 수가 있다. 이 페이지의 그래프는 AISIN AI가 유럽차의 변속감각을 유럽에서 조사했을 때의 것인데, MT차의 주 무대가 유럽인 이상, 현지의 도로 환경에서의 테스트와 유럽 자동차 사용자에 의한 평가는 빼놓을 수가 없다고 한다. 일본과 유럽에서는 「좋은 변속감각」을 느끼는 방식에 차이가 있다. 일본에서는 「시프트가 묵직하다」고 말해지더라도 유럽에서는 「적정」하다고 판단된다거나, 일본시장에서는 허용되는 정밀도가 유럽에서는 통용되지 않았다든지 하는 지역차는 상당하다. 개인차도 있지만, 그 집대성으로서의 지역차라는 경향은 크다.

다만 MT만으로 변속감각의 전부를 만들어낼 수는 없다. 시프트 노브의 형상과 시프트레버의 위치는 자동차 메이커가 결정한다. 더 나아가서 클러치의 답력(踏力) 특성, 시트의 홀드성도 운전자가 느끼는 변속감각에 영향을 미친다. 조작계통으로서 변속기 메이커가 전체적으로 제안할 수 있다면 좋겠지만, 그렇게는 안 되는 것이 현재의 상황이다.

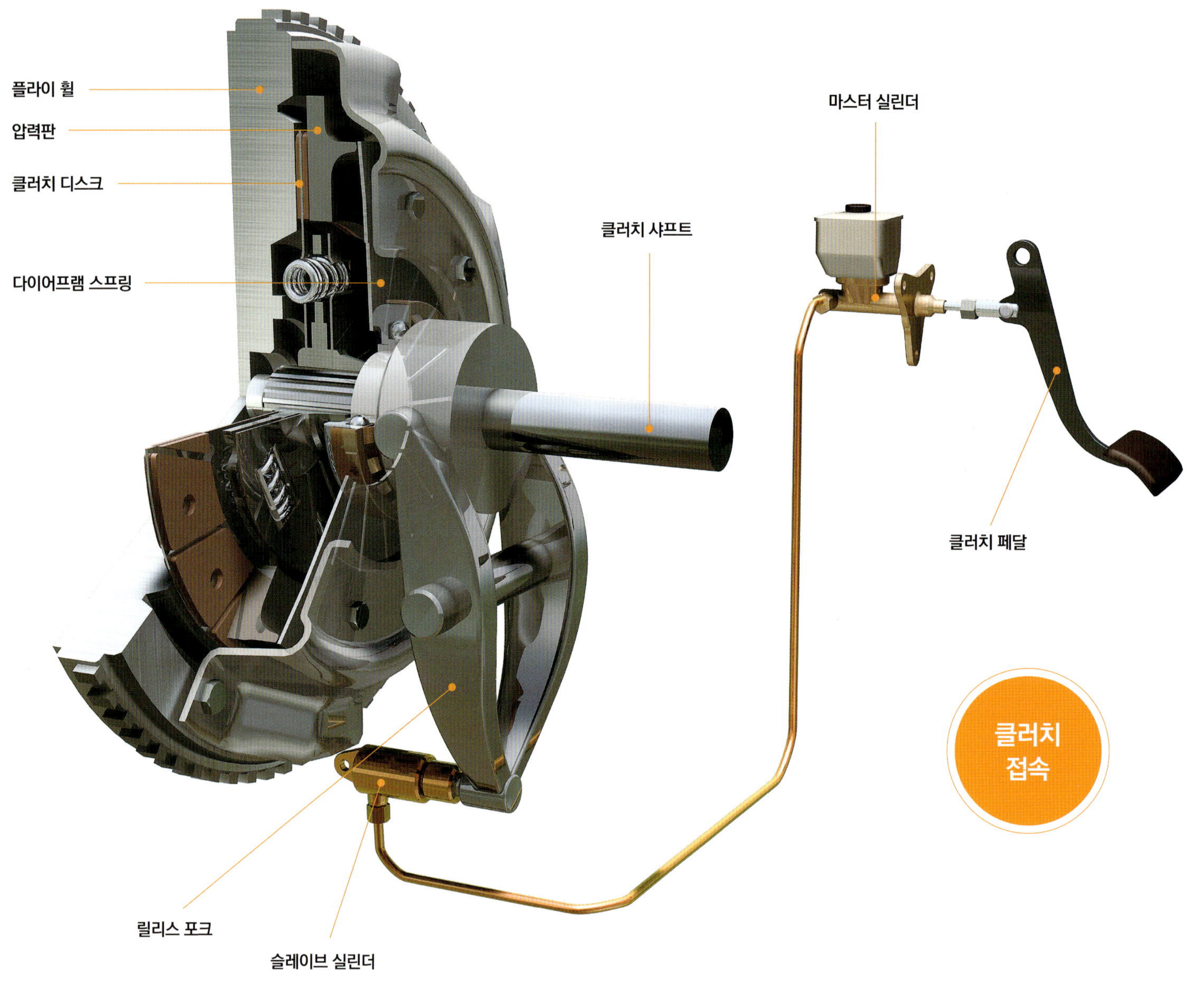

▶ 클러치 | Clutch |

힘의 단속(斷續), 어떻게 부드럽게 할까?

자동차는 주행중 발진과 정지를 반복한다. 이를 실현하기 위한 「발진장치」는
변속 조작시에 엔진에서의 출력을 차단함으로써
신속, 확실, 부드러운 변속을 실현하는 핵심기구 중 하나이다.

글 : 마츠다 유지(松田勇治) 삽화 : 쿠마가이 토시나오(熊谷敏直)

변속기에는 엔진과의 결합을 임의로 유지 / 해제하거나 더 나아가 결합의 상태를 직결에서 임의의 슬립율로 조정을 가능하게 함으로써 동력 전달 정도를 조정하는 기구가 구비되어 있다. 그 덕분에 자동차가 부드럽게 발진·정지할 수 있다는 점 때문에 통칭해서 「발진장치」라고 부르고 있지만, 변속기구의 부문에서 설명했듯이 변속 조작 시에도 중요한 역할을 담당한다.

유단 AT나 CVT에서는 발진 장치로 「토크 컨버터」를 사용하지만, MT, AMT, DCT에서는 「마찰 클러치」를 사용하고 있다. 현재 , 자동차용 MT에서 주로 채용하고 있는 클러치는 「건식 단판형」이다.

건식 단판형 클러치는 플라이휠, 클러치 커버 ASSY(어셈블리), 클러치 디스크 ASSY의 3요소로 구성되어 있다. 더욱 세분화하면, 클러치 커버는 다이어프램 스프링, 피봇링, 리트랙트 스프링, 압력판으로 구성되어 있다. 클러치 디스크는 클러치 허브, 디스크 플레이트, 토션 스프링, 디스크 스프링, 서브 플레이트 등을 한 쌍의 페이싱(마찰재)으로 끼워맞춘 구조이다. 위의 삽화는 그 대표적인 구조를 나타내고 있다.

건식 단판형 클러치는 기계구조로서 긴 역사를 가지고 있으며, 그간에 습득해 온 많은 노하우에 의하여 높은 신뢰성을 자랑하고 있다. 변속기에 사용되는 발진장치 중에서는 가장 단순한 구조인데다, 대응 가능한 토크 용량 비에서는 틀림없이 최경량(最輕量)의 장치이다. 직결 상태에서의 전달효율은 거의 100%이므로 연비성능에서도 뛰어나다. 수수해서 눈에 잘 띄지 않는 부분이기는 하지만, 높은 효율을 지향하여 현재도 개량이 거듭되고 있다는 것도 알아두기 바란다.

클러치 시스템

클러치 커버 ASSY 중에서, 전단부의 커버와 후단부의 압력판 사이에 클러치 디스크 ASSY가 끼워 넣어져 있다. 통상의 상태에서는 다이어프램 스프링의 힘으로 압력판을 클러치 디스크에 압착하고 있고, 엔진의 출력을 변속기로 전달한다. 클러치 페달을 밟으면, 릴리스 포크가 다이어프램 스프링을 밀어 넣어, 압력이 저감됨으로써 압력판과 클러치 디스크 사이의 압착이 풀린다. 페달의 밟는 정도에 따라 압착도를 임의로 바꾸는 것도 가능하다. 발진시에 이용하는 이런 상태를 「반 클러치」라고 한다.

클러치 댐퍼

끝까지 밟았던 클러치 페달을 서서히 되돌려 클러치 디스크와 압력판을 압착시켜 가는 과정에서는, 엔진의 토크에 변동이 생기며 이 힘이 클러치에 가해진다. 파손 등의 위험을 피하기 위하여 토크 변동에 따른 충격을 완화하는 기구가 필요한데, 이를 클러치 댐퍼라고 한다. 3~4개의 토션 스프링, 부동(浮動) 쿠션, 콘 스프링 등으로 구성되며, 토크변동을 완화함으로써 그에 따라 발생하는 진동, 소음 등도 저감한다.

고용량, 큰 비틀림각에 대한 대응

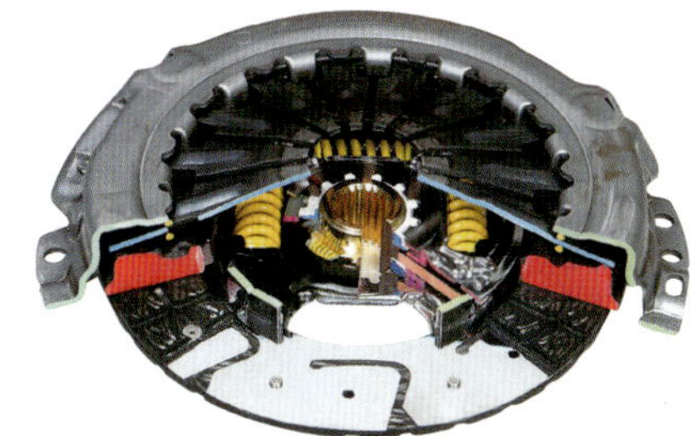

엔진의 고출력화에 대응하기 위하여, 클러치 디스크는 댐퍼 부분을 중심으로 개량을 거듭하고 있다. 사이즈에 대한 대응 토크 용량 향상과, 보다 큰 비틀림각 까지의 대응이 과제이다. 사진 좌측은 AISIN정기가 개발 중인 새로운 구조의 클러치 디스크이다.

Automated MT의 선택
—— AMT의 "A"는 무엇을 말하는 것일까?

MT의 클러치 조작과 변속 조작을 자동화(Automated)한 것이 AMT이다.
수족을 움직여 조작하는 것에서 가치를 찾는 것이 아니라, 실생활에서의 효율 즉 연비 측면에서 바라보고자 한다.
그러면 AMT가 지닌 새로운 가치를 확인할 수 있을 것이다.

글 : 세라 코타(世良耕太) 삽화 : AISIN AI / AISIN SEIKI / Toyota

실제로는 치밀한 제어를 하고 있음에도, 간이판(簡易版)처럼 받아들이는 것은 아닐까. 매뉴얼 트랜스미션이란 「수동으로」 조작하는 것이 기본이다. 그러므로 그 정체성을 부정하는 듯한 자동화는 잘못된 길이라는 인식인 것이다. AMT를 추종하는 사용자를 향한 시선에는 업신여김과 비슷한 감정이 들어 있다. 「손쉬운」방향으로 가는 건가? 라고.

하지만, 효율에 중점을 둔 AMT를 보게되면 사고방식은 변할 것이다. 어쨌든 기본이 되는 것은 CVT나 AT에 비해서 전달효율이 뛰어난 MT이다. 뛰어난 전달효율을 살리거나 죽이는 것도 그 사용 방법에 따라 달라진다. 저속단을 유지하며 차속을 올리면 엔진 회전 속도는 상승하고, MT가 지닌 좋은 전달효율은 상쇄되어 버린다. 변속할 때, 클러치를 끊거나 접속시킴을 잘 하느냐 못하느냐 하는점도 효율에 직접적인 영향을 미친다.

AMT는 클러치를 끊거나 접속하는 것을 인간의 다리를 대신해서 기계가 해준다. DCT와 달리 기계인 점에서 아무리해도, 저속단에서의 상향변속 시에는 구동 토크 누락에 의한 헛도는 감이 따라다니지만, 이것은 운전자가 능동적으로 시프트 조작을 하여 무의식적으로 토크 누락에 대해서 자세를 취하는 것과는 달리, 제어가 예고도 없이 개입하여 주기 때문이다. 스톱워치로 변속에 필요한 시간을 측정하면, 틀림없이 사람보다 자동제어 쪽이 빠르다. 그리고 변속시간은 점점 짧아지고 있다.

AMT는 주행상황에 따라서 적절한 타이밍에, 재빠르면서도 원활한 시프트 & 클러치 조작을 해준다. 비용면을 비롯해, 이정도로 영리하게 효율이 좋은 변속기는 없을 것이다.

어떻게 비용을 들이지 않고 CO_2 배출규제를 해결할 것인가? 그런 생각을 하면 AMT의 살 길이 보인다. 모드 연비에 대응한 특수한 프로그램을 짜는 것이 가능한 CVT에 반해, 유단 AMT는 불리하게 작용한다는 사정은 있다. 그러나 다른 한편으로 실생활에서의 연비는, MT가 지닌 좋은 전달효율이 직접적으로 반영된다. 수동 시프트로 변속했을 때의 기분 좋음도 각별하다.

● 자동 클러치

클러치 디스크나 클러치 커버를 비롯하여, 변속기 자체는 보통의 MT를 사용하는 것이 기본이다. 인간이 실행하는 클러치 페달을 밟는 조작을 액추에이터로 치환하여 단속(斷續)을 실행한다. 어떻게 크기가 작은 모터를 사용하여 큰 힘을 내고, 단속을 실행할까. 그리고 클러치의 마모에 따른 클러치 행정의 증가(부하 변동)에 어떻게 대응할 것인가 하는 것이 개발시의 관건이다.

모터 직동식

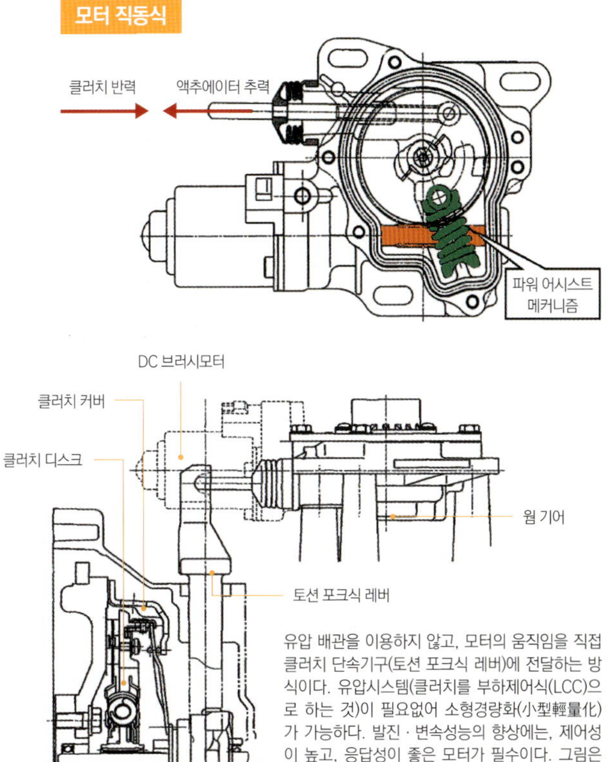

모터 유압식

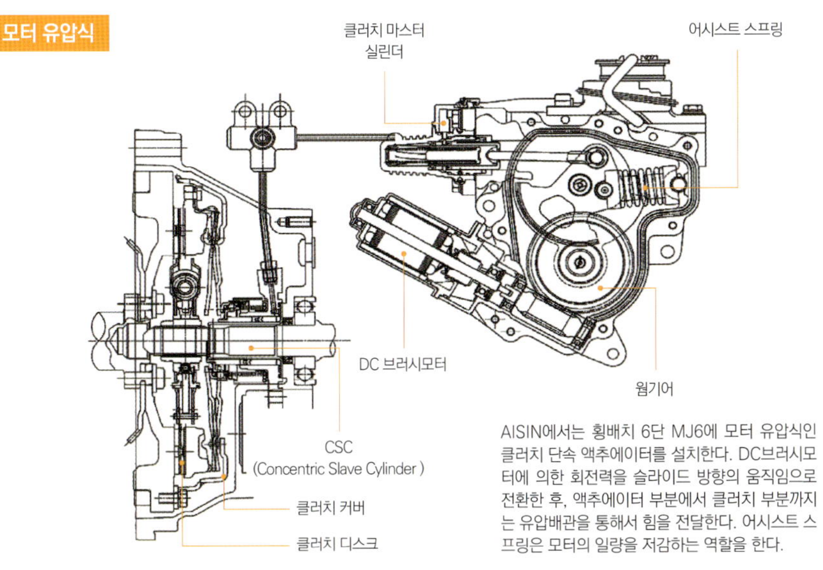

AISIN에서는 횡배치 6단 MJ6에 모터 유압식인 클러치 단속 액추에이터를 설치한다. DC브러시모터에 의한 회전력을 슬라이드 방향의 움직임으로 전환한 후, 액추에이터 부분에서 클러치 부분까지는 유압배관을 통해서 힘을 전달한다. 어시스트 스프링은 모터의 일량을 저감하는 역할을 한다.

유압 배관을 이용하지 않고, 모터의 움직임을 직접 클러치 단속기구(토션 포크식 레버)에 전달하는 방식이다. 유압시스템(클러치를 부하제어식(LCC)으로 하는 것)이 필요없어 소형경량화(小型輕量化)가 가능하다. 발진 · 변속성능의 향상에는, 제어성이 높고, 응답성이 좋은 모터가 필수이다. 그림은 MC5의 클러치 시스템 단면이다.

AMT의 시스템

AMT 시스템의 회전 속도 센서나 스트로크 센서 등의 정보를 관리하는 AMT 전용 ECU가, 엔진 ECU와 CAN 통신을 통하여 정보 교환을 실행하며 엔진과 협조제어를 한다. 필요한 토크, 엔진 회전 속도에 따라서 상향 · 하향 변속 / 발진 / 정지 조작 / 클러치 단속을 실행한다. AMT의 장점은, 주행과 저연비의 양립이다. CO₂규제나 배출가스 규제에 대해서는, MT가 원래 갖추고 있는 높은 효율의 특성을 활용한다. 구체적으로는 변속의 자동화를 이용하고, 고속단으로 달리게 한다(엔진 회전 속도를 불필요하게 상승시키지 않는다). Fiat계는 유압 모터 펌프식 시스템을 사용한다.

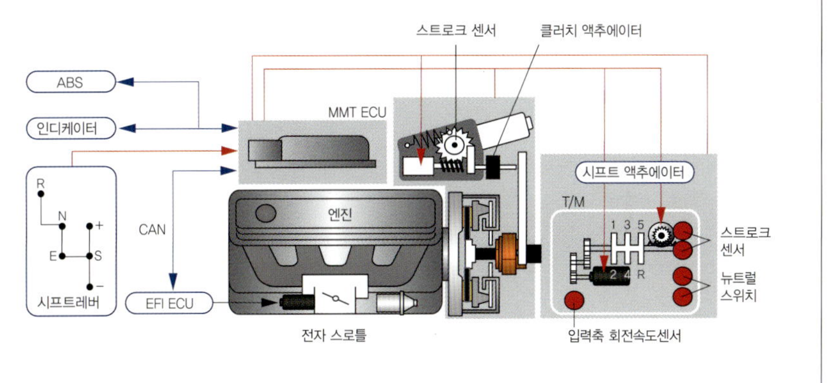

● 자동 변속

횡배치 MT에서는, 시프트레버의 움직임을 케이블로 전달하여, 트랜스미션 변속기구가 구비한 로드를 회전(시프트)시킴과 동시에 상하방향으로 슬라이드(실렉트)하여 변속을 실행하고 있다. 이 회전과 상하 슬라이드의 각각의 움직임을 모터로 옮겨 놓은 것이 자동시프트 기구이다. 그러므로 시프트용과 실렉트용 2개의 전용 모터가 필수이다. 로드의 축에 센서가 있고, 회전량이나 슬라이드 양을 모니터하면서, 모터로 흐르는 전류를 치밀하게 제어한다.

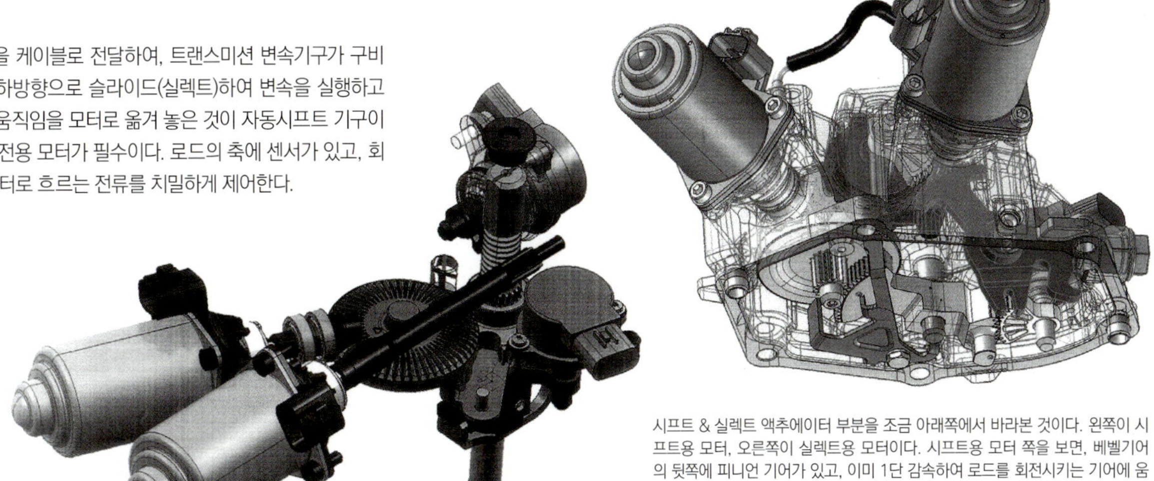

왼쪽이 시프트용 모터이고 오른쪽이 실렉트용이다. 모두 DC브러시 모터이다. 시프트용 모터는 베벨기어를 통하여 첫 번째 단의 감속을 실시하면서, 두 번째 기어에 힘을 전달하고, 로드를 회전시킨다. 실렉트용 모터는 긴 샤프트의 끝에 기어이가 있어서, 로드의 기어이와 맞물림으로써 상하의 움직임을 만들어낸다.

시프트 & 실렉트 액추에이터 부분을 조금 아래쪽에서 바라본 것이다. 왼쪽이 시프트용 모터, 오른쪽이 실렉트용 모터이다. 시프트용 모터 쪽을 보면, 베벨기어의 뒷쪽에 피니언 기어가 있고, 이미 1단 감속하여 로드를 회전시키는 기어에 움직임을 전달하고 있다. 이 부채꼴 기어가 목을 좌/우로 돌리듯 운동한다.

Case01

Mazda | **MT**   SKYACTIV MT

4반세기 만에 쇄신, 할 수 있는 것을 모두 포함시켰다.

글 : 세라 코타(世良耕太) 사진 : MAZDA / MFi

- 경량 · 콤팩트(조밀)화
- 시프트 필링(변속감각)
- 저항 저감

SKYACTIV MT

Mazda는 「SKYACTIV(스카이액티브)」
라고 명명한 차세대 기술을 2010년 10
월에 발표하였다. 횡배치 6단 MT도 그
중 하나로, 가솔린 / 디젤엔진, 6단 AT,
보디, 섀시와 동시에 발표하였다. 최대
허용입력 토크 270Nm의 Middle사이
즈, 최대 허용입력 토크 460Nm의
Large 사이즈의 라인업이다. Middle은
2축식이며 이 항에서 소개하는 Large
는 3축식이다.

스카이액티브의 이름하에 개발한 가솔린 및 디젤, 양
쪽 엔진에 맞추어 Mazda는 변속기를 새롭게 개발하였
다. 최대 허용입력 토크 270Nm의 Middle과 460Nm
의 large의 2종류가 있지만, Middle은 가솔린용, Large
는 디젤용이다. 새로운 MT를 최초로 탑재한 자동차 엔
진에 맞추어 설계했을 뿐만 아니라, 적어도 2020년 까
지는 큰 변경을 하지 않아도 되도록 많은 요건을 반영시
키고 있다. 큰 보디에서 작은 보디까지 다양한 보디 형식
에 탑재하게 될 것이고 엔진은 도중에 크게 업그레이드
될 것이다. 그것까지 예상하고 있다.

시프트 필링(변속감각)

소형 싱크로 기구와 스트로크 단축

"MT는 AT와 달리 인간이 조작한다. 변속하면서 리액션을 즐길수도 있다. 그러므로 신경을 쓸 수 밖에 없었다."라고 개발을 맡았던 요시모토(파워트레인 개발본부 드라이브 트레인 개발부 유닛 개발 그룹 주간)씨는 설명한다. 벤치마크는 종배치(그러므로 케이블이 아니라 로드식)로 탑재한 로드스터이다. "운전자가 착석위치를 정해서 시프트 노브에 손을 올린다. 그 때 어떻게 자연스런 위치에 놓을지, 조작했을 때에 어떻게 가볍고, 절도 있고, 포지션을 알아보기 쉽게 조작시킬지, 그것이 첫 번째 목표였다." 이상(理想)을 실현하기 위하여, 인간공학을 다루는 부문과 제휴하면서, 「경쾌하고 절도감 있는 시프트 필링」을 실현하기 위한 팔을 움직이게 하는 근육도 포함하여)의 움직임과 힘을 넣는 정도, 느낌 상태를 검증하였다. 그 결과, 시프트 방향의 스트로크를 45mm, 그 때에 부담하는 힘을 40N으로 정하였다. 현행 MT는 50mm의 스트로크와 50N의 조작력이다. 쇼트 스트로크화와 조작력의 저감은 상반하는 요소이지만, 동기치합기구 부분의 내부 스트로크 양을 9mm에서 7.65mm로 단축함으로써 레버비를 크게하여 해결할 수 있었다.

스플라인의 작은 모듈화

시프트 레버만을 짧게 하여 스트로크를 짧게 한다면, 레버비가 작아지고 큰 조작력이 필요해진다. 그래서 작용점인 케이블의 끝, 즉 싱크로 기구의 스트로크 양을 짧게 하여 레버비를 올리고, 짧은 스트로크와 가벼운 조작력을 양립시켰다.

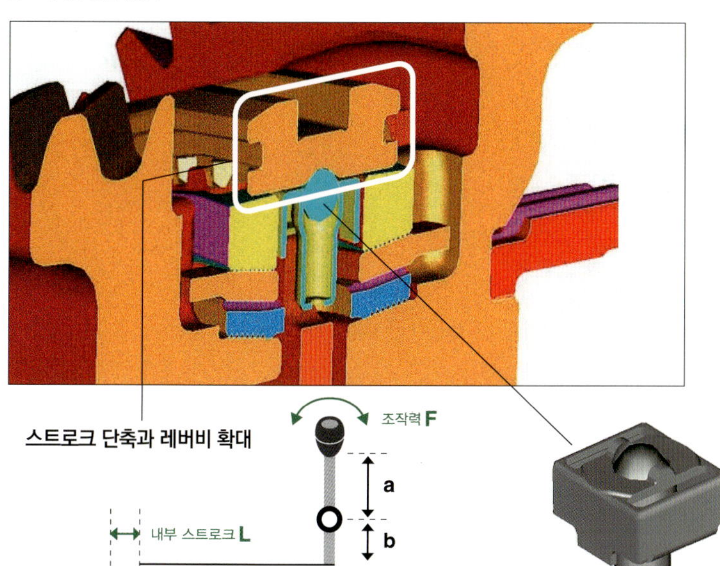

스트로크 단축과 레버비 확대

슬리브가 싱크로 기구를 밀어 붙인 후에 맞물리는 스플라인의 깊이를 줄임과 동시에, 뒷면에 있는 틈을 줄여서 내부 스트로크를 축소한다. 45mm의 스트로크 양(a)에 대해서, 7.65mm의 내부 스트로크(b)로 하였다.

로크 볼 타입 싱크로 기구

상쾌하고 기분 좋은 시프트 필링을 실현하기 위한 대책의 하나가, 싱크로 기구에 채용한 로크 볼 타입의 키이다. 시프트 방향의 마찰을 저감시킨다.

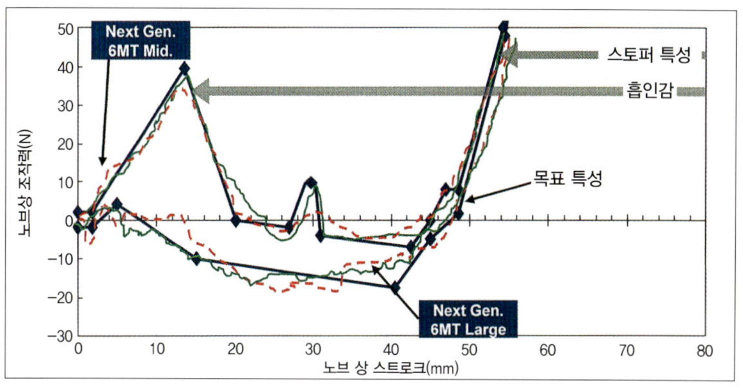

경쾌하고 절도감 있는 변속 감각

중립 위치에서 어느 기어단으로 변속할 때의 손의 이동거리(가로축)와 조작력(세로축)의 관계를 표시한다. 30mm 부근의 작은 산은 싱크로 기구에서 유래(由來)된다. 쭉 밀었을 때에 부하가 상승한 직후에는 빨려 들어가듯이 기어단으로 들어가고, 마지막은 알맞은 정도에서 제지해준다. 빼낼 때는 쏙 빠지는 것이 좋다.

챔퍼 형상의 변경

왼쪽이 스카이액티브 MT(Large)의 1단 기어이다. 왼쪽이 종래의 1단이다. 슬리브 측과 맞물리는 스플라인의 스트로크를 줄이고 있다. 가공하지 않은 냉간단조품인데, 「공급자가 잘 해내 주었다」[MT 설계 그룹 오카도메(岡留泰樹)씨]

Mazda가 MT를 자사에서 개발하는 것은 거의 30년만의 일이다. FAMILIA를 FF화(1980년)할 때 횡배치 MT의 개발에 박차를 가했었는데, 그래서 가능해진 것이다. 전업 메이커로부터 조달하는 선택방법도 있었겠지만, 자사 개발에 몰두했다. "자유로이 자동차를 만들고 싶다는 생각이 강했었다"라고 한 개발자는 말했는데, 자동차 메이커로 계속 존재하고 싶다는 의사 표현일 것이다.

당초에 middle과 large 모두를 2축 혹은 3축으로 같게 할 수는 없을까 하고 검토했다고 한다. 그렇게 하는 것이 아키텍처를 공유할 수 있으므로 여러 가지로 편리하기 때문이다. 그러나 2축으로 높은 토크에 대응하려면 기어이의 폭이 두껍게 되어 전체 길이이 길어져버린다. 길어지면 직접적으로 연장시킬 새로운 설계 프레임과 간섭되어 버린다. 한편 Middle을 3축으로 하려면, 중량 핸디캡을 가지게 된다. 검토한 끝에, Middle은 2축, Large는 3축으로 구조를 나누기로 하였다. 마츠다가 3축을 개발하는 것은 최초의 경험이다. 종래는 AISIN AI로부터 조달하고 있던 최대 허용입력 토크 400Nm 형식으로부터의 치환이 된다. DCT의 추가 투입을 염두에 둔 3축화인지에 대한 질문에 대답은 "No" 였다.

개발 목표는 경량 콤팩트로 하는 것, 그리고 연비의 향상에 기여하는 것이다. 이 두 가지는 30년 만에 큰 투자를 하기 위한 필요조건이다. Mazda가 그리고 개발자가 정말로 중요하게 생각한 것은 변속 감각이다. "틀림없습니다"라고 개발진의 한사람은 고개를 끄덕였다.

시프트 필링(변속감각)

카세트 체인지

신규로 MT를 개발하려고 할때, 의욕적인 목표를 세우지 않으면 의미가 없다. 경쾌하고 절도감 있는 시프트 필링에 기여하는 기술의 하나가, 신개발의 시프트링크 기구이다. 마츠다에서는 이것을 「카세트 체인지」라고 한다. 기구는 2축의 Middle과 3축의 Large에서 공통이다. 로드가 상하로 움직이면 실렉트(시프트 게이트의 좌/우)방향, 회전하면 시프트(전/후)방향으로 움직인다. 상하의 슬라이드와 회전으로 시프트 / 실렉트의 움직임을 만드는 구조 자체는 드물지 않지만, 스카이액티브 MT는 시프트 필링의 관점에서 기구·구조를 재검토하여 만든 것이 새롭다. 가령 실렉트는 로드의 상하 움직임으로 실행하지만, 「Low측에서 High측으로 상향 변속해 갈 때에는, 가속을 느끼면서 빠른 타이밍에서 시프트하고 싶다. 그 때 로드 자체의 무게를 사용하여 점점 아래로 이동시켜 가려고 하는 사고방식」(오카도메 씨)으로 설계하였다. 3축의 경우, 5단과 6단처럼 기어를 공용하는 경우가 많다. 그런 경우 별도로 반전(反轉)의 레버를 설치하여 포크를 움직이게 하는 것이 종래의 예이다. 스카이액티브 MT는 효율의 손실을 피하고, 동일한 로드에 방향이 다른 레버를 설치하여, 별도로 레버를 설치하지 않고도 복잡한 움직임을 성립시켰다.

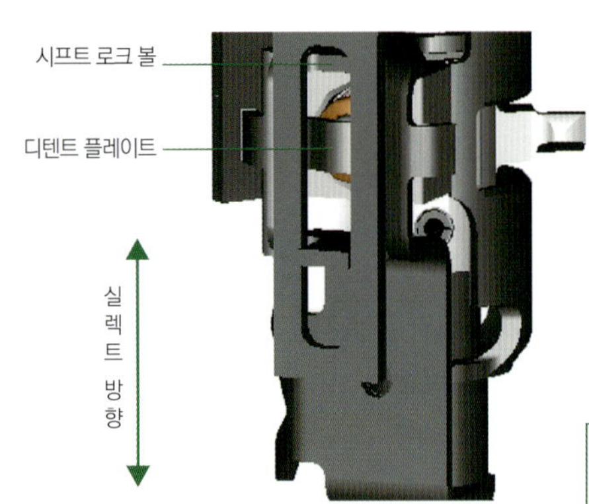

시프트 로드 Canceller

디텐트는, 로드가 회전하면서 타고 넘을 때 변속감각을 만들어 내는 부품이다. 쓸모 없는 실렉트 시(로드의 상하 슬라이드 시)에 디텐트를 누르는 스프링 부하를 끌어왔다. 마츠다의 개발진은 이것이 부하로 이어진다고 생각하여 꺼리면서, 실렉트 시에는 디텐트가 함께 움직이는 구조로 함으로써 쓸데없는 부하를 운전자에게 지우지 않도록 하였다.

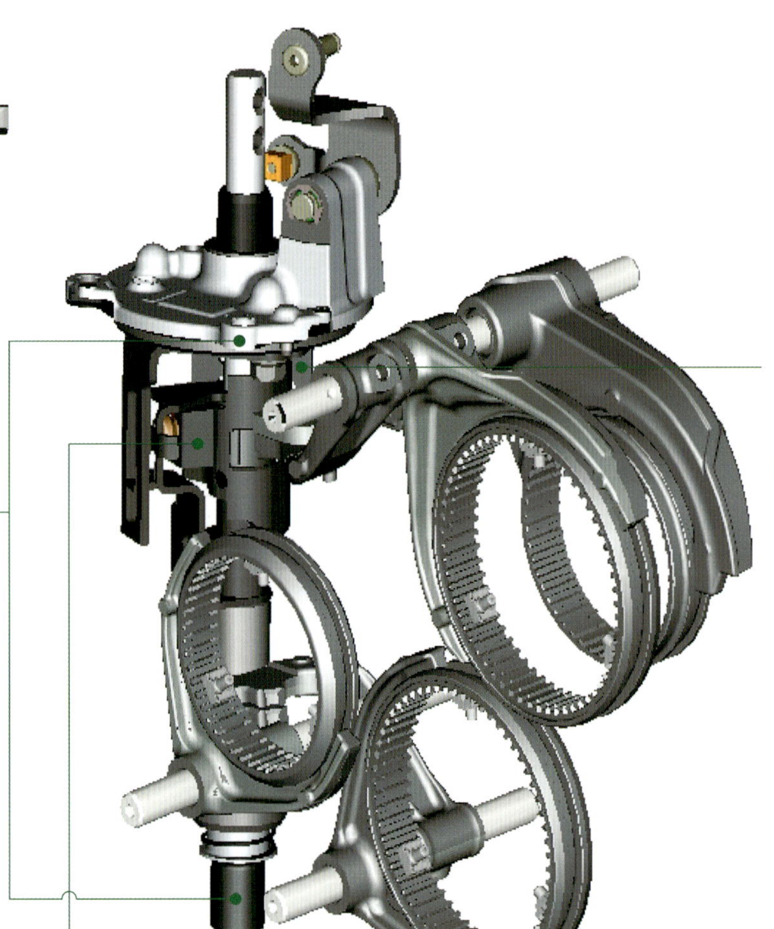

Down Type system

다른 요건을 우선으로 하면, 고속단 측으로 시프트하는 움직임 중에서 실렉트 방향으로 시프트레버를 움직이게 할 때, 운전자는 알지 못하는 사이에 로드를 들어 올리는 방향으로 움직이게 될 수도 있다. 그렇게 해서는 경쾌한 감각을 해친다고 보고, 스카이액티브 MT에서는 상향 변속 함에 따라 로드를 아래로 떨어뜨리는 구조로 하였다. 가이드 플레이트의 형상이(비스듬한 시프트를 포함하여) 시프트레버의 궤적을 결정한다. 계산이 아니라, 실험을 거듭하며 형상을 음미하였다.

슬라이드 볼 베어링

시프트 방향의 마찰을 저감하기 위한 기술의 하나가, 슬라이드 볼 베어링의 채용이다. 앞 페이지에서 설명한 로크 볼 타입의 키 구조에 더해서, 카세트 체인지에서는 4개의 중요한 기술을 투입하였다. 조작력의 저감과 변속 감각의 개선을 노렸다. 시프트 & 실렉트 기능이 콤팩트하게 통합되어 있기 때문에 AMT화 하는 것은 그리 어렵지 않아 보인다.

스트로크 단축과 낮은 조작력의 양립

시프트 스트로크를 짧게 하면서, 조작력도 저감시킨다. 물리량분만 아니라, 운전자가 느끼는 감각도 신경을 썼다. Middle과 Large에서 감각을 같게 할 뿐만 아니라, 마츠다의 어느 자동차를 타더라도 같은 감각을 맛볼 수 있게 하는 것이 목표이다. 클러치도 마찬가지이다. 페달의 부하특성이나 두께 ~ 발진특성을 같게 하기 위하여 몰두하고 있다.

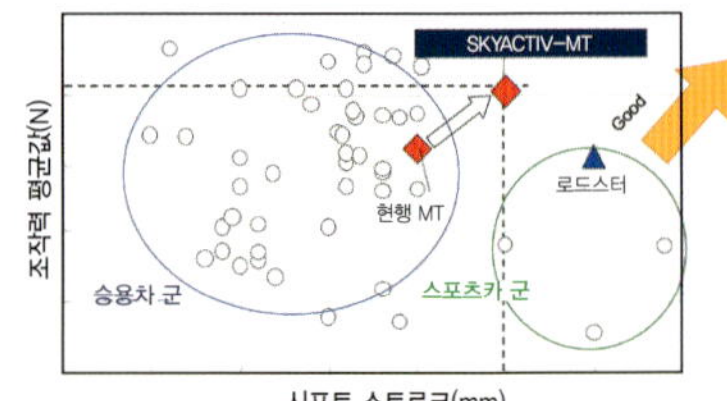

경량 콤팩트화 / 고 효율화

기어 트레인과 케이스

공용 기어를 설치하는 것은 3축 변속기를 설계할 때의 상투수단이지만, SKYACTIV MT·Large에서는 2단과 3단에서 기어를 공용한다. "이제까지는 4단과 5단, 혹은 4단과 6단이라는 고속단의 공용이 많았었지요. 맞물림 부하적으로는 고속단 쪽이 부하가 작기 때문입니다. 이번에 우리는 굳이 부하가 큰 2 / 3단 기어의 공용화를 추구하였습니다. 전체 길이 단축도 목적의 하나입니다만, 그것보다도 효과가 큰 것은, 2 / 3단을 공용함으로써 5 / 6단의 싱크로 장치를 입력축으로 가지고 올 수가 있었다는 점입니다."(오카도메 씨). 카운터 샤프트 측에 싱크로 장치가 있으면, 운전자의 조작력으로 회전을 맞추기 위한 일을 하지 않으면 안 된다. 한편 입력축 측에 싱크로 장치가 있으면, 카운터 샤프트 측은 유동(遊動)기어가 되고, 타이어 측에서 회전할 뿐이다. 5 / 6단의 싱크로 장치를 입력축에 설치함으로써 운전자가 하지 않으면 안 되는 일의 양은 큰 폭으로 감소했다. 조작력을 가볍게 하기 위한 하나의 난관 돌파이며, 이러한 이유로 고속단이 아니라 2 / 3단 기어의 공용화를 결정했다고 한다.

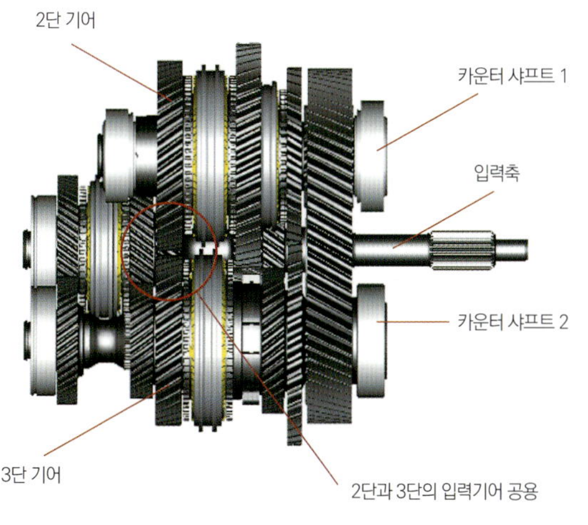

최적의 기어구성 실현

위 그림의 위쪽이 차량전방이다. 카운터 샤프트 1은 왼쪽으로부터 2 / 1단을 배열하고, 카운터 샤프트 2의 왼쪽부터 5 / 6 / 3 / 4단의 순으로 배열한다. 3단씩 균등하게 할당하지 않은 것은 변속기 앞쪽을 짧게 하기 위해서이며 그래야만 사이드멤버와의 간섭을 피할 수 있기 때문이다. 이러한 설계가 가능한 것도, 섀시와 변속기를 동시에 신규로 설계할 수 있기 때문이다. 그리고 후진 전용의 아이들링 축을 배제하기 위하여, 1단과 후진을 겸용으로 하였다. 후진 시에는 카운터 축 1에 있는 1단에서 카운터 축 2로 구동력을 전달하며 회전방향을 바꾼다.

소형 경량의 유닛

SKYACTIV MT · Large의 중량은 50kg대 중반으로, 종래품 보다 10kg 이상 가벼워졌다. SKYACTIV MT · Large보다 가벼운 3축 변속기도 존재하지만 토크용량은 작다. 원래 3축은 전체 길이를 짧게 할 수 있다는 것이 장점의 하나이지만, SKYACTIV MT · Large는 약 370mm로 베스트 인 클래스(Best-in-Class)이다.

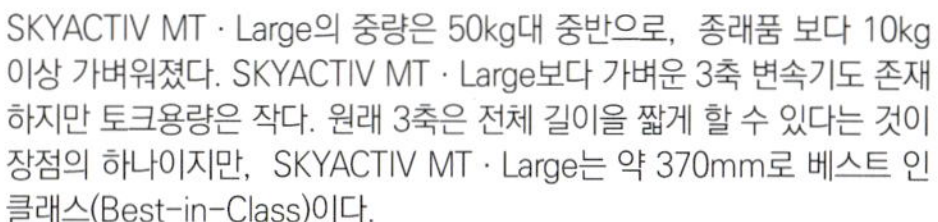

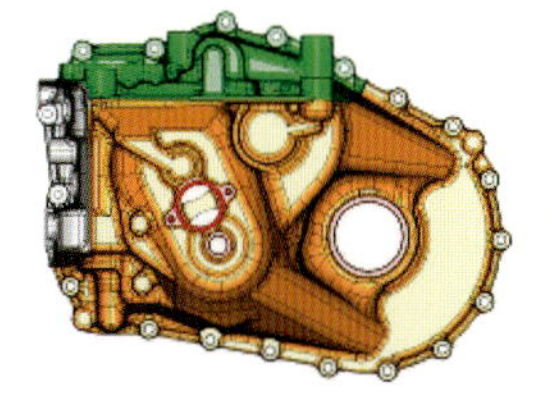
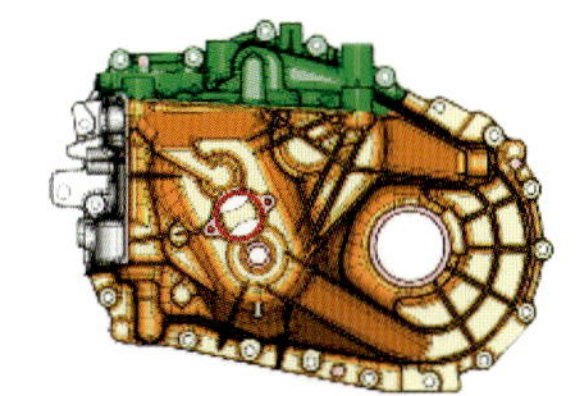
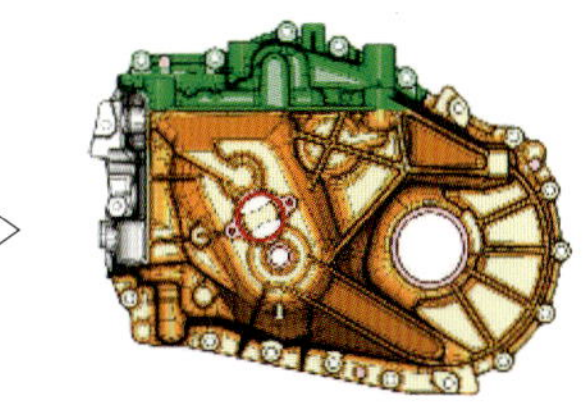

케이스의 제로베이스(zero-base) 설계

왼쪽이 종래의 기법으로 설계한 케이스이며 9.75kg이다. 오른쪽이 제로베이스로 설계한 케이스이고 7.5kg이다. 1만대를 생산한다면 22.5t의 알루미늄 합금을 절약할 수 있다. "처음에는 필요 최소한의 케이스를 설계하며, 다음으로 강도와 NVH상 필요한 리브를 추가합니다. 마지막으로 형상의 최적화와 생산 요건을 반영시켜서 설계합니다." [파워트레인 개발본부 주사, 키쿠치(菊池敏之)씨]. 종래에는 전부 통합하여 설계한 후에 불필요한 군살을 제거하는 수법이었기 때문에, 한번 붙은 군살을 다 없앨 수 없었다.

교반(攪拌)저항의 저감 확인

「유럽 모드 연비로 1% 개선」(키쿠치 씨) 하는 효과를 올린 것은 유닛 저항의 저감을 통해서이다. 샤프트를 볼베어링화 한 것은 물론, 투명 케이스를 만들어 오일을 모터로 돌리며 상태를 확인하면서 오일 레벨을 확인했다. 시뮬레이션에서의 검토와 병행하여 실제로 검증함으로써 오일량을 저감시킬 수 있었다.

Case02

AISIN AI / AISIN SEIKI │ **AMT**　｜　# MC5 / MJ6

「Easy」라기보다는 오히려 「Intelligent」

글 : 세라 코타(世良耕太)　사진 : 미즈카와 마사요시(水川尚由)

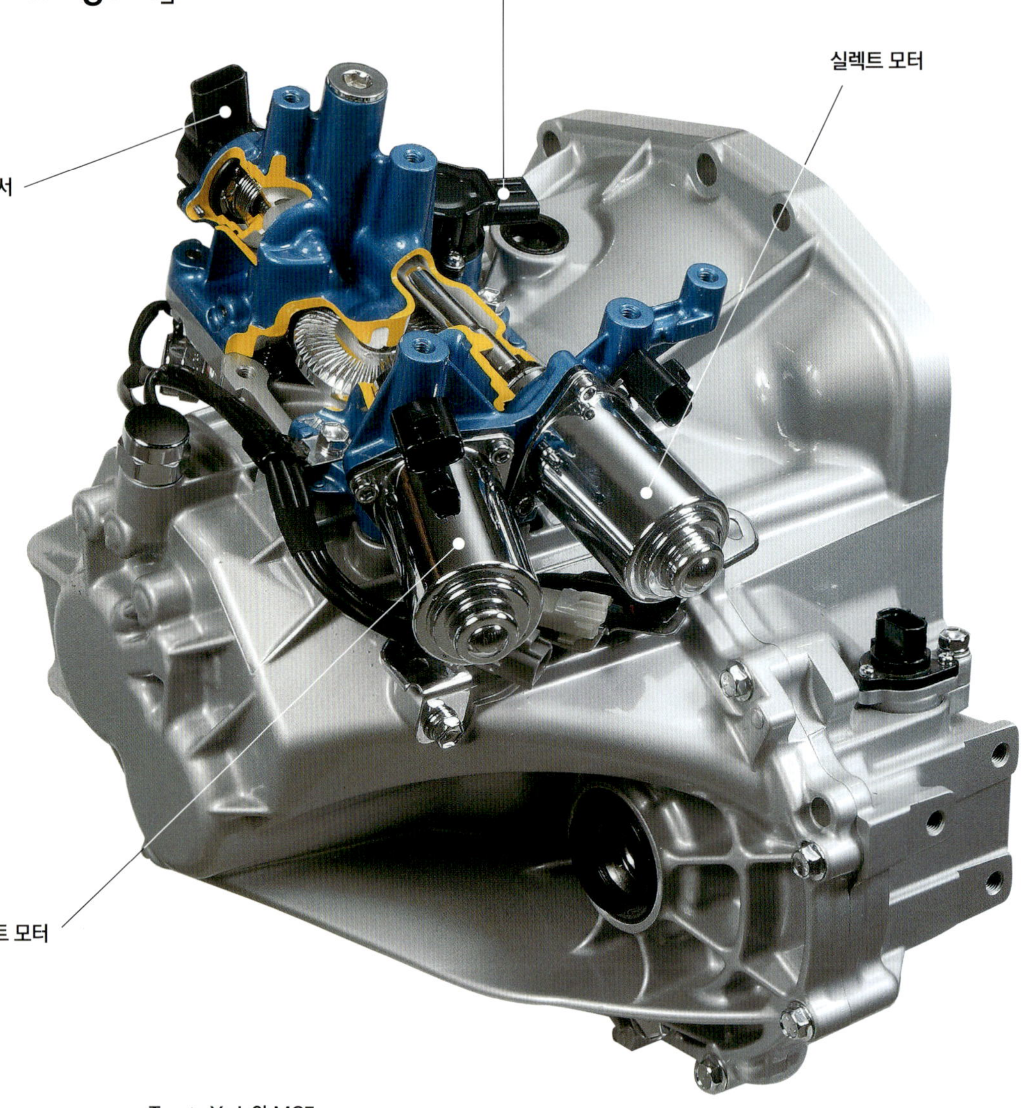

오른쪽 사진은 차량 좌측 후방에서, 위의 사진은 좌측 전방에서 본 것이다. 변속기 케이스 중앙부 전단에 위치하는 시프트레버(회전), 실렉트레버(상하 슬라이드) 각각을 DC 브러시 내장 모터로 움직이게 하는 모터식 액추에이터를 채용하였다. 클러치 조작도 브러시 내장 모터만으로 실시하는 형식으로, 유압식에 비해 소형·경량화를 도모했다.

type ▷ **MC5**

직동식 클러치 시스템을 채용

FF용 횡배치 변속기 BC5의 클러치 및 변속 조작을 자동화한 것이 MC5이다. 변속단수는 「5」단이고, 최대허용 입력토크는 130Nm이다. Toyota Yaris(일본명 Vitz)나, Toyota와 PSA Peugeot·Citroen 의 공동 생산차로 플랫폼을 공유하는 Aygo, Citroen C1, Peugeot 107 외에, Suzuki Swift에 탑재한다. 어느 것이나 가솔린 엔진 탑재차로 배기량은 1~1.3 리터이다. A Segment로부터 작은 규모의 B Segment까지를 커버한다. 일본시장에는 도입되지 않았다. 베이스가 된 5단 변속기는 AISIN AI제이다. 시스템 전체의 설계와 클러치의 하드웨어는 AISIN SEIKI의 담당이다. 클러치의 마모에 따라서 변동하는 부하(밟는 양에 상당)을 조정하는 기구를 조립하고, 마모에 따른 부하변동을 자동 보정한다(오른쪽 페이지에서 해설).

Toyota Yaris와 MC5

변속조작에서의 해방은 「Easy」라는 표현보다는, 오히려 「Intelligent」하다. 운전에만 집중할 수 있다는 의미에서 「액티브」하다고도 말하고 싶다. 액셀을 100% 연 상태로 1단에서 2단으로 상향 변속할 때의 변속시간(토크 단절 시간)은 250~280밀리초(ms)로, 베스트 인 클래스이다. 토크 단절에 의한 공회전감이 완전히 없어진 것은 아니지만, 허용할 수 있는 수준이다. 액셀 페달을 밟고서도 쓸데없이 하향 변속 시키지 않고, 높은 기어단을 유지하면서 엔진의 토크로 달리게 하는 제어에도 호감이 간다.

Clutch travel을 변화시키지 않는 고기능판

2축 횡배치 6단 변속기 BJ6의 클러치 및 시프트 조작을 자동화한 것이 MJ6이다. 최대허용 입력토크는 205Nm이다. 1.3~1.6리터의 가솔린 엔진, 또는 1.4리터 디젤을 탑재한 Toyota Yaris(야리스), Corolla(코롤라), Auris(오리스)에 탑재하였다(모두 유럽용에만). 5단 저용량인 MC5와의 차이는 모터로 만든 움직임을 유압에 전달하여 클러치를 단속 하는 모터 유압식인 점이다. MC5는 클러치의 마모에 의한 부하변동을 자동 보정하는 부하 제어기구를 구비하고 있는 데 반하여, MJ6은 구비하고 있지 않다. MJ6은 크기가 큰 모터와 릴리스 계통을 유압식으로 바꾸어 부하효율을 확보하고, 전부 마모되더라도 충분히 추종이 가능한 시스템으로 하였다. 또한 클러치와 시프트의 오버랩 동작에 의한 모터 직동 타입으로서는 베스트 인 클래스의 변속시간을 실현하고 있다. AISIN제 AMT의 특징은, 크리프* 제어를 하고 있다는 점이다. 5%의 경사에서 균형이 잡힐 정도의 크리프 힘으로, 평탄한 길에서는 7~8km/h의 차속이 나오도록 되어 있고, 저속 배회성(종렬 주차 등)이 뛰어나다.

* 크리프(Creep) : 서서히 기어가다

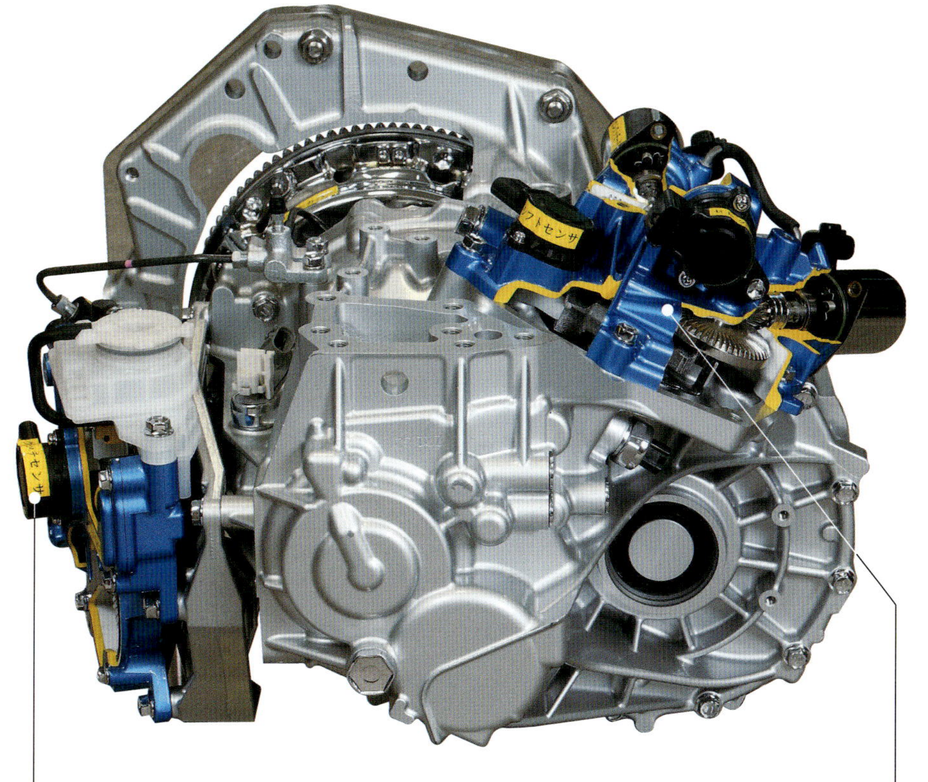

클러치 기구

클러치 액추에이터는 변속기 케이스 전단(맨 위의 사진 좌측 끝)에 위치한다. 브러시 내장 모터의 움직임은 웜 기어를 통해서 로드에 전달된다. 로드의 끝이 마스터 실린더의 피스톤을 민다. 여기부터 클러치 디스크부를 향해서 배관이 연장된다. 배관을 통과한 오일은, 클러치 디스크와 같은 축에 있는 Concentric Slave Cylinder에 전달되어 클러치의 단속을 실행한다. 그리고 작은 모터로 코일을 시키기 위한 아이디어가 어시스트 스프링(노란 착색 부분)이다. 스프링의 작용에 의하여, 모터 자체의 일의 양은 작아도 된다.

시프트 기구

MC5와 마찬가지로, 시프트 & 실렉트 액추에이터는 변속기 케이스 윗면 후방에 위치한다. 시프트 방향의 움직임을 담당하는 모터는 베벨기어-파이널 기어, 2단으로 감속한다. 샤프트를 좌/우로 돌리는 운동을 시킨다. 어느 기어나 가공이 필요없는 소결재(燒結材)를 사용하여 비용을 낮추는 노력을 하고 있다.

실렉트 기구

실렉트를 담당하는 모터가 힘을 전달하는 기어는, 가공이 필요없는 프레스 부품이다. 센서용의 기어는 부하가 걸리지 않으므로 수지제이다. 싱크로는 큰 힘을 주면 파손되어 버리기 때문에, 싱크로에 접촉하는 점(点), 즉 보크(baulk) 점을 센서를 이용하여 학습한다. 동기기구가 접촉하는 위치에서 멈추면 단숨에 부하를 증가시켜, 단시간에 기어를 맞물리게 한다.

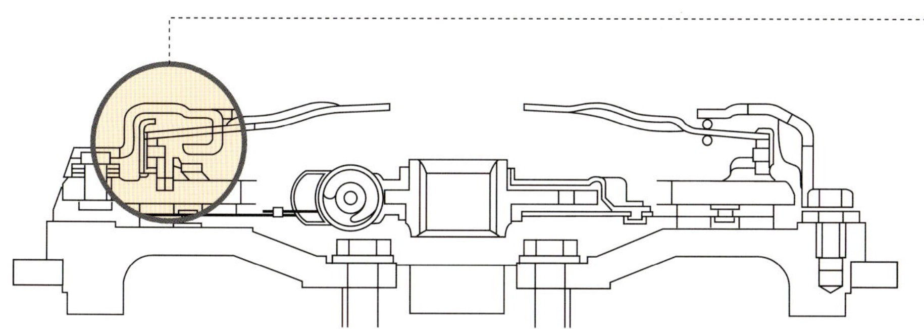

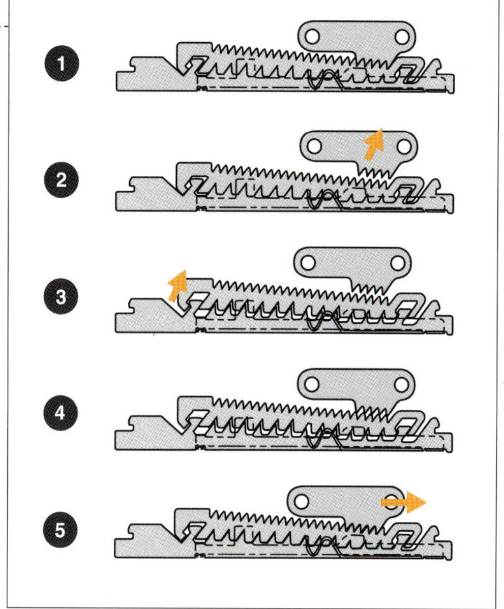

부하제어 기구 부착 클러치 커버

클러치는 건식 싱글이며, AMT라고 해서 특별한 재료는 사용하지 않는다. 액추에이터의 제어에 따라 절묘한 클러치의 접속을 실시하지만 마모는 피할 수 없다. 마모가 진행되면 클러치의 스트로크는 길어진다. 모터로서 보면 필요한 부하가 커지는 것을 의미하지만, 완전 마모했을 때를 기준으로 필요한 부하를 산출하면, 모터의 크기가 커져 버린다. 그래서 마모의 진행에 따라서 스트로크를 자동 보정하는 Load Control Clutch(LCC)를 개발하였다. 클러치 커버의 안쪽에 어저스트(adjust)기구를 장착하고 있다.

어저스트의 작동

마모가 진행되면 모터의 전류 부하가 늘어난다. 이그니션 오프 시에 마모를 계측하는 제어가 실시되고 있으며, 어느 범위의 전류가 10회 이상 카운트되면 조정기능이 작동한다. 보통 때 이상으로 깊숙이까지 눌러서 클러치를 끊고, 피니언-피치(상)을 상승시킨다. 내려갈 때에는 기어이가 1피치 어긋나는 구조다. 기어이가 맞물리기 때문에 진동으로 어긋나는 일은 없다.

Case03

FEV | **AMT**　　7H–AMT

MT → AMT → HEV → AMT로의 진화

글 : 마츠다 유지 (松田勇治)　삽화 : FEV

● 7H– AMT의 구조와 특징

공개되어 있는 프로토타입에서는, 횡배치용 3축식 6단 AMT
의 입력축에, 감속 기어를 통해서 모터로부터의 구동력을 전
달한다. 클러치를 끊은 상태에서는 EV주행이 가능해지고,
클러치를 연결하고 있는 상태에서는 병렬 하이브리드 구조로
기능하여 제동에너지를 회수할 수 있다. 더 나아가서 AMT
최대의 문제점인 변속시의 토크 단절 상태를, 모터 어시스트
에 의하여 해소 가능하다고도 한다. 그 만큼의 토크를 공급하
기 위해서는 상당한 고출력의 모터가 필요해지는데, 실제로
프로토타입 모터도 그에 걸맞은 사이즈와 출력을 구비하여
EV 주행이 가능하다. 최종적으로는 Plug-in HEV로의 대응
까지도 고려하고 있는 것은 아닐까 라고 추측할 수 있는 시스
템 구성이다.

7H– AMT 변속기

레이아웃	3축+모터용 아이들러
	7단
허용입력토크	320Nm
탑재사이즈	356mm

7H-AMT는 독일에 본사를 둔 엔진컨설턴트 회사 FEV가, 앞으로의 연비 및 CO_2 배출량 규제에 대한 대응책으로서 발표한 변속기이다. AMT에 전기모터를 조합한 「HEV-AMT」로서, 동사가 공개하고 있는 프로토타입에서는 횡배치용 3축 구성인 AMT에 감속 기어를 통해서 모터 출력을 전달하는 구성이다.

유럽에서는 B 세그먼트 이하에서 AMT가 자동변속기의 주류를 이루고 있다. 이유는 우선 MT에 변속기구를 추가하면 되기 때문에 새롭게 유단 AT나 CVT를 개발하는 것보다 개발·제조비용을 낮게 억제할 수 있다는 점이다. 토크 컨버터를 사용하지 않기 때문에 구동의 직접적인 접촉감각을 중시하는 유럽의 사용자들에게 적합하며 연비성능 면에서도 이점이 있다. 일본에서는 변속시에 생기는 토크 단절 시간이 길기 때문에 기피하는 경향이지만, 이것도 유럽에서는 특별히 문제되지 않는 듯하다.

B 세그먼트는 세계에서 가장 많이 판매되는 클래스이어서 1대당 연비향상이 얼마 되지 않더라도, 총량에서는 방대한 연비 저감효과를 예상할 수 있다. 구조가 단순하고 경량인 AMT+모터 어시스트라는 발상은 앞으로 주목의 대상이 될 것이다.

● AMT를 HEV화 하기

AMT를 베이스로 한 HEV의 시스템 구성 검토 스터디이다. 삽화 왼쪽 위의 직렬배치는 가장 단순하지만, 이 구성에서는 클러치가 모터의 앞에 있거나 뒤에 있거나 AMT부 변속시의 토크 단절을 해소할 수가 없다. 오른쪽 위와 같이 모터를 AMT의 뒤로 가져 온다면 토크 단절은 해소할 수 있지만, 모터로부터의 출력을 AMT의 변속기구가 이용할 수 없게되므로, 변속패턴이 AMT기구 측 만으로 제한된다. 왼쪽 아래와 같은 배치라면 토크 단절 해소나 모터 출력의 감속 및 변속도 가능하지만, 시스템구성이 너무 복잡하게 되어 비용과 중량 면에서 문제가 발생한다. 최종적으로 다다른 결론이 오른쪽 아래와 같은 것이며, 공개된 7H-AMT 프로토타입도 이 구성을 채용하고 있다.

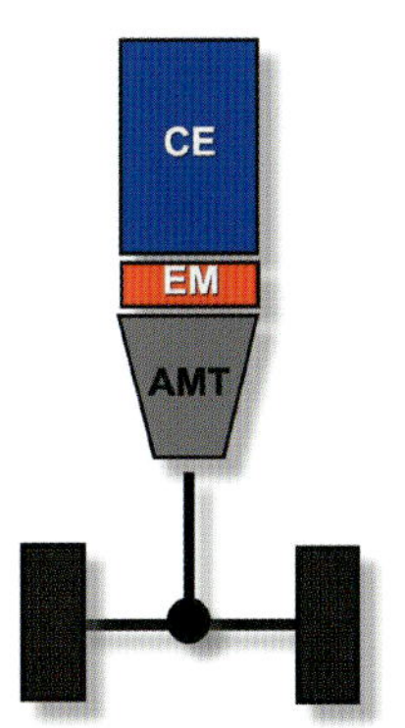

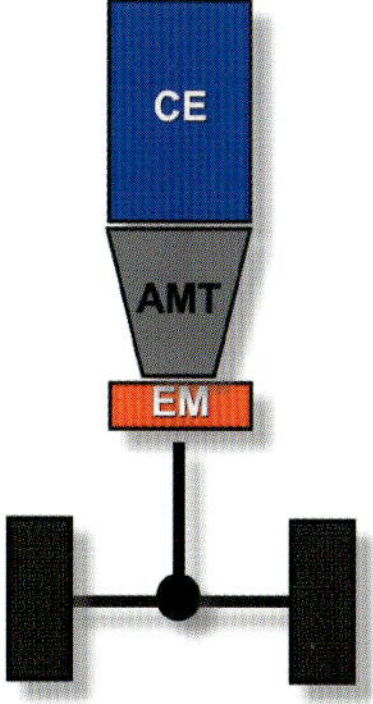

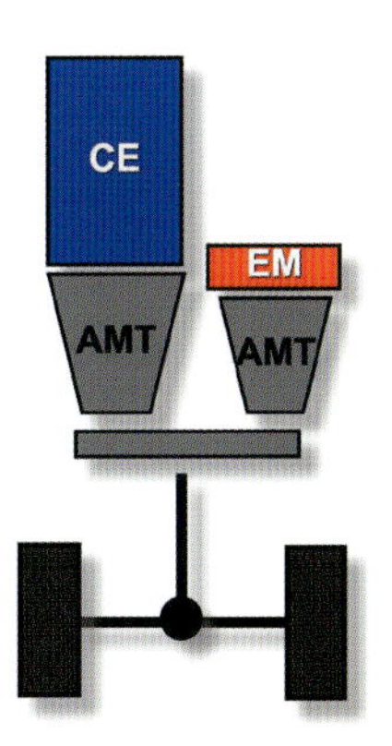

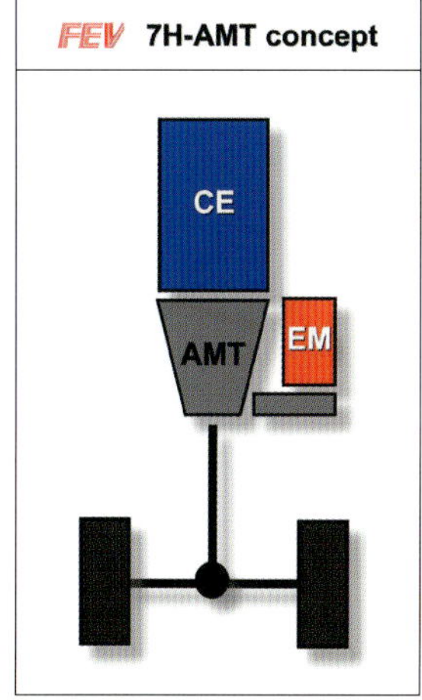

엔진 → 클러치 → AMT의 배치는 통상적인 구조이다. 1단, 3단, 7단, 후진용 기어를 구비한 카운터샤프트 상에, 아이들러 겸 리덕션기어를 통해서 모터로부터의 출력을 전달한다. 클러치를 끊으면 EV 주행이 가능하다. 그리고 엔진출력, 모터출력, 합력(슴力)의 모두가 AMT 기어세트의 감속비를 이용할 수 있고, 다양한 변속이 가능해진다.

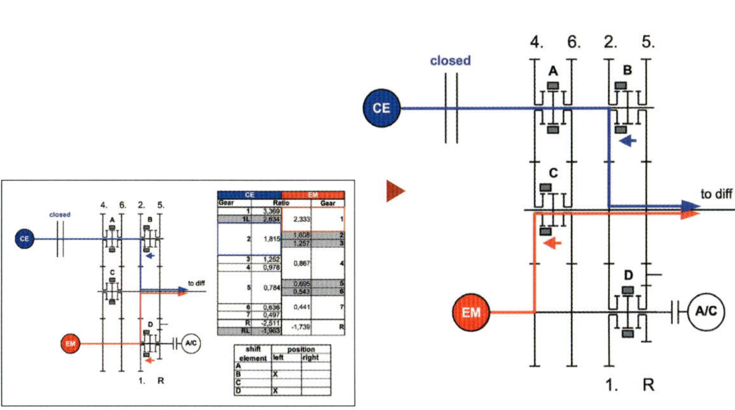

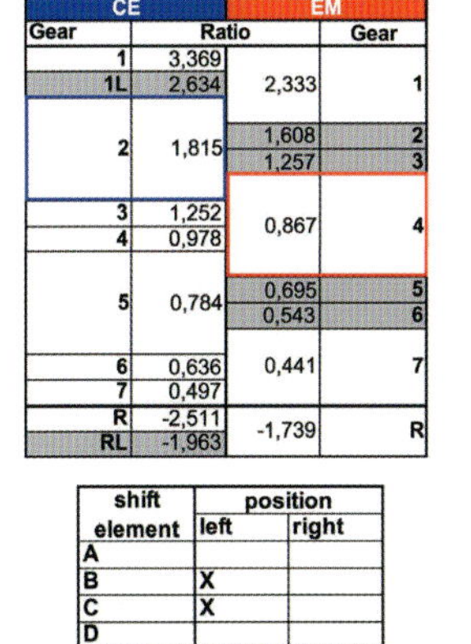

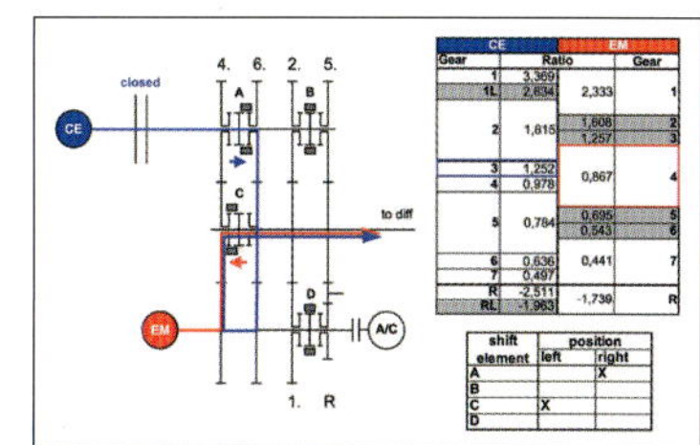

CE		EM	
Gear	Ratio	Ratio	Gear
1	3,369		
1L	2,634	2,333	1
2	1,815	1,608	2
		1,257	3
3	1,252	0,867	4
4	0,978		
5	0,784	0,695	5
		0,543	6
6	0,636	0,441	7
7	0,497		
R	-2,511	-1,739	R
RL	-1,963		

shift element	position	
	left	right
A		
B	X	
C	X	
D		

엔진 정지 상태에서의 발진은 클러치를 끊고, 모터 출력이 AMT의 1단 변속비를 이용한 EV주행이다. 시동된 엔진출력이 AMT의 2단을 이용하면, 모터 출력은 4단용의 카운터 기어측에 입력하여 샤프트 상에서 합류한다. 이와 같이 모터가 AMT의 기구를 이용하여 3종류의 감속비(표의 1, 4, 7 부분)를 가지고, AMT 6단과 어우러져 다양한 감속비를 만들어 낼 수 있다.

● 토크 단절을 발생시키지 않기 위해서

AMT의 회전동기기구는 MT와 마찬가지의 싱크로메시이다. 변속조작에 들어가면, 변속기용 ECU는 엔진 제어용 ECU에 출력 제어 요청을 보내고, 이것을 받은 엔진은 스로틀을 제어하여 엔진 회전속도를 조절하며 동기를 촉진한다. 그러나 특히 낮은 변속단에서는 동기가 끝날 때까지의 사이에는 어느 정도의 시간이 필요하고, 그 사이 구동력이 도중에 끊어지는 「토크 단절」현상이 발생한다. 7H-AMT는, 엔진출력을 전달하는 기어세트가 동기를 기다리는 시간에, 다른 기어세트를 이용하여 적정한 출력을 지원함으로써 토크 단절을 해소할 수 있게 하고 있다.

VariousCases

AMT

유럽에서는 다양한 베리에이션(Variation)을 사용하고 있다.

일본에서는 친숙하지 않은 AMT이지만, 유럽에서는 A 세그먼트나 B 세그먼트뿐만 아니라 폭넓게 사용되고 있다.

MT 베이스 시프트의 다이렉트감, 높은 전달효율(= 좋은 연비)이 받아들여지는 요인일 것이다.

여기에서는 독일, 프랑스, 이탈리아의 대표적인 AMT를 살펴보기로 한다.

글 : MFi

Lamborghini **ISR**

생산이 종료된 람보르기니 무르시엘라고(Murcielago)의 후속이 되는 차세대 슈퍼카의 변속기가 ISR이다. ISR은 Independent Shifting Rods의 약자이다. 람보르기니는 「슈퍼 스포츠카를 위한 세계에서 가장 감성적인 시프트 필링을 실현하는 것」에 개발 목표를 두었다. 기술적으로 상세한 내용은 발표되지 않았지만, 변속기 중량은 79kg으로 매우 경량이다. 변속시간은 DSG와 비교하더라도 50% 단축되었다고 한다. 카본파이버의 싱크로 링이나 유압 액추에이터로 작동하는 4개의 독립 변속로드에 의하여, 변속시간은 Gallardo의 e-gear보다 40% 단축된다고 한다.

Magneti Marelli **AMT**

알파로메오의 셀레스피드를 비롯하여, 람보르기니, Aston Martin(에스턴 마틴), 페라리 등에 AMT 유닛을 공급하고 있는 것은 이탈리아의 Magneti Marelli Holding S.p.A.이다. 사진은 유압 액추에이터와 컨트롤 유닛 부분이다. 동사가 노리는 것은 슈퍼카용이라기 보다는 잠재력이 높은 중국 시장이다. 토크 컨버터 AT는 너무 고가이지만, 3페달보다 2페달을 희망하는 고객용으로 중국 진출 속도를 올리고 있다.

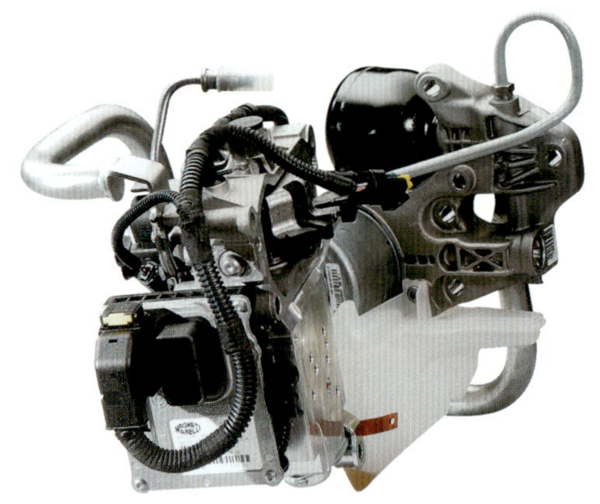

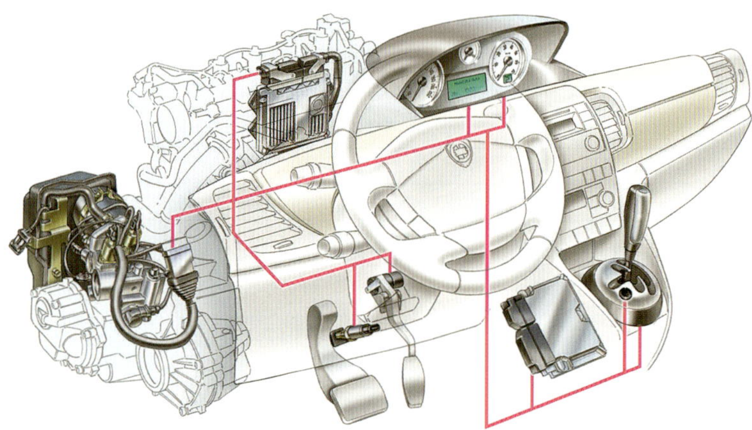

Lancia **D.F.N**

피아트 그룹의 AMT는 Lancia의 D.F.N, 피아트의 듀얼로직, 알파로메오의 셀레스피드라는 다수의 이름을 가지고 있지만 기본구조는 같다. MT를 유압 액추에이터로 움직이게 하는 구조이다. 소배기량의 FIAT Punto로부터 2.2리터의 알파 159까지에 채용되고 있다. 덧붙이자면 D.F.N.은, Dolce Far Niente : 돌체 파르 니엔테(=아무것도 하지 않아도 좋은 감미로움)의 머리글자이다.

Citroen **EGS**

시트로엥은 5단 MT를 자동화한 센소 드라이브(Senso Drive)로부터 개량을 계속하여 현재의 6단 EGS까지 진화시켰다. 패들 변속도 장착하여 MT와 유사하게 스포티하게 조작할 수 있다. 구조는 ①입력축 ②출력축 ③전자유압계 액추에이터 모듈 ④전자제어 유닛 ⑤액추에이터 ⑥S.캠 (변속 동작 전달) ⑦변속 포크로 되어있으며 6MT에 유압계의 제어·액추에이터가 추가된 것이다.

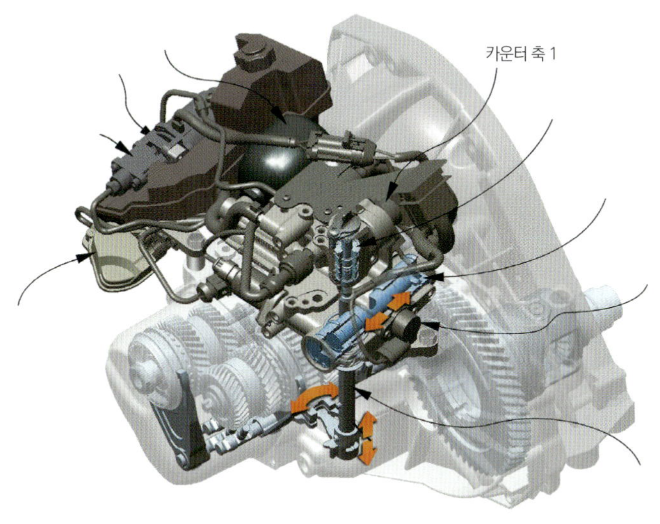

카운터 축 1

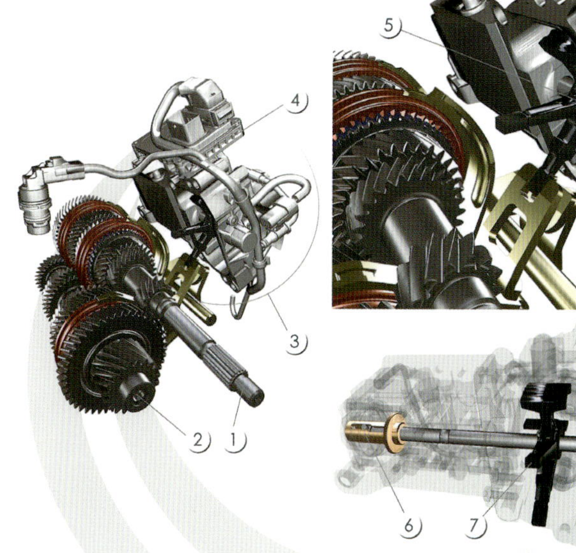

Renault **Quickshift 5**

르노의 베이식~콤팩트 클래스의 차량에 조합되는 것이 퀵 시프트이다. 일반적인 5단 MT(삽화에서 투명하게 보이는 부분)에 전동펌프로부터의 유압에 의한 작동+제어계를 모듈화하여 조합하고 있다. 기어 실렉트의 액추에이터는 회전과 상하 두 셋트이다. 반대쪽에 클러치의 액추에이터를 두고 있다. 퀵시프트를 탑재한 Renault Twingo(트윙고)는 일본에서도 판매되고 있다.

Opel **Easytronic**

Opel과 Vauxhall(복스홀)의 2페달 MT가 이지트로닉이다. 도요타 Corsa등의 소형에 채용되고 있는 F13이라고 불리는 5MT를 베이스로 하고 있다. 클러치와 시프트의 액추에이터는 유압제어가 아닌 2개의 모터로 구동한다(트랜스미션 상부에 보인다. 바로 앞이 클러치 액추에이터와 컨트롤 유닛). 그 결과로 변속시간이 0.3초로 매우 빠르다. 그리고 크리프 기능도 가지고 있다.

BMW **SMG II**

BMW가 스포츠 모델인 M3용으로 개발한 AMT가 SMG(Sequential Manual Gearbox)이다. SMG에서 SMGⅡ로 진화했지만, 유압 액추에이터로 클러치와 시프트를 컨트롤하여 시프트 체인지하는 기본은 같다. 새로운 M3에서는 DCT(7단M DCT Drivelogic)를 개발하였다. 일반적인 모델은 MT/AT 그리고 M1계에서는 DCT를 설정하도록 방침을 전환한 것 같다.

Smart **Softouch**

스마트는 1세대 모델부터 AMT를 설정하였다. 전자제어 5단 매뉴얼 모드 내장 오토매틱 트랜스미션에서 Softouch라는 이름을 사용한다. 일본에 수입되어 있는 스마트는 Softouch 뿐이지만 독일에서는 오토매틱 모드가 없는 SOFTIP이라는 사양도 설정되어 있다. 양산차로서는 보기드문 드럼·실렉터를 채용하고 있는 것도 특징이다.

DCT의
구조와 작동원리

급속도로 지명도가 높아지며, 채용이 늘어나고 있는 듀얼 클러치 트랜스미션.
MT와 기본구조는 같지만 끈김이 없는 고속의 기어체인지와 토크 단절이 없는 점을 특징으로 한다.
왜 DCT가 뛰어난 것일까? 복잡한, 고도의 기계구성을 투시도로 소개한다.

글 : MFi   삽화 : AUDI

for FR

일반적인 FR용 MT와 크게 양상을 달리하는 것은 없지만, DCT(Dual Clutch Transmission)의 이름에서 알 수 있듯이 2조의 클러치 세트와, 자동 변속을 위한 AT와 같은 메카트로닉스 부, 이에 부수되는 유압계통 등을 포함하고 있는 것이 DCT유닛의 특징이다. 말하자면 듀얼클러치 AMT이다. 입력축을 2중구조로 하여, 2조의 클러치 각각에 접속하고 있지만, 기어의 배열이나 변속 방법 등을 MT의 기계적 특징과 같게 하고 있다는 것을 알 수 있다. 그리고 연동하며 함께 회전하는 요소가 늘어나는 점이나 구조적으로 복잡하여 중량이 늘어나는 점 등도, 그 특징으로부터 상상할 수 있다. FR용은 대형차나 스포츠 카 등에 탑재되는 경우가 많다. 삽화는 아우디의 4WD차용 유닛으로, 전륜용 출력축이 구비되어있다.

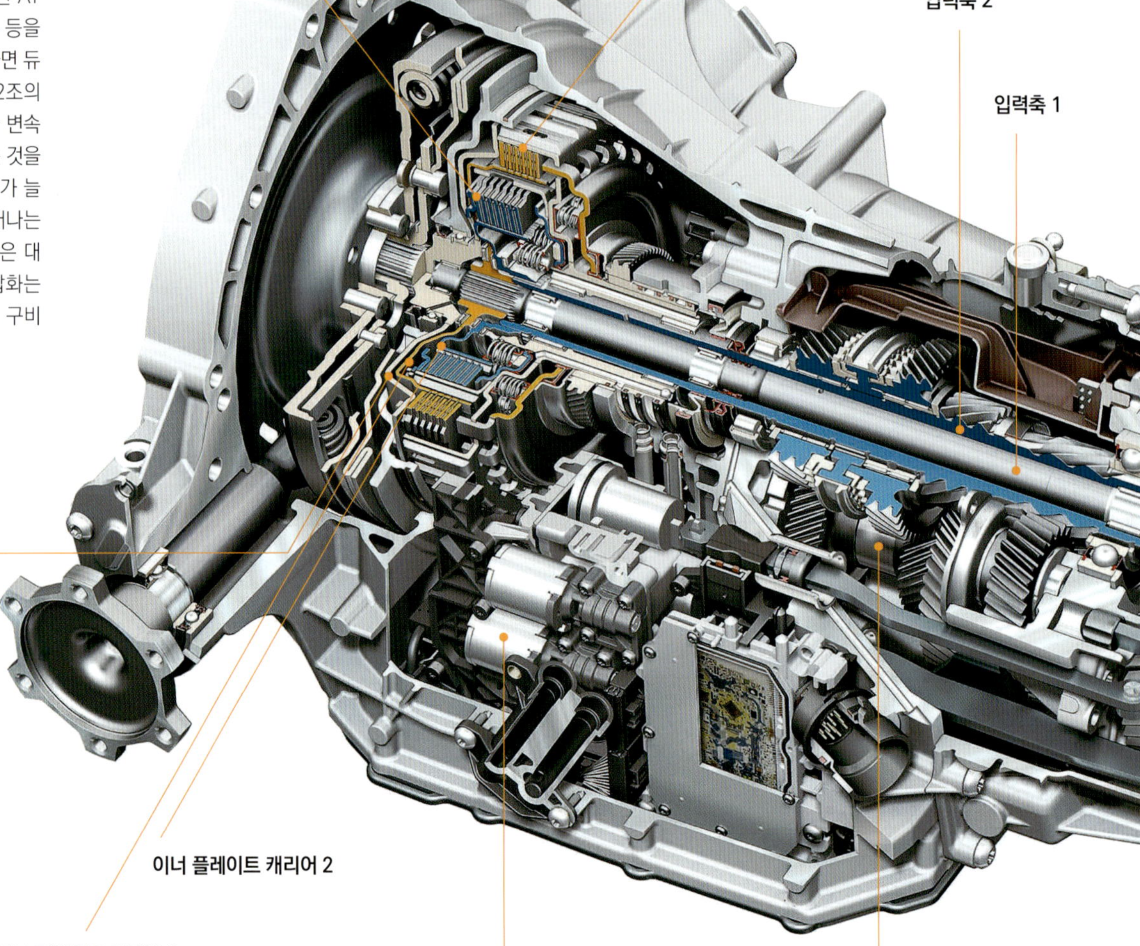

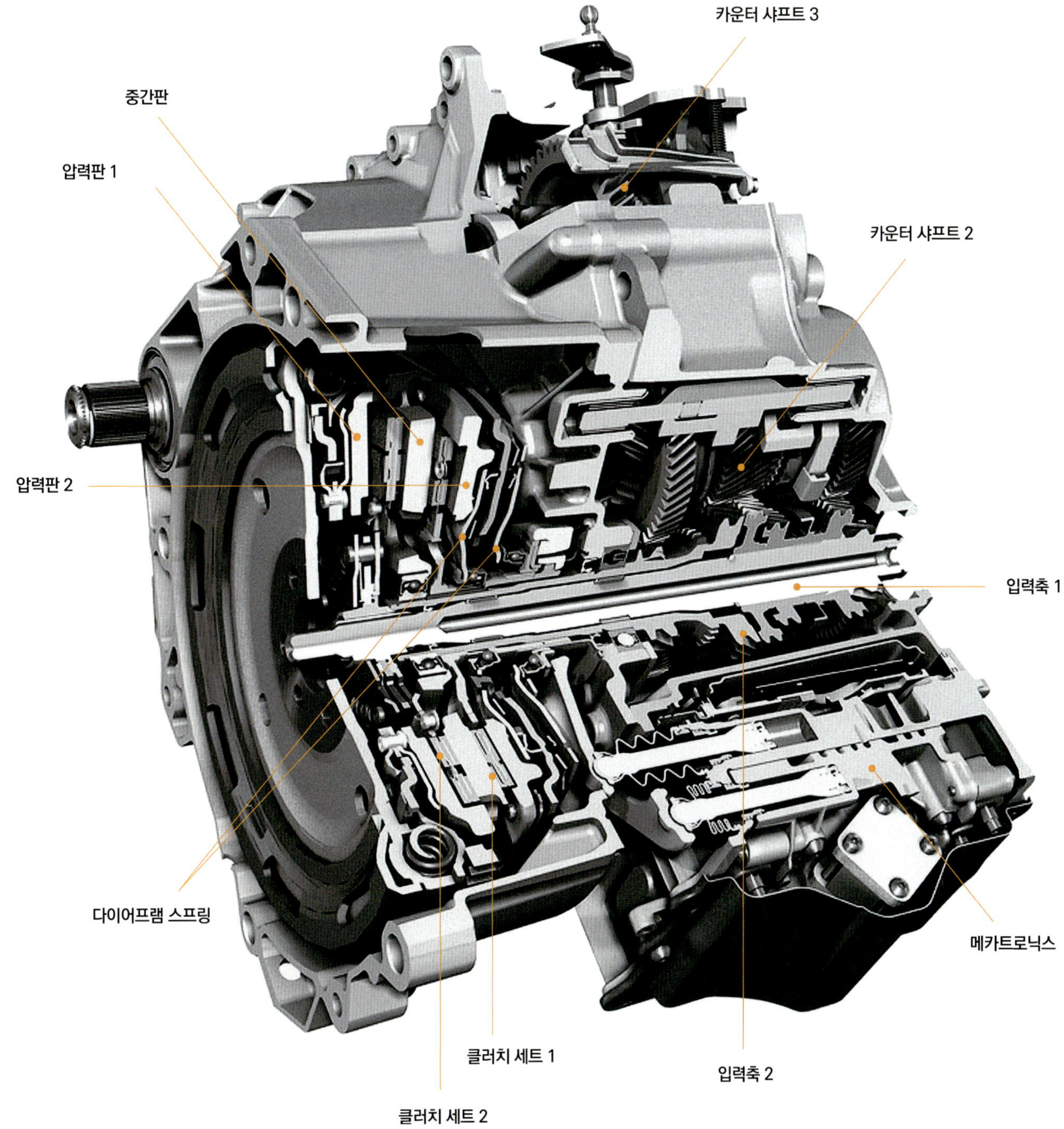

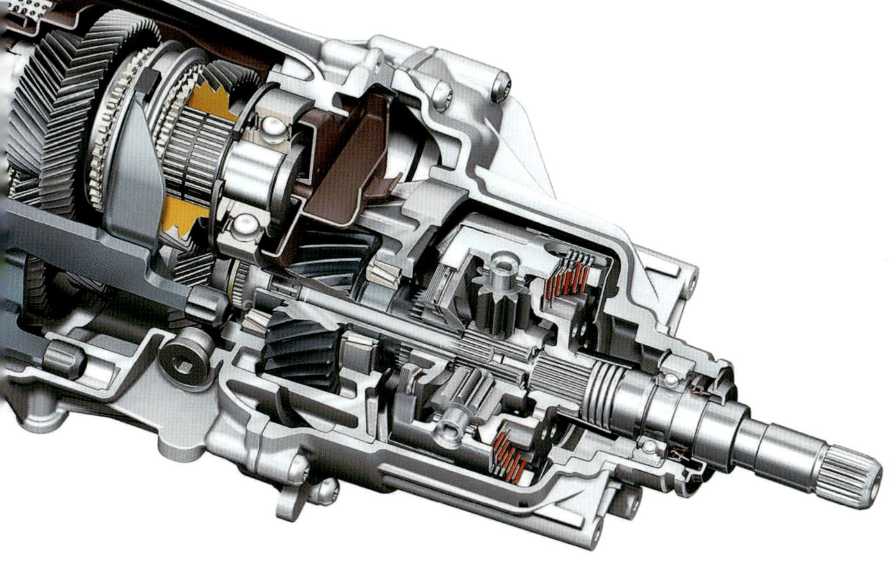

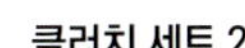

for FF

FF용 DCT는 역시 FF용 MT와 마찬가지로 좌/우 폭의 제한에 따른 기어세트 탑재를 어떻게 균형있게 해결할 것인지가 과제가 된다. 삽화는 VW / Audi의 DCT(7단 DSG)로, 주요 3축 + α 구성이다. 이중구조인 입력축(안쪽의 입력축 1 + 바깥쪽의 입력축 2)를 거쳐서, 2개의 카운터 샤프트 + 후진 기어용 축을 갖추고, 종감속기어 / 디퍼렌셜을 거쳐서 전륜을 구동한다. 좁은 공간에 매우 치밀하게 설치되어 있음을 알 수 있다. 클러치는 건식단판이기 때문에, 왼쪽의 FR용(습식다판)에 비하면 구조가 단순하며 그에 따라 유압계통은 이 유닛에서는 필요가 없다. 메카트로닉스는 차량 전방에 구비된다. 2011년 현재, FF용 DCT는 6단 및 7단의 라인업을 갖추고 있다. 습식다판과 건식단판의 두가지 방식이 있다. VW의 DSG, Getrag·Ford의 파워 시프트, FPT의 TCT가 주요 유닛들이다.

시간이 걸린다면
두 개를 탑재하면 된다.

DCT가 DCT인 최대의 정체성은 클러치 세트이다.
그 수납 방식과 작동 방식에는 크게 나누어서 두 가지의 방식이 있다.
각각에는 어떠한 특징이 있는 것일까 ?

글 : MFi 삽화 : 쿠마가이 토시나오(熊谷敏直) / Porsche

동일 직경의 종렬 배치 구조

2조의 클러치 세트를 같은 사이즈로 종렬 배치한 예이다. VW의 7단 「DSG-DQ 200」
(건식단판)과 FPT의 「TCT」(건식단판), 미츠비시 자동차의 「TC-SST」(습식다판) 등이
이 구조를 취한다. 같은 직경인 점에서 홀수단과 짝수단의 클러치 용량에 차이가 없으
며 습식이라면 윤활성능에서도 동등함을 기대할 수 있는 것이 이점이다.
각각의 클러치 세트는 중심의 중간판을 향해서 압착된다. 그러므로 압력판도 2조, 스
프링도 2조이다. 홀수단과 짝수단의 기어가 만일의 경우라도 동시에 맞물리는 좋지 않
은 상황에 대비하여 DSG의 클러치부(독일 · Luk제)는 비작동 시에 개방 구조를 취하
고 있다.

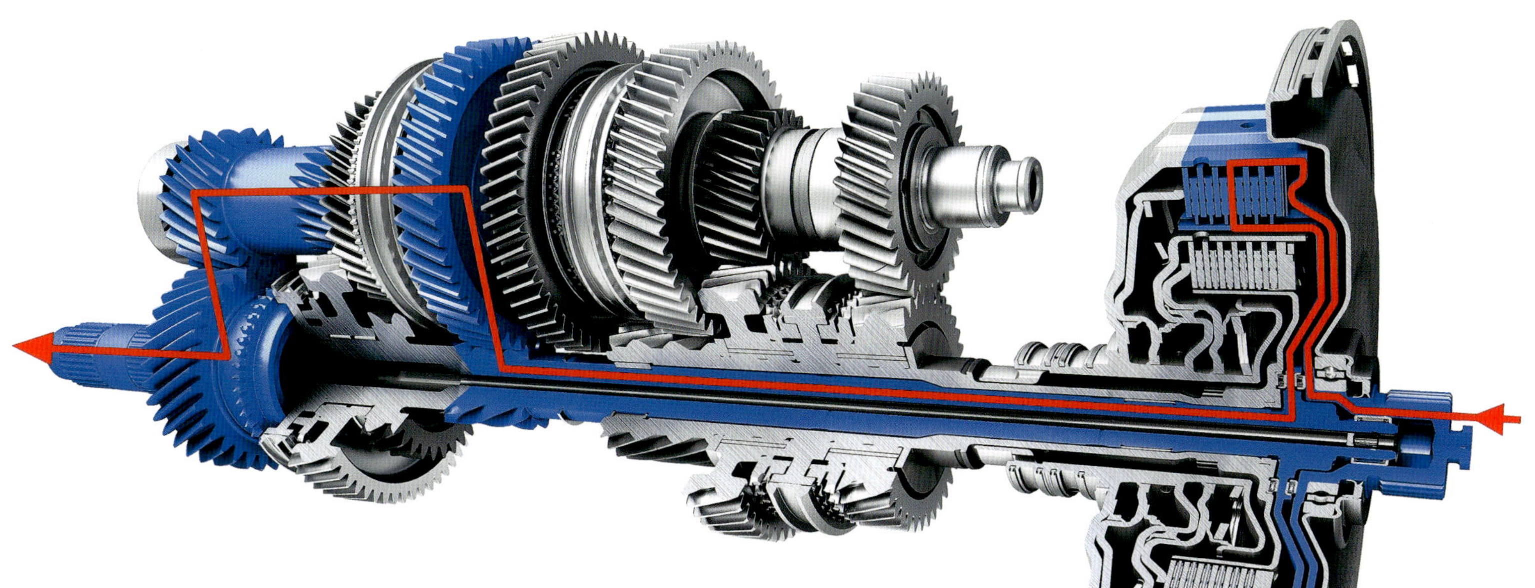

서로 다른 직경의 배치 구조

또 다른 하나의 클러치 수납 방식은, 여기에서 보듯 직경이 서로 다른 클러치를 배치하는 방법이다. 이 방식은 전체가 습식다판구조이다. 클러치의 용량을 확보하기 위하여 매수(枚數)를 늘린다. 그러나 다판구조를 직렬로 배열해서는 어셈블리가 길어지며 탑재성에 문제가 생긴다. 그래서 포개어 넣는 구조로 하여 전체 길이을 단축하였다.

발진(1단)이나 후진 등, 큰 토크를 받는 클러치는 용량이 더 큰 바깥쪽이 담당하며, 짝수단은 자연스럽게 안쪽을 차지하게 된다. 윤활을 위한 오일펌프를 갖추지 않으면 안 되는 점에서 큰 폭의 중량 증가는 피할 수 없다.

MT와 AMT에서는 변속조작 중에 필연적으로 토크 단절이 발생한다. 기어를 바꿀 때에, 클러치를 조작하여 토크를 단절시킬 필요가 있기 때문이다. 더욱이 현대의 MT에서는 싱크로나이저가 구비되어 동기도 쉬워졌지만, 이전의 MT는 동기장치를 갖추지 않았기 때문에 변속조작에는 훈련과 경험을 필요로 하였다. 「자동 변속기 쪽이 스포티」하다는 사고방식은, 이러한 MT의 변속조작이 매우 곤란했던 시대를 알고 있는 사람에게는 이해가 되는 일일 것이다.

DCT는 MT / AMT의 토크 단절 해소와 변속시간의 단축을 도모하기 위한 솔루션이다. '변속할 때 시간을 필요로 한다면 클러치를 두 개 준비해 버리자'라고 하는, 아주 정직하고 당연한 생각을 근거로 하고 있다. AT나 CVT와 같은 자동변속 시스템을, MT의 지극히 높은 전달 효율로 실현한다고 하는, 현재의 상황에서는 최적의 해답의 하나로서 주목을 받고 있다.

기계적 구성으로서는 홀수단과 짝수단 각각에 클러치 세트를 갖추고, 한쪽이 체결하고 있을 때에 다른 한쪽은 풀린 상태로 대기하고, 필요한 때에는 순간적으로 체결하는 것이다. 따라서, 기어세트도 각각 홀수단과 짝수단의 샤프트로 나뉘어서 각각 별도로 일을 하고 있다. 하나의 유닛 중에 두 개의 변속기가 구비되어 있는 이미지이다. 빈틈없이 담겨져 있는 모습은, 앞 페이지에서 보던 그대로이다.

클러치 페달은 존재하지 않고, 운전자에 의한 적극적인 시프트레버 조작도 불필요하다. 한편으로 AT나 CVT에 설치된 토크컨버터와 같은 충격을 받아넘기는 기구를 갖추지 않는 점에서, 변속 충격은 적잖이 존재한다. 그리고 시스템이 복잡한 점에서, 일반 MT에 비하면 중량이 증가하게 된다.

그러나 그 결점을 커버하고도 남을 장점이 있기에 각 회사에서는 DCT의 채용을 진척시킨다. 기선을 잡은 것이 VW이다. 2003년의 Golf R 32에 탑재한 것을 시작으로, 아우디를 비롯한 각 차에 널리 사용하고 있다. DCT의 효능으로 스포츠모델의 부가가치로서도 유용한데, 가령 Mitsubishi Lancer Evolution X는 MT보다도 가속성능이 좋다고 발표하였고, Nissan GT-R은 DCT만을 채용하기에 이르렀다.

서로 다른 직경의 배치 구조

MT차가 건식단판 클러치를 채용하는 것은 구조가 단순하고, 파손되기 어렵고, 가볍게 할 수 있기 때문이다. 한편으로 가령 트럭용의 건식단판 클러치는 조작에 능숙하지 않은 사람이 운전을 하게 되면 눈 깜빡할 사이에 마모되어, 불과 5000km 만에 교환해야 되는 경우도 있다고 한다. 이것은 반클러치를 사용할 때에 필요 이상으로 미끄러지게 하여 발열하면서, 탄화(炭化)되기 때문이다.

습식 클러치는 이러한 발열 문제를 해소하는 수단의 하나이다. 반면에 오일펌프 등의 유압계통을 갖추지 않으면 안 되고, 작동으로 인한 기계저항 증가, 오일 자체를 비롯한 중량 증가 등의 과제가 있다. DCT에서도 건식과 습식의 채용 목적은 같다. 허용 입력토크와 차량 사이즈에 따라서, 구분해서 사용하고 있는 상황이다. 다만 궁극적으로는 역시 건식이 승자가 될 것이다.

듀얼 클러치식의 변속작동은 어떻게 이루어지는가?

VW(VolksWagen)이 선구자인, MT메커니즘을 사용하는 듀얼 클러치식 변속기는,
그 전달효율이 좋은 점 및 제조 설비의 유용성 등에서 서서히 채용하는 사례가 늘어나고 있다.
두 개의 클러치의 단속(斷續)과 시프트포크의 슬라이드를 유압으로 제어하는 점이 기구상의 특징이다.

글 : 마키노 시게오(牧野茂雄) 사진 & 삽화 : AUDI / VW

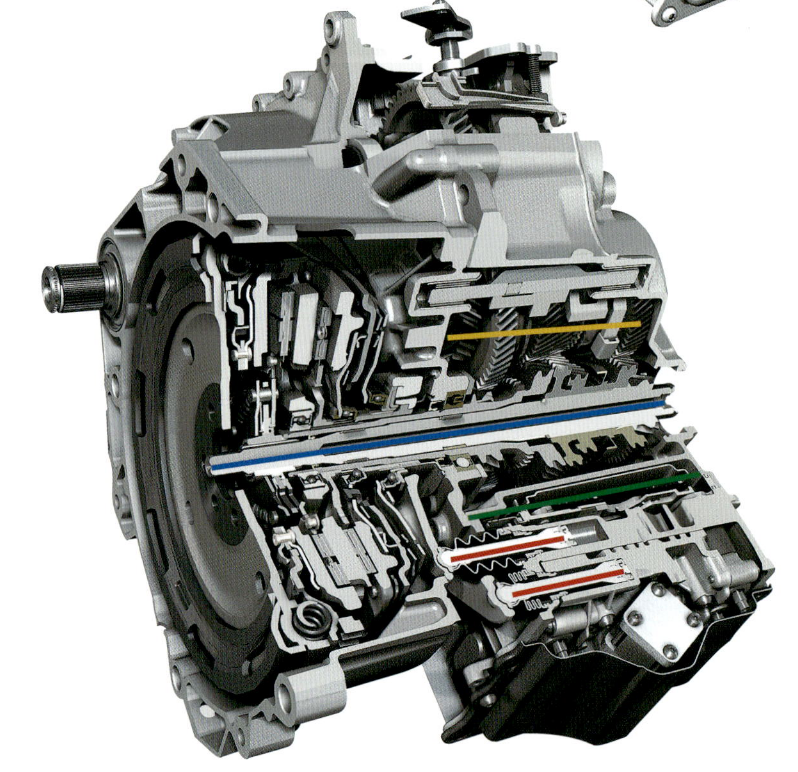

VW제 7단 DSG의 구성

VW(폭스바겐)이 MT를 베이스로 자동 변속시키는 듀얼 클러치식 AMT를 채용한 배경에는, 그때까지 MT를 자사에서 제작해 왔던 Kassel공장의 가동과 생산설비를 유지시키고, 고용을 유지하기 위한 사정도 있었다. 비교해보면, 초기의 습식 6단이나 지금의 건식 7단이나, Polo / Golf 등에 탑재되어 있는 타입은 MT와 크기가 다르지 않다. MT와의 치환이 가능하면서도 또한 부가가치가 있다는 점에서 DCT를 보급하고 있다. 그 구조는 엔진으로부터의 입력을 받는 입력축이 안과 밖의 2중으로 되어 있고, 기어단은 2개의 카운터 샤프트로 배분한 것이지만, MT와의 차이점은 입력축이 2중이고 여기에 두 개의 클러치가 있다는 점이다. 그러므로 듀얼(트윈)클러치 식이라고 한다. 클러치는 동심원의 직경이 다른 2중 타입과 탠덤(tandem, 전/후) 2중 타입으로서 배치의 차이는 물론, 습식과 건식이 존재한다. 그리고 클러치를 작동시키기 위한 유압기구와 이를 제어하는 컨트롤러가 있는데 변속기 케이스에 합체되어 있다. 부품의 배치는 상하의 삽화를 대조시켜 확인하기 바란다.

AUDI S-tronic에서의 자동변속 프로세스

삽화의 왼쪽 기어부분에 트윈 클러치 기구와 클러치 단속용 암을 합체 시킨 것이다. 최하단의 사진에 표시된 MT유닛과 같은 사이즈로 된다. 차량 탑재성을 위한 대전제이며, 한편 기어의 제조설비도 MT와 완전 공용이다. VW은 모든 기어를 절삭가공하고 있다.

외주품인 골프용 4AT. 일본시장에서는 이것이 주류였지만 유럽에서는 소수파이다. 유성 기어세트와 토크컨버터가 보인다. DSG의 등장으로 유단 AT는 불필요해지면서 그 만큼 Kassel공장의 가동율 상승에 기여를 하고 있다. 유단 AT가 부활할 가능성은 매우 낮다.

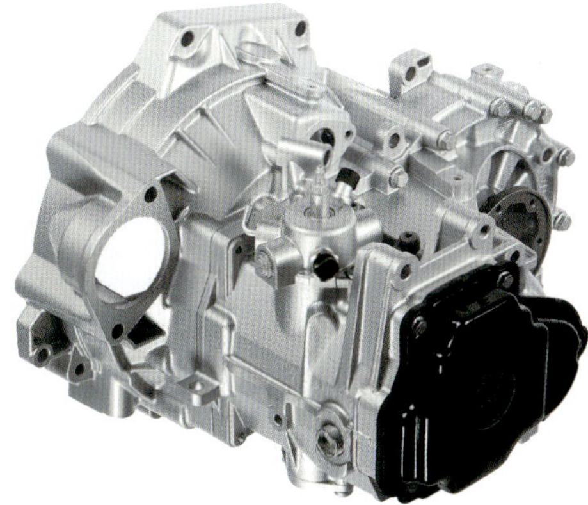

이것이 MT용의 변속기 케이스다. 자사가 제작한 부품이다. 자동차 메이커는 MT를 자사가 제작하고 AT를 외주하는 예가 많지만, DCT / MT는 설비 공유가 가능하기 때문에, MT를 자사가 생산할 수 있는 자동차 메이커라면 DCT도 자체 생산이 가능하다. 이것은 연차(年次) 개량이나 모델 체인지의 용이성으로 이어진다.

4단 기어에서의 주행상태

두 개의 클러치 중 안쪽 클러치(녹색)가 엔진과 연결되고, 아래쪽 카운터 샤프트 위의 4단 기어로 구동력이 전달되고 있는 상태이다. 위쪽의 카운터 샤프트는 클러치에 가까운 쪽에서부터 R(후진) / 6 / 5단, 아래쪽은 마찬가지로 2 / 4 / 3 / 1단 이라는 배열이다. 4단 주행이지만, 위쪽 카운터 샤프트도 같이 돌고 있으며 기어가 맞물려 있다. 그 만큼 기계손실이 추가된다.

4단에서 5단으로의 상향 변속

4단 기어에서 5단 기어로 변속되는 과정이다. 안쪽의 클러치가 분리되는 바로 그 순간에 바깥쪽의 클러치가 연결된다. 기본적으로 변속 자체는 숙련된 운전자의 기술보다도 빠르며, 안/바깥쪽 클러치를 「분리하거나 연결하는」타이밍과 속도는 튜닝으로 정해진다. 최신 VW제 건식 7단 DSG는 지극히 원활하여 구동력 단절이 전혀 느껴지지 않는 변속을 한다.

5단 기어에서의 주행상태

4단 주행일 때에도, 위쪽의 5단 기어가 위치하는 카운터 샤프트는 같이 돌고 있다. 클러치를 바꿔 연결하면 곧 변속이 완료된다. 이 페이지의 일련의 삽화에서는 생략되어 있지만, 일반적인 MT와 동일한 싱크로나이저 / 슬리브가 세트화 되어 있고(왼쪽 페이지 참조), 인접한 기어의 어느 쪽을 선택할지, 그 동작을 담당한다. 확실히 MT로부터 파생된 시스템인 것이다.

AMT와 AT의 특징을 함께 지니다.

DCT의 제조나 작동에 관해서는 아무래도 클러치 기구에 초점이 맞추어지기 쉽다.
그 만큼, 기어세트 간의 변속기구에 대해서는 간과하기 쉬운 것은 아닌지…
DCT 변속의 기본은 유단 AT와 마찬가지의 유압제어 유닛을 사용한 동작이다.

글 : 마츠다 유지(松田勇治)
사진 / 삽화 : Mitsubishi Motors / BMW / Chrysler / VW / MFi

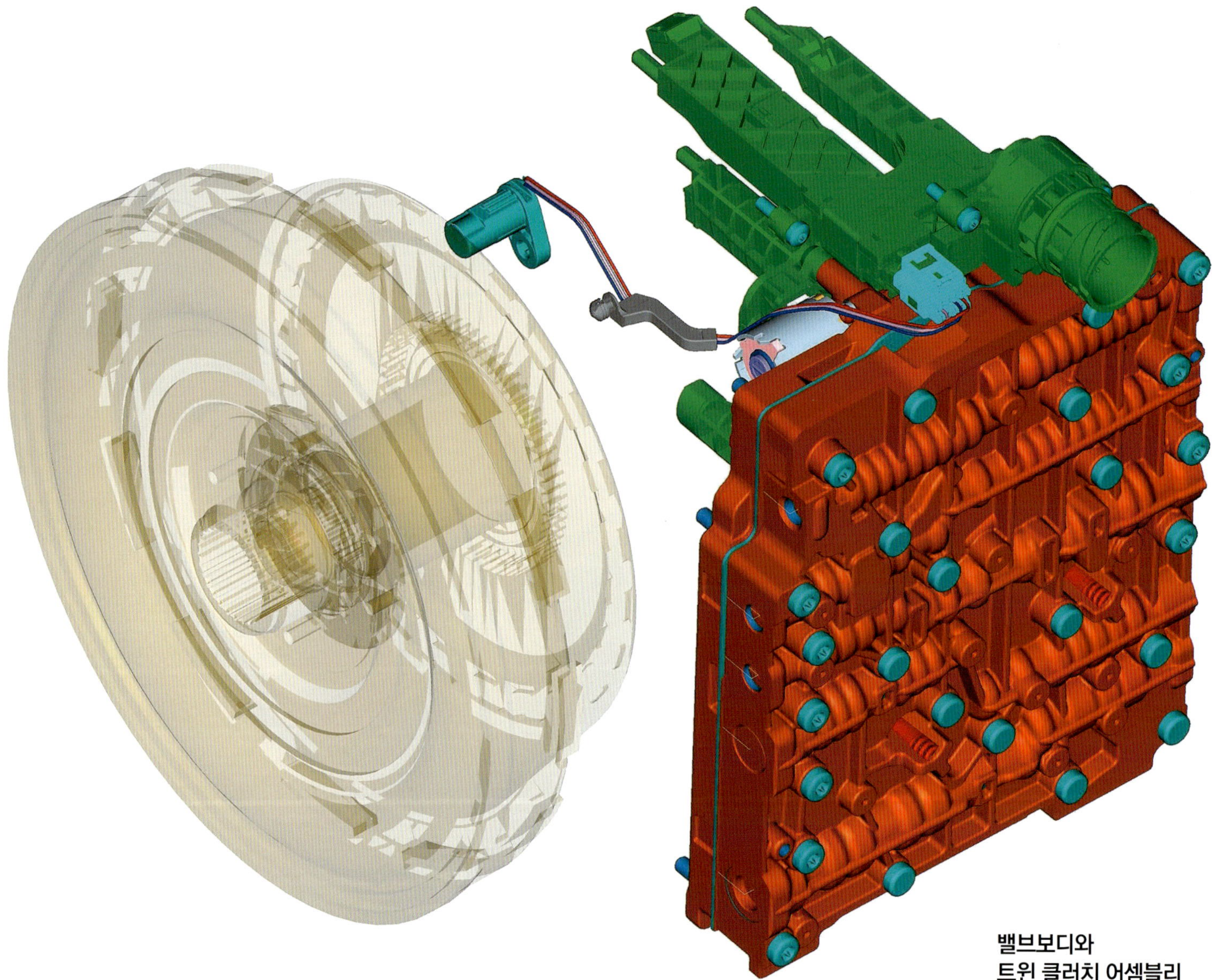

**밸브보디와
트윈 클러치 어셈블리**

미츠비시 트윈 클러치 SST의 클러치 유닛과 컨트롤밸브 유닛의, 어셈블리 상태에서의 위치관계. 컨트롤밸브 유닛은 변속기 하우징의 전방에 장착된다. 전체의 패키징과 아울러, 유닛의 냉각성 등을 고려한 설정이다. Harness의 클러치 측에 있는 것이 엔진회전 센서이고, 유닛 상부에 녹색으로 착색된 부분은 제어용 ECU. 변속단 위치를 항상 파악하고 클러치, 엔진, 차속 등의 상태를 종합적으로 판단하면서 설정되어 있는 변속모드에 걸맞는 타이밍에 자동적으로 변속단을 바꾼다.

　　DCT 변속기구는, 유성기어식 유단 AT나 CVT 변속기구로서 사용되는 「유압식 컨트롤 밸브」기구에 의하여 액추에이터를 작동시키고, 그 움직임에 따라 AMT가 사용하고 있는 것과 같은 기계식 링크에 의한 변속기구를 작동시키는 구성이 기본이다. DCT가 MT보다 수십kg이나 더 무거워지는 이유는 클러치 기구에 부가되는 컨트롤밸브 때문이다.

　　컨트롤 밸브는 미로와 같이 복잡한 유로를 지닌 「밸브보디」, 밸브보디 안에서 공급하는 유로 자체를 선택하는 「전자(電磁)밸브」, 그리고 밸브보디 내부에서 유로를 바꾸는 「스풀밸브(spool valve)」로 구성되어 있다. 전자밸브와 스풀 밸브의 작동상태에 따라서 유로와 유압이 바뀌고, 유압이 작용하는 액추에이터와 그 방향을 바꿈으로써 시프트포크를 작동시킨다.

　　컨트롤밸브에 유압을 공급하는 펌프는, 대부분의 차종이 변속기의 입력축에 구비된 기계식 펌프를 채용하고 있지만, VW의 7단 DSG와 FPT의 TCT는 전동펌프를 사용하는 전동유압식을 채용하고 있다. 다만 앞으로는 AMT와 마찬가지의 모터를 사용한 전기식 액추에이터로 교체될 것으로 보이는데 일부에서는 이미 전기식 액추에이터를 채용한 제품도 출현하기 시작하였다.

BMW의 케이스

BMW Z4 등에 탑재되는 7단 DCT 「Sports Automatic Transmission with Double Clutch」의 시스템 레이아웃 이다. 감속기구는 평행 2축식 종배치형이고, ECU를 일 체화한 컨트롤밸브 유닛은 변속기 하우징 옆쪽에 배치된 다. 내부의 유로 형상과 솔레노이드 밸브, 그리고 일부의 스풀밸브 배치를 확인할 수 있다.

Chrysler의 케이스

Chrysler는 2013년 모델부터 FF차의 변속기을 순차적으로 DCT로 바꾸어갈 것이라고 발표하였다. 이제까지 발표된 내 용에서 살펴보면, 베이스 유닛은 FPT가 개발하고, 알파로메 오 MiTO가 탑재하고 있는 건식클러치 6단의 「C 635형」 변 속기를 베이스로 한 것 같다. 컨트롤밸브 유닛은 전방 측면에 배치된다.

VW · DSG의 컨트롤 유닛

VW의 DSG는 클러치를 건식 화한 DQ200형 이후, 컨트롤 유닛 구동용의 유압을 전동펌 프로 발생시키는 방식을 채용 하였다. 주된 목적은 시스템 전체의 콤팩트화와 기계손실 의 저감이다. 스티어링의 보 조 기구와 마찬가지로 전기식 이 보급되기까지의 과도기적 인 존재가 될 것인가?

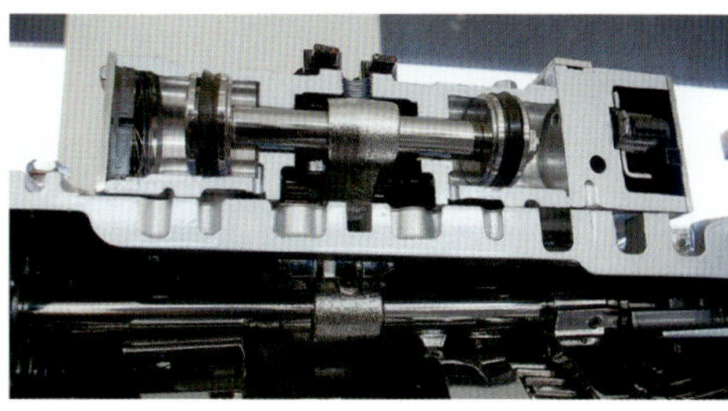

Mitsubishi Fuso의 케이스

소형 트력용 DCT인 「Duonic」의 변속기구 부분이다. 사진 왼쪽은 클러치 하 우징 전방의 격벽(隔壁)이다. 이 뒤쪽의 공간에 유압 발생용의 펌프가 입력 축에 설치되어 있다. 위쪽 사진은 컨트롤밸브 유닛 내부이다. 종배치이기 때 문에 컨트롤 피스톤은 전/후 방향으로만 움직이는 단순한 구조이다.

DCT의 작동과 제어 로직

DCT에 대해서 새삼스럽게 다시 생각해보면, 사실은 잘 알려져 있지 않은 점이 적지 않다.
그 대표적인 것이 「Pre-shift」이다. 다음의 변속단을 예측하고, 미리 다음 단을 선택해 두는 구조이지만,
그 "예측"은 도대체 무엇을 기초로 한 것이고, 예측이 빗나갔을 경우에는 어떻게 대응할 것인가?

글 : 마츠다 유지(松田勇治) 삽화 : MITSUBISHI MOTORS

● 홀수단에서 짝수단으로 상향 변속할 경우의 기본동작

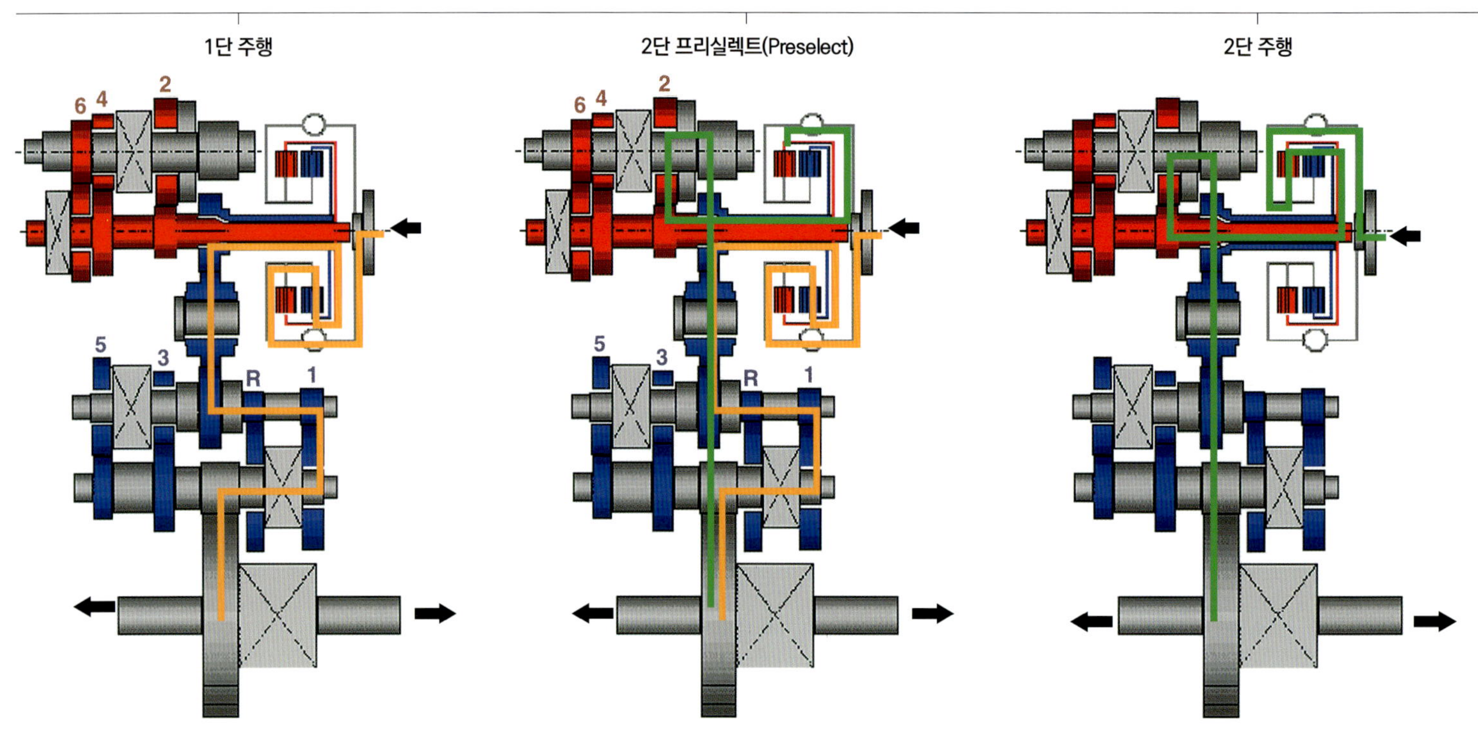

실렉터의 포지션이 「P」「N」의 상태에서는, 클러치를 해방한 채로 짝수단의 2단 기어와 홀수단의 후진 기어를 맞물리게 하고 있다. 이것은 실렉터 레버를 「P」→「D」, 「N」→「D」로 움직이게 했을 때의 변속 응답성을 높이기 위한 설정이다. 「P」→「D」, 「N」→「D」 조작에 따라서, 시프트포크를 R 기어세트에서 1단 기어세트로 이동시켜서 1단을 선택하고, 홀수단용의 클러치를 접속하여 발진한다.

1단으로 발진하기 전 단계부터, 이미 2단을 프리실렉트하고 있다. 이 프리실렉트에 따라 동기에 필요한 시간이 큰 폭으로 단축되고, 「변속」 자체가 클러치 접합만으로 종료되기 때문에 인간의 조작으로 회전을 동기시키지 않으면 안 되는 MT나, 클러치의 단절에 의한 토크 단절이 발생하는 AMT에 비하면, 변속에 필요한 시간을 큰폭으로 단축시킬 수 있을 뿐만 아니라, 변속 충격도 거의 느끼지 않게 된다.

변속 맵에 따른 변속타이밍으로 홀수단용 클러치를 풀어주면서, 짝수단용 클러치를 접속한다. 2단으로의 변속이 완료되면 1단의 선택을 풀고, 대신 3단을 프리실렉트해 둔다. 한편 「AUTO」 모드와 「MANUAL」 모드에서는, 프리실렉트의 로직이 다르다. AUTO 모드에서는 일정한 엔진 회전속도까지는 아래쪽 기어를 선택하여 킥다운(kickdown)에 대비하는 데에 반해, MANUAL 모드에서는 상향 변속 방향의 응답성을 높인다.

DCT는 1대의 변속기 중에, 홀수단 전용과 짝수단 전용으로 2개의 클러치시스템을 구비한다. 가령 3단에서 4단으로 상향 변속을 실행하는 경우, 3단으로 주행하고 있는 중에 미리 4단용의 기어세트를 선택해 두고, 홀수단 측의 클러치가 끊어진 순간에 짝수단 측의 클러치를 접속한다. 이렇게 작동하게 됨에 따라 변속 충격도 느끼게 않게되고, 토크의 단절감도 없는, 이음매가 없는 매끈한 변속이 가능하게 된다…라는 설명을 들은 적이 있을 것이다.

DCT의 기술적 포인트의 하나는 이 「다음의 변속단이 미리 선택된 상태로 대기하고 있고, 다음에 클러치가 접속된 순간에 변속이 종료된다」고 하는 점에 있다. 1계통의 클러치 시스템에서는 절대로 불가능한 사항이며 변속 시간의 단축, 변속 충격의 저감 등 여러 가지 장점을 얻을 수 있는 사항이다.

미츠비시의 트윈 클러치 SST에서는, 이 작동 행정을 「Pre-shift」라고 하는데, 여기에서 의문이 생긴다. 과연 「다음의 변속단」은 어떻게 예측하고, 그것이 빗나갔을 경우는 어떻게 대응할 것인가? 원래 DCT의 제어는 어떠한 사고방식을 기초로 구성되어진 것일까? 트윈 클러치 SST의 개발 스텝에게 인터뷰한 내용을 섞어가면서 주행 상황에 따라 설명하고자 한다.

우선은 정지로부터의 발진이다. 변속기의 제어유닛(이하 Transmission Control Unit : TCU로 줄임)은 유압 컨트롤밸브를 작동시켜서, 변속기구로 1단 기어를 선택하게 한다. 다음으로 가속페달의 밟는 정도의 가감에 따라, 발진을 위하여 필요한 토크를 엔진 제어유닛(이하 ECU로 줄임)에 요청한다.

여기까지의 흐름에 문제가 없다면, 홀수단 측의 클러치를 접속해가지만, TCU는 이 단계에서 이미, 변속기구에 2단 기어를 프리실렉트(사전선택) 시키고 있다. 클러치가 연결되어 자동차가 달리기 시작하면, 차속과 변속 맵을 참조하면서 상향 변속의 타이밍을 계산한다. 실제로 변속이 필요하다고 판단되면, TCU는 다시 ECU로 필요한 토크 량을 요청하여, 짝수단 측 클러치를 접속해간다. 이것이 1단에서 2단으로 변속이 완료되는 순서다.

프리실렉트에서 변속까지의 흐름은, 「다음의 변속단의 선택」 → 「클러치의 준비」 → 「ECU로의 토크 요구」 → 「클러치 조작」의 순으로 이루어진다. 1단에서 2단의 경우는 선택해야 할 변속단이 하나밖에 없기 때문에, 「변속한다 / 하지 않는다」라고만 판단하면 되지만, 2단 이상으로 주행하고 있는 경우는 상향 변속 방향, 또는 하향 변속 방향 중의 어느 쪽으로나 변속 가능성이 있

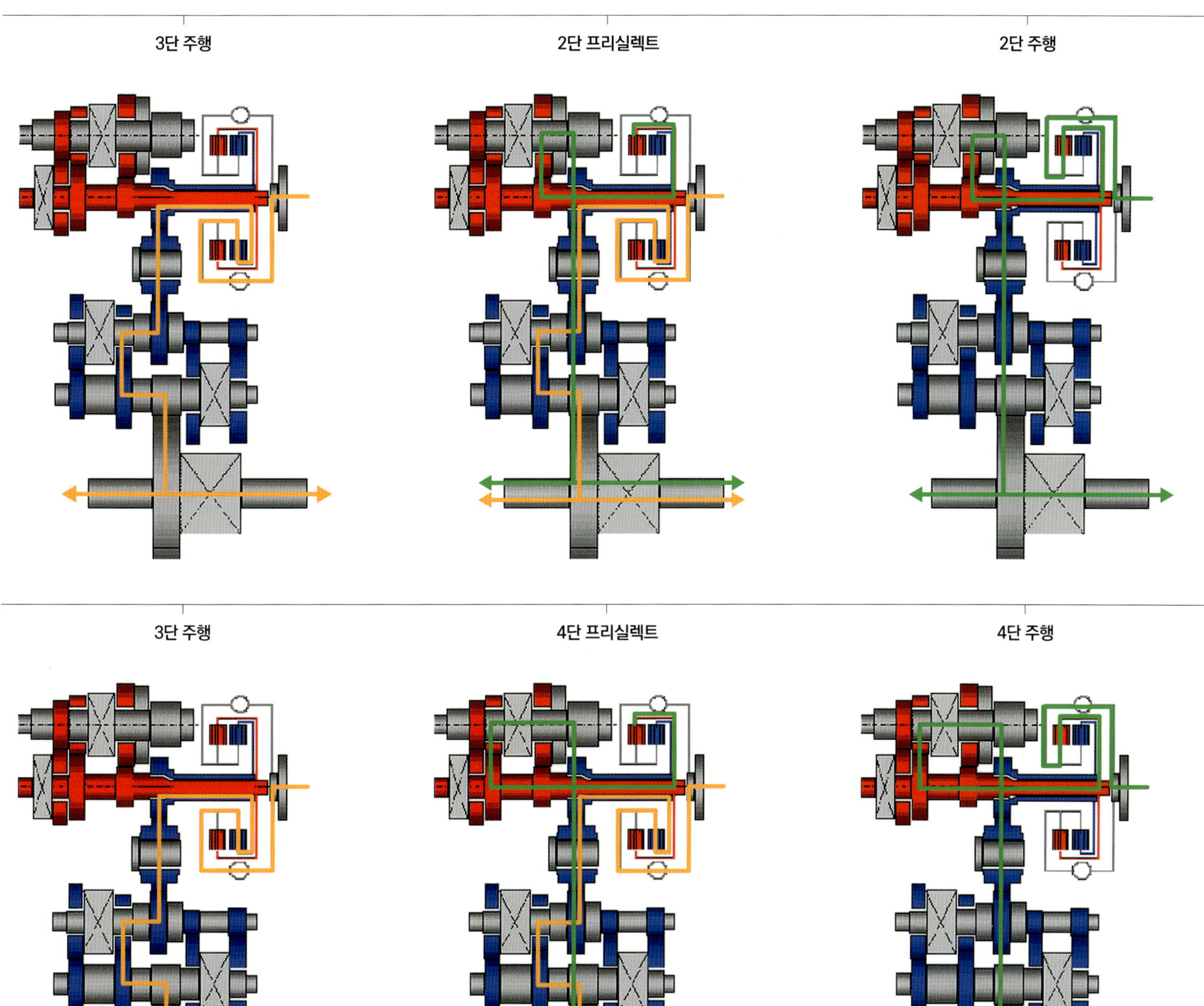

다. 이 상태에서 사전선택의 기본이 되는 것은, 「가속시에는 위의 변속단, 감속시에는 아래의 변속단을 선택해 둘 것」이다.

그러나 실생활에서의 가속과 감속은, 항상 일정한 방향으로 반드시 진행한다고 할 수 없다. 가령 정속주행 중에 급가속이 필요하게 된 경우나 반대로 가속을 개시한 직후에 가속페달을 전폐(全閉)에 가까운 상태로 했을 경우 등, 다음에 선택되어야 할 적절한 변속단은 사전선택된 것과 달라질 수 있을 것이다. 예상이 빗나가 사전선택한 것과 반대 측의 감속비가 필요하다고 판단되는 경우는 어떻게 할 것인가?

사실은 트윈 클러치 SST의 경우, 이론대로의 사전선택을 함과 동시에, 예측이 빗나갔을 때의 대응 준비도 하고 있다. 3단 → 4단을 예를 들어 설명하면, 4단을 사전선택

하면서 짝수단 측 클러치를 연결할 준비를 해 둔다. 그 배후에서, 2단으로 변속할 필요가 있다고 판단된다면 즉시 2단 기어세트를 선택하고, 엔진 회전속도도 하향 변속에 대응시키기 위한 루틴(routine)이 대기하고 있는 것이다.

대응의 수순은 역시 처음에 변속단을 선택해 두고, 클러치를 바꾸면서 ECU에 필요한 토크량을 요청하여 대응한다. 한편, 실제의 주행에서 사전선택 예측이 빗나가는 경우는 예상외로 많다고 한다.

이런 일 하나를 보더라도, DCT의 제어에서는 종래의 자동변속기와는 다른 수많은 노하우가 요구된다는 것을 쉽게 상상할 수 있다. 개발 스텝에게 물어보니, "제어 면에서는 가장 어렵고 복잡한 것을 요구받는 것이 변속기입니다. 유단 AT에 비해서 상태 천이(遷移)가 대단히 증가하였을 뿐만 아니라 짝수 → 짝수라는 변속이 불가능하다

는 등 제약이 있는 만큼, Matrix가 몹시 복잡하게 되고 맙니다. 더 나아가서 엔진측의 제어 정밀도도 매우 높은 수준으로 요구되고, 앞으로 더욱 세련되게 하지 않으면 안되는 부분도 적지 않습니다" 라는 대답이 돌아왔다.

여기에서, 미츠비시가 예전에 「INVECS 2」에서 채용했던 「Adaptive Shift Control」이 생각났다. 매우 수많은 변속 맵을 가지고, 운전자의 운전을 학습함으로써, 개개인의 주행 스타일에 맞는 최적의 제어를 실행하는 것을 목적으로 한 것이다. 그러나 트윈 클러치 SST의 제어에서는 「학습」은 전혀 하지 않고 있다고 한다. 학습을 넣으면 반대로 「맞는 경우도 있고 맞지 않는 경우도 있는…」 듯한 상황을 초래할지도 모른다고 한다. 복잡한 제어이기 때문에, 어디까지나 기본은 각종 센서로부터 획득한 정보를 토대로 한 「상황판단」에 맞길 필요가 있다고 한다.

Case01

FPT | DCT　　알파 TCT (C635 DDCT)

350Nm까지 커버하는 FPT의 건식 클러치 DCT

글 : 카와바타 유미(川端由美)　사진 / 삽화 : Fiat Powertrain Technologies

MT와 같은 사이즈로 소형차에서
상용 디젤까지 대응

종래의 피아트 그룹에서는 적은 비용으로 직접적인 변속감을 얻을 수 있는 Robotize(로봇화)식 MT가 주류였다. 그러나 미국이나 일본과 같은 AT 대국에서는 변속시에 기어를 바꾸며 선택할 때의 아이들링감 때문에 평판이 좋지 않았다.

로보타이즈식 MT의 이점에 AT의 부드러움을 갖게 한 것이, 피아트 산하의 신기술 개발회사인 Fiat·Powertrain·Technologies(FPT)가 개발한 「TCT」이다. DCT는 고효율로 적은 비용은 물론, MT와 공유가능한 부분이 많은 점에서 유리하다. 그 중에서도 건식 DCT는 보다 저연비로, 아이들링 스톱 기구와의 적합성이 높다. 한편 건식 DCT의 과제는 허용토크의 향상이다. 듀얼클러치는 DSG와 같은 Luk사 제품이지만, TCT에서는 홀수단의 프라이머리 샤프트 속에 풀 로드(Pull rod)를 넣어서 공간을 절약하였다. MT와 완전히 같은 외형을 유지함으로써 부품을 공유할 수 있고, 프런트 LSD나 4WD와의 적합도 가능하다.

FPTC635 (MT)

MiTO에 탑재되는 「C635형 MT」는 알파 TCT(C635 DDCT)의 베이스가 된 MT다. 위 그림의 DCT와 비교하면 시프트 조작에 필요한 유압계가 없고 깔끔하다.

C635 DDCT 변속기

레이아웃		3축 + RG 아이들러 6단(7단도 가능)
하우징		중간 서포트 플레이트 내장 2분할 구조
축간(軸間)거리		197mm
허용입력토크		350Nm
허용출력토크		4200Nm
기어비	1단	3.9 – 4.154
	2단	2.269
	3단	1.435 – 1.522
	4단	0.978 – 1.116
	5단	0.755 – 0.915
	6단	0.622 – 0.767
	후진	4.00
종감속비		3.579 – 3.833 – 4.118 – 4.438
1단 최대		18.4
변속비 폭		6.7
싱크로나이저	1, 2, 3단	트리플 콘
	4단, 후진	더블 콘
	5, 6단	싱글 콘
총 중량 (작동유, 윤활유 포함)		81kg

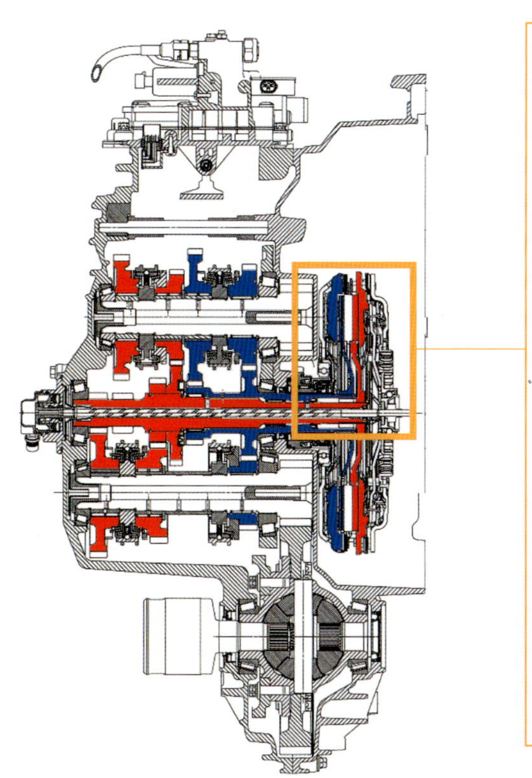

● Luk제 건식 클러치

DSG와 마찬가지로, 홀수단(빨강)과 짝수단(파랑)의 2세트 기어를 구비하고, 2조의 클러치로써 각각의 단의 변속을 실행하는 구조이다. DSG에서는 7단째의 기어에 해당하는 공간은 그대로 비어 있고, 액추에이터가 출력 쪽으로 옮겨져 있다. DCT의 열쇠가 되는 듀얼클러치 부분은 Luk 제품이고, VW의 DSG와 같다. VW과의 최대 차이점은 홀수단의 클러치는 밀폐 형식이라는 점이다. 액추에이터의 유압에 의하여 풀 로드가 슬라이드하며 분리된다. 짝수단의 클러치는 VW와 마찬가지로 개방 형식이다. 유압으로 실린더를 밀어서 클러치를 압착시킴으로써 작동시킨다.

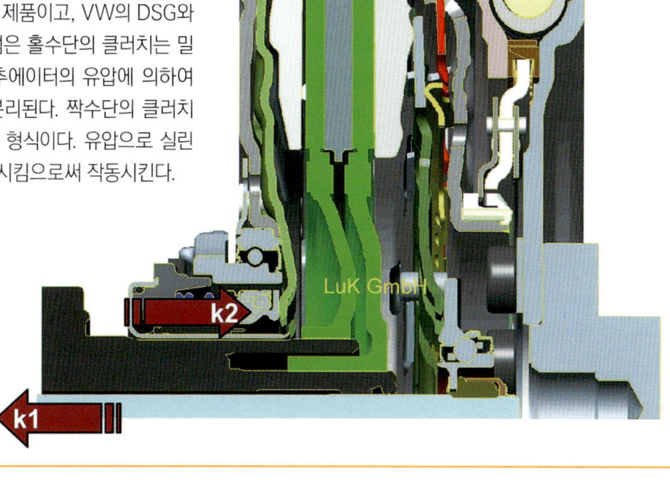

● 클러치와 변속 자동제어기구

클러치와 변속 제어는 보르그워너와 Magneti Marelli와의 공동개발이다. 변속에는 전자제어식의 전동유압펌프를 채용하고, 아이들링 스톱 기구와의 적합, 원활한 작동과 고효율화를 도모하였다. 변속의 정확성을 중시하여, 액추에이터에 유압을 보정하는 기구를 내장했다. 유압으로써 2방향으로 구동하는 4개의 피스톤을 2개의 밸브로 제어하는 구조이며, 변속시에 발생하는 불필요한 유압변동을 보정함으로써 정확한 변속을 가능하게 한다. 그 결과로, 밸브 수를 줄여서 비용도 저감하였다.

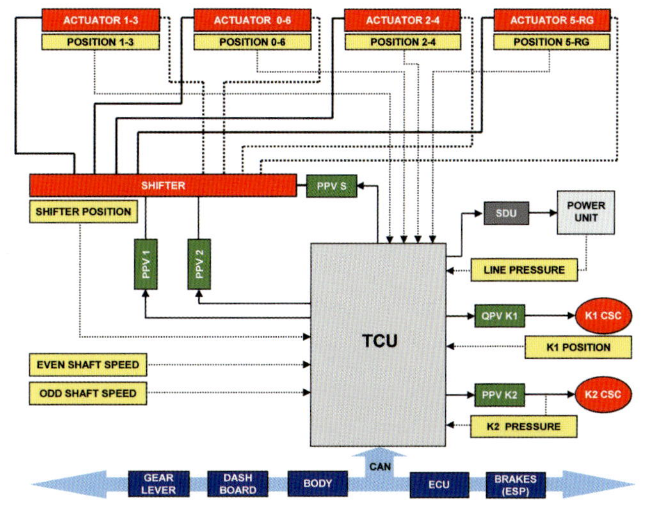

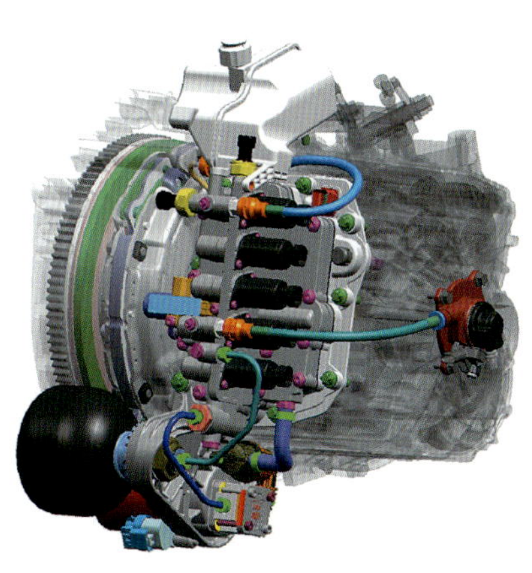

● C635 DDCT 컨트롤 시스템

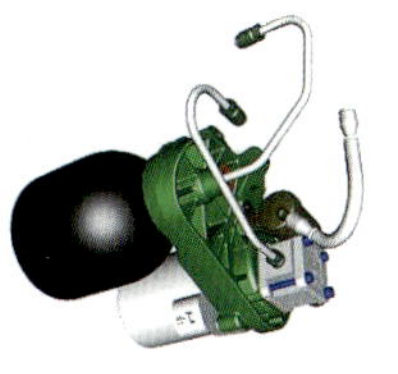

전동유압 파워 유닛

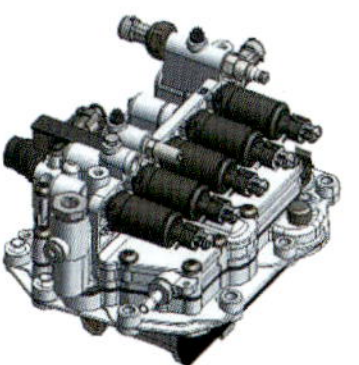

전자제어식 유압작동 시스템

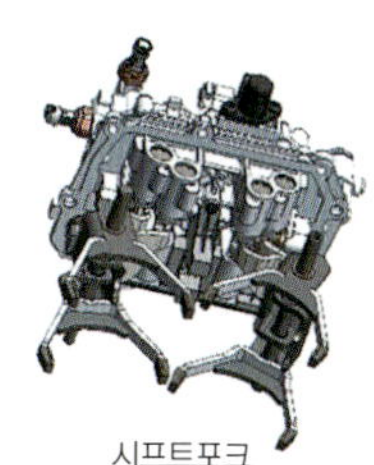

시프트포크

저비용과 소형화를 염두에 두고, 솔레노이드나 IC칩 등 제어에 관한 일렉트로닉스의 일부는 멀티에어Ⅱ나 멀티에어와 공용하고 있다. CPU는 120MHz, 최소 task cycle(2m초), CAN-BUS를 채용하였다. 소프트웨어는 독자 개발이다. 항상 유압변동을 검지하고, 여분의 고압 / 저압의 유압을 가려 사용하면서 유압변동을 보정하며 정확한 변속을 실행한다거나, 엔진과 변속기를 협조제어함으로써 보다 원활한 변속을 실행하고 있다. 또한 일체화된 아이들링 스톱 기구를 탑재하고, 크리프나 Hill hold기구 등의 부가 기능도 갖추고 있다.

기어세트는, MT사양과 공통화함으로써 저비용 화하고 있다. 건식 DCT로 350Nm이나 하는 큰 토크에 대응하기 위하여 클러치의 온도관리는 면밀하게 실행되고 있고, 항상 클러치의 마찰재 부분의 온도를 검지하고 온도가 극단적으로 상승하면 개입하여 페이드(Fade)를 방지한다.

Case02

VW | DCT　DQ250 / DQ 200 / DQ500 / DL501

버라이어티가 풍부한 "원조" DCT

글 : 타카하시 마사야(高橋昌也) / MFi　사진 : VW

DQ500

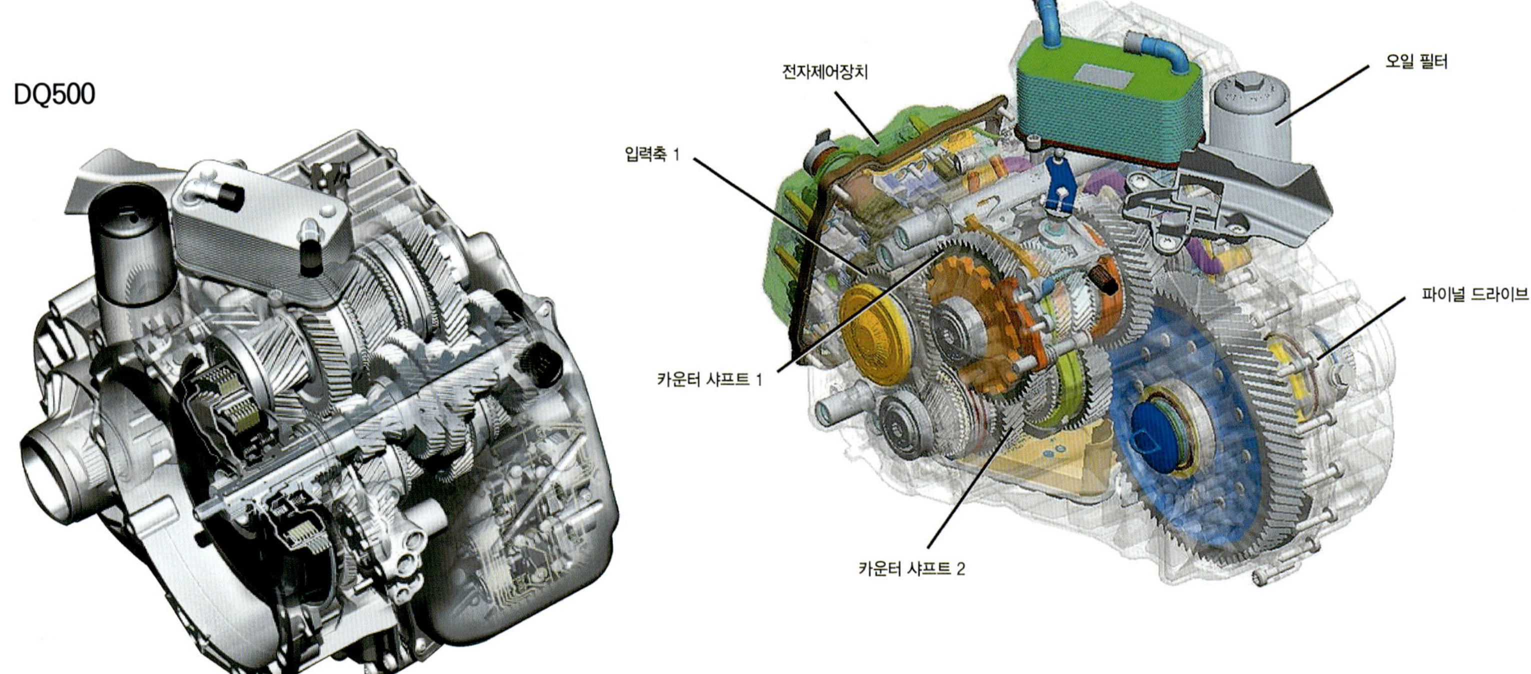

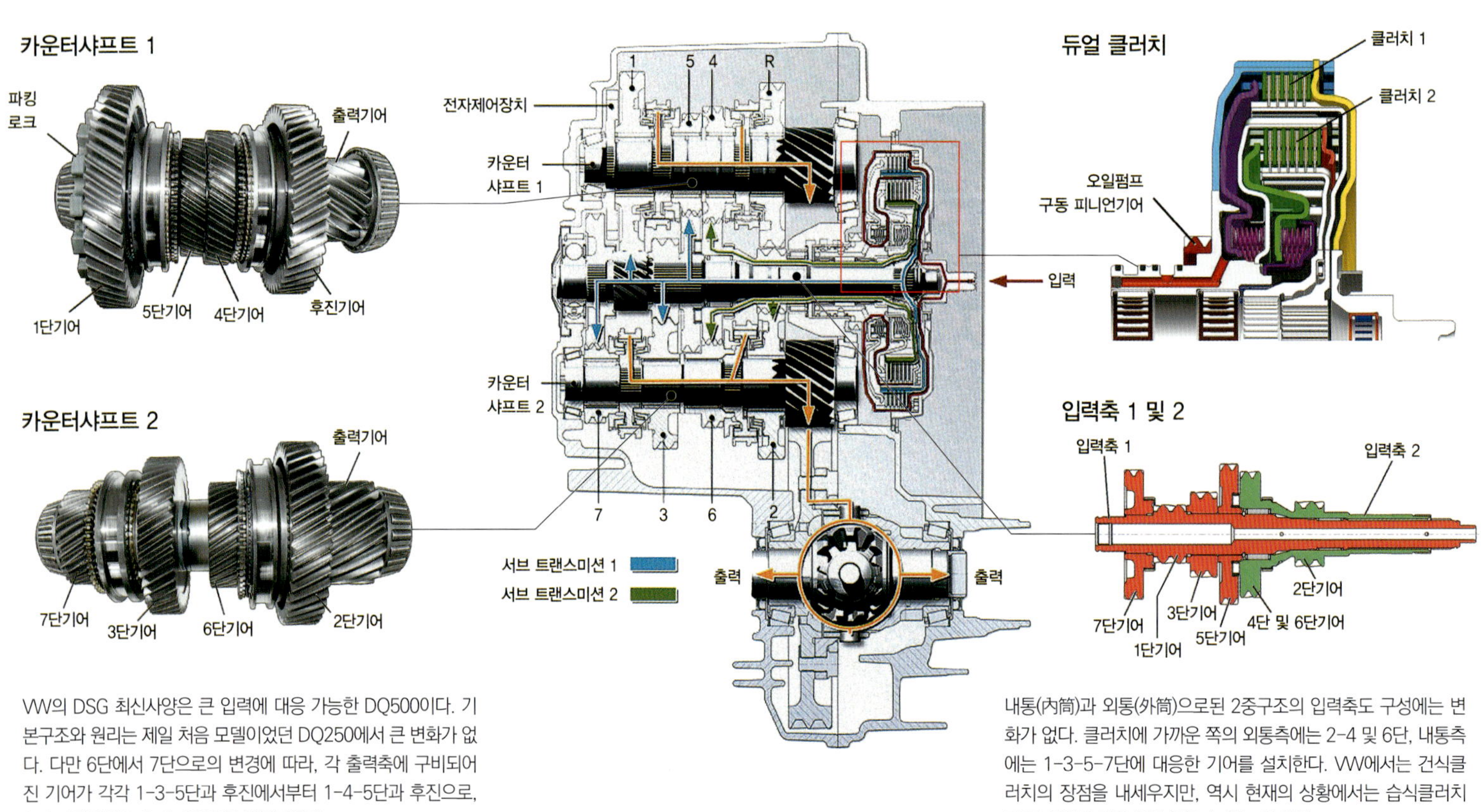

VW의 DSG 최신사양은 큰 입력에 대응 가능한 DQ500이다. 기본구조와 원리는 제일 처음 모델이었던 DQ250에서 큰 변화가 없다. 다만 6단에서 7단으로의 변경에 따라, 각 출력축에 구비되어진 기어가 각각 1-3-5단과 후진에서부터 1-4-5단과 후진으로, 2-4-6단에서 2-3-6-7단으로 변경되었다.

내통(內筒)과 외통(外筒)으로된 2중구조의 입력축도 구성에는 변화가 없다. 클러치에 가까운 쪽의 외통측에는 2-4 및 6단, 내통측에는 1-3-5-7단에 대응한 기어를 설치한다. VW에서는 건식클러치의 장점을 내세우지만, 역시 현재의 상황에서는 습식클러치로 큰 입력에 대응하지 않을 수 없는 것 같다.

🔵 동력전달의 흐름

토크 전달경로

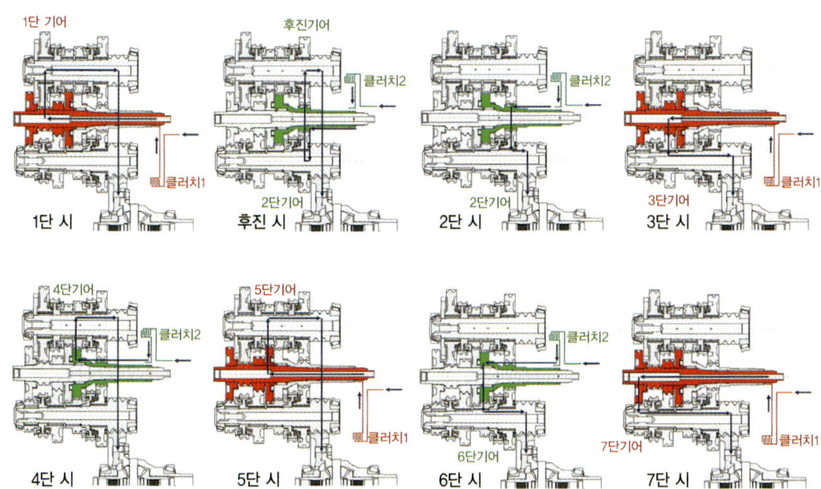

DSG 각단의 토크 흐름이다. 상세한 것은 본 특집 P106를 참조하기 바란다. 클러치는 외주 측의 「클러치1」과 내주 측의 「클러치2」로 구성되며, 각각 1-3-5-7단과 후진, 2-4-6단 기어를 조립한 기어세트에 접속되고, 엔진의 토크는 2조의 클러치와 기어세트 중 어느 쪽인가를 경유하여 종감속·디퍼렌셜기어로 전달된다. 주행 중에는 한쪽의 기어세트에 토크가 전해지고, 다른 쪽은 미리 기어를 체결하여 변속에 대비한다. 변속 시에는 한쪽의 클러치를 분리함과 동시에 다른 쪽의 클러치를 재빠르게 접속한다.

DQ500 Spec.

그룹 내의 코드	DQ500	←
부품 코드	OBH	OBT
최대허용토크(Nm)	600	←
최대허용입력(kW)	275	←
클러치 형식	습식 다판 × 2	←
단수	전진 7 / 후진 1	←
최대스프레드	7.45	6.25
액슬 길이(mm)	197	215
중량(kg)	110(4WD의 경우)	95.6(전 2WD의 경우)
작동기구	오토매틱 / 칩 모드	←
오일량(리터)	7(초기설정) / 5.5(교환)	7.5(초기설정) / 6.0(교환)
오일 상표	G 052 182	←
오일 교환 시기(km)	60000	←
오일필터 교환시기	라이프타임(교환할 필요 없음)	←

AT와 DSG와의 비교

	토크컨버터식 AT	DQ250	DQ200
기어단수	6	6	7
최대허용토크 (Nm)	320	350	250
클러치 형식	–	습식 다판	건식 단판
기어 오일량 (리터)	5.8	6.5	1.7
중량 (kg)	85	93	77
연비 우위성(리터/100km)	0	−0.3	−0.8
전달효율 (%)	83	85	91

DSG는 전달효율이 AT보다 우위이지만, 새로운 유럽 주행사이클(NEDEC)로 측정해 보면, 연비는 마이너스이다. 그리고 습식 6단의 DQ250은 중량에서도 AT보다 뒤떨어지는데 그 주된 요인은 오일 중량에 있다. 건식7단의 DQ200은 이런 점에서는 크게 우위에 있지만, 현재 상황에서 큰 입력에는 대응할 수가 없다.(VW의 발표 자료에서)

🔵 VW 그룹의 현행 DSG

▶ DQ500

DSG의 원점이라고도 할 수 있는 DQ250은 6단의 습식 다판클러치 모델이며 현재도 VW그룹에서 사용되는 대표적인 기종이다. MT의 가능성을 넓혔다고 하는 면에서는 크게 평가할 수 있지만, 현재로서는 중량이나 연비의 문제가 거론된다.

그룹 내의 코드	DQ250
부품 코드	02E
최대허용토크(Nm)	350
최대허용입력(kW)	125
클러치 형식	습식 다판 × 2
단수	전진 6 / 후진 1
최대스프레드	–
액슬 길이(mm)	–
중량(kg)	94(앞 2WD) / 109(4WD)
작동기구	오토매틱 / 팁트로닉(Tiptronic) 모드
오일량(리터)	7.2
오일 상표	G 052 182

▶ DQ200

기어박스를 6단에서 7단으로 하고, 클러치를 일반적인 MT와 마찬가지의 건식 단판식으로 하였으며 샤프트 구조도 3축화 한 것이 DQ200이다. 냉각 오일이 필요없게 되고, 오일 양도 크게 저감시켰기 때문에 큰 폭의 경량화를 달성하였다. 그러나 현재로서는 최대허용토크가 250Nm까지이므로, FF차 전용이다.

그룹 내의 코드	DQ200
부품 코드	0AM
최대허용토크(Nm)	250
최대허용입력(kW)	125
클러치 형식	습식 다판 × 2
단수	전진 7 / 후진 1
최대스프레드	–
액슬 길이(mm)	–
중량(kg)	70(전 2WD)
작동기구	오토매틱 / 팁트로닉(Tiptronic) 모드
오일량(리터)	1.7
오일 상표	G 052 182

▶ DL501 (Audi)

7단 S트로닉

6단 S트로닉

VW그룹의 아우디는 S트로닉의 명칭으로 DSG*를 채용하고 있다. 당초에 채용했던 모델은 DQ250 및 DQ200 동등품을 횡배치 혹은 종배치로 한 것이었지만, DL501은 독자 기구를 추가한 습식 7단의 종배치 전용이다.(*DSG : 직접 변속 변속기(독일어))

그룹 내의 코드	DL501
부품 코드	0B5
최대허용토크(Nm)	600
최대허용입력(kW)	330
클러치 형식	습식 다판 × 2
단수	전진 7 / 후진 1
최대스프레드	8
액슬 길이(mm)	89
중량(kg)	141.5
작동기구	오토매틱 / 팁트로닉(Tiptronic) 모드
오일량(리터)	7.5
오일 상표	G 052 182

Case03

Fuso | **DCT** **DUONIC**

상용차 최초의 듀얼 클러치

글 : 마츠다 유지(松田勇治) 사진 : MFi

Mitsubishi Fuso Truck & Bus : Duonic

상용차의 세계에서는 승용차에 앞서서 다운사이징이 진행되어 왔다. 2010년 11월에 FMC(Full Model Change)한 Canter 도, 2015년도 연비 기준을 시야에 넣고, 파워트레인과 구동계의 토탈 디자인에 의한 고효율화를 주제로 하여 개발되었다. 엔진은 가변 노즐 터보를 채용함으로써 토크 특성을 보다 중저속 쪽으로 설정할 수 있고, MT는 5단, DUONIC은 6단으로서 종래의 것을 넘어서는 연비성능을 실현하고 있다. 모드연비뿐만 아니라, 실제 주행 시의 연비 향상이 큰 점도 특징이다. 가속 시의 단차(段差)를 저감시킴으로써 엔진 부하를 낮춘 결과로, PM배출량의 저감도 달성하고 있다.

시프트 / 실렉트 기구

변속장치는 일반적인 MT와 마찬가지의 시프트로드 → 포크 → 슬리브로 구성된다. 로드의 구동은 하우징 상부에 설치된 유압 기구로 실행한다. 솔레노이드의 작동으로 컨트롤밸브 부로부터 의 유압을 제어하고, 3조인 피스톤을 상하방향으로 작동, 그 조합에 따라서 시프트와 실렉트를 실행한다.

밸브보디

생산성을 고려하여, 클러치 하우징부는 MT와 동일한 형상으로 하였다. 거기에 동심원 배치의 듀얼 클러치를 설치하였기 때문에 공간에 여유가 생긴다. 변속기구의 유압컨트롤 밸브 유닛은, 그 공간을 이용하여 설치되어 있다. 유로의 구성은 109페이지 오른쪽 아래의 사진을 참조하기 바란다. 축을 구동시키는 유압펌프도 바로 옆에 배치하였다.

듀얼 클러치

클러치는 동심원 배치이다. 2단 발진이 기본이므로, 큰 토크에 대응하기 쉬운 외주측을 짝수단 용으로 하였다. 습식다판형을 선택한 것은, 발진이나 변속, 더 나아가서 부드러운 의사(擬似) 크리프를 확보하고, 내구성까지를 고려한 결과이다. 일반적인 사용에서는 거의 마모되지 않는 습식클러치의 장점을 활용하여, 내구성은 차량과 같은 30만km로 상정했다. 허용토크는 430Nm 이다.

기어트레인

매우 일반적인 평행 2축식 배치로 보이지만, 입력측은 속이 빈 2중 구조이고, 홀수단 측과 짝수단 측의 구동기어를 갖추고 있다. 기어와 샤프트 배열에 대한 연구에 의하여 콤팩트화를 실현했다. 그 결과로, 5단은 토크가 카운터 샤프트에 흐르지 않는 상태로 전달되는 등, 독특한 구성으로 되어 있다.

Fuso Duonic
M038S6 트랜스미션

레이아웃		2축 + R 기어 아이들러 전진 6단 / 후진 1단
허용입력토크		대용량 : 430Nm 표준 : 300Nm
기어비	1단	5.397
	2단	3.788
	3단	2.310
	4단	1.474
	5단	1.000
	6단	0.701
파이널		4.875
발진단		2단
클러치 방식		직경이 다른 마트료시카(Matryoshka)식 구조, 습식 다판 듀얼
변속 시스템		유압제어
중량		119kg

Mitsubishi Fuso Truck 및 Bus는 2010년 11월 11일, 소형트럭 「Canter」 시리즈의 FMC에 맞추어, 상용차용으로서는 세계 최초로 DCT 「DUONIC」 탑재차를 라인업에 추가하였다. 이 회사는 예전부터 직업운전자의 육체적·정신적 부하 경감을 목표로 하고, 변속기의 자동화에 적극적으로 전력을 다해 왔다. 연비성능에 엄격한 상용차의 세계에서 베이스로 삼기 위해서는, 역시 전달효율이 뛰어나고, 기구로서의 실적도 높은 MT 이외에는 없다는 발상에서, 1995년에는 「INOMAT」라고 명명한 AMT를 발표한다. 장거리 주행이 많은 대형트럭용으로, 발진시와 정지시에만 클러치 조작이 필요했지만, 1997년에는 모든 것을 자동화한 INOMAT-II로 진화시키고, 대형부터 소형까지의 차종에 탑재하면서 2009년부터는 유단 AT를 라인업에서 폐지할 정도로 주력해 왔다.

그런 Fuso에게 있어서, 이번에 발표한 DUONIC은, 오랜 기간에 걸친 자사의 기술적 도전의 집대성이라고 할 수 있다. 실제로 시승한 편집부원에게 감상을 들어 보니, 「승용차의 DCT와 완전히 같은 감각으로 운전할 수 있었고, 트럭이라고는 생각할 수 없을 정도로 쾌적했다.」는 것이다. 그러나 의외인 점으로, 어디까지나 현시점에 해당되는 이야기이지만, Duonic을 중형 이상의 트럭에 투입할 예정은 없다고 한다.

이번에 Duonic을 탑재한 캔터는 자사 트럭의 라인업에서는 가장 소형이고, 중형자동차 운전면허로 운전할 수 있는 차종도 많다. 근거리 수송이나 소량 배송에 사용되는 경우가 많고, 발진과 정지를 빈번하게 반복하거나 걸핏하면 정체 도로를 만나기도 한다. 그리고 운전자도 「트럭」을 운전하는 것이 아니라, 어디까지 「배송용 자동차」라는 의식이 강하기 때문에, 승용차 감각으로 운전하고 싶어 하는 경향이 강하고, AMT의 토크 단절을 「충격」으로 느끼면서 기피한다. 그러한 사용자의 요구에 맞추기 위해서는 DCT가 최적이라고 판단하고, Duonic에서는 P 레인지와 의사 크리프도 실현하였다.

반면에 중형 이상의 운전자는 「트럭」를 운전하고 있다는 의식이 강하고, AMT의 토크 단절에 대해서도 구조와 작동을 이해한 다음 , 납득하고 있으므로 특별히 불평도 나오지 않는다고 한다. 그렇다면 현재로서는 보다 간편한 구조로 실적이 있는 AMT로 가겠다는 판단이라고 한다.

하여간 이것으로 상용차의 세계에서도 DCT의 도입이 시작되었다. 라이벌 메이커도 좌시하지만은 않을 것이다. 엄격한 사용 환경에서 가꾸어져 온 노하우를 충분히 쏟아 부은 DCT의 본연의 모습이, 승용차용 DCT에도 영향을 미치는 것은 필연적이다.

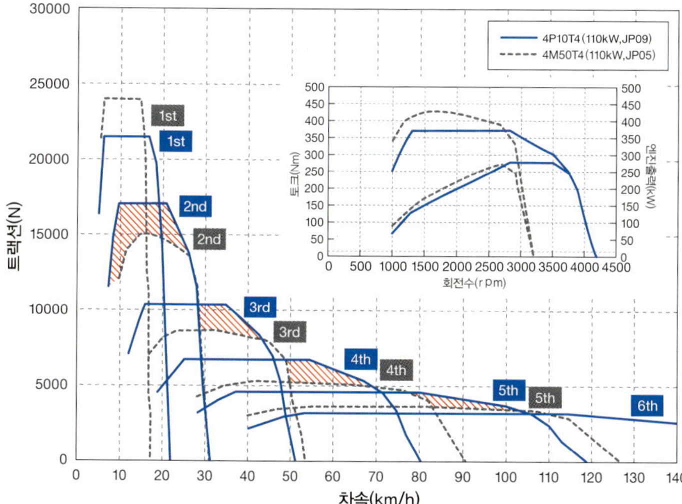

5단 수동변속기

신형 엔진의 개발에 따라, 5단 MT도 쇄신되었다. 엔진의 토크 특성 개선에 의하여, 종래는 6단으로 실현하고 있던 주행성능과 연비성능을 5단 와이드 레인지로 달성했기 때문에 6단은 폐지했다. 기어의 치폭(齒幅) 증대, 싱크로 메시의 최적화 등을 실시하고, 변속 패턴도 세계적 관점에서 1단을 왼쪽 상단에 배치 하고 있다.

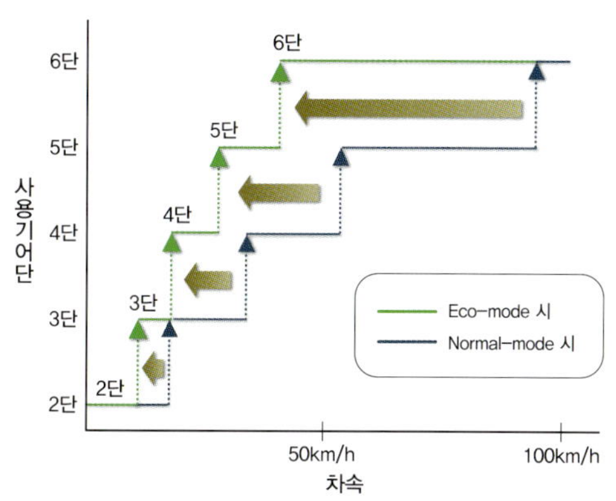

※ 액셀페달의 밟는 정도의 가감에 의하여 시프트업 포인트는 변화

Eco-mode의 변속타이밍

Duonic은 기본 변속특성도에서도 효율을 추구한 설정을 기초로 하고 있지만, 더 나아가서 「Eco-mode」도 준비하고 있다. 보통보다 저속에서 상향 변속을 하고, 엔진 회전속도를 적극적으로 낮게 유지함으로써, 평탄한 도로의 저속 저부하 주행이나, 정체 도로 등에서의 연비성능을 향상시키는 모드이다.

크리프와 연속 토크에 의한 이지 드라이브

엔진	4P10T4 (110kW)	4W50T4 (110kW)
T/M형식	M038S6 (AMT)	M036S5 (MT)
1st	5.397	5.175
2nd	3.788	2.913
3rd	2.310	1.682
4th	1.474	1.000
5th	1.000	0.715
6th	0.701	–
파이널	4.875	4.875
타이어 사이즈	205/85R15	205/85R15

Duonic과 종래형 5단 MT의 기어비를 비교한 표다. Duonic은 1단을 Low geared 측으로 돌리고, 2단부터 그 위는 신형 엔진의 플랫 & 와이드 토크를 활용한 감속비로 설정되어 있다. 톱은 5단으로, 오버런이 되는 6단의 감속비도 MT의 5단보다 낮게 설정하여, 엔진의 다운스피딩을 달성하였다.

Duonic이 습식 다판클러치를 채용한 이유 중의 하나가, 매끄러운 의사 크리프 효과의 실현에 있다. 소형 트럭은 근거리 수송이나 소량 배송에 사용되는 경우가 많기 때문에, 자연히 정체 도로 주행의 기회도 늘어난다. 렌터카 수요 등도 있고, 운전자가 반드시 트럭 운전에 능숙하다고 할 수 없기 때문에 승용차 감각으로 운전할 수 있게 해야한다는 요구가 강하다. 유단 AT 이상으로 토크 단속(斷續)감이 없는 DCT와 의사 크리프는 확실히 상품성을 높였나.

각 단의 토크 흐름

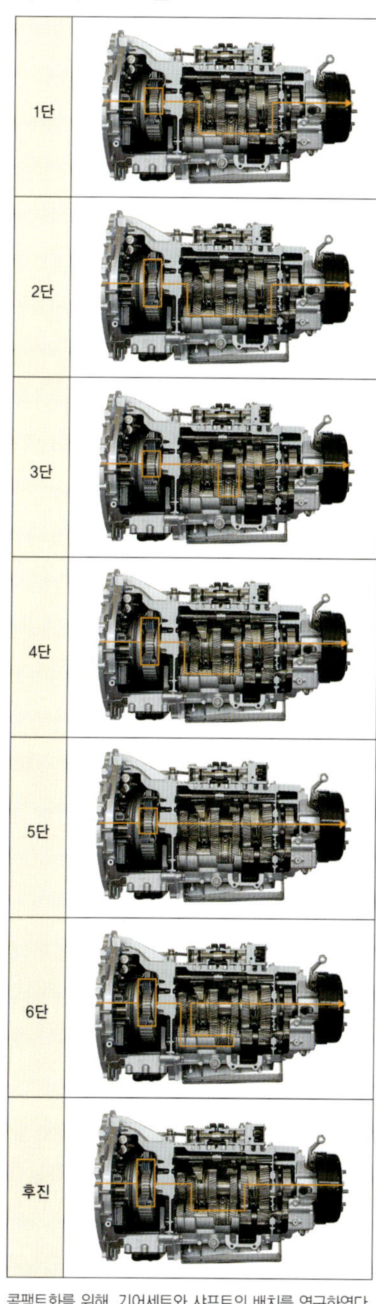

콤팩트화를 위해, 기어세트와 샤프트의 배치를 연구하였다. 덧붙이자면 클러치의 허용토크 430Nm라는 값 자체는 승용차용과 다름이 없는 수준이라고 생각하기 쉽지만, 트럭의 경우는 항상 풀 토크(Full Torque)에서 사용하는 것을 전제로 한 내구(耐久)성 설정이다.

MT와 그 주변 기술은 이제부터 점점 중요해진다.

일본은 세계에서 승용차의 MT 비율이 가장 낮은 나라이다.
미국에서는 스포티 카 / 스포츠카의 반수는 MT이고, 중국이나 인도 등 자동차 신흥국은
압도적으로 MT차의 비율이 높다.
전세계적으로 MT차의 비율은 감소 추세에 있지만 그 절대수는 당분간 변함이 없을 것이다,
이 거대한 MT 시장을 전문 메이커는 어떻게 보고 있을까?

글 & 사진 : 마키노 시게오(牧野茂雄)

AISIN AI 기술기획실 구동기술부 담당 상무 코이데 타케하루(小出武治)
AISIN AI Advanced Product Planning Office Drivetrain Engineering Dept. Managing Director : Takeharu KOIDE

AISIN AI의 코이데 타케하루 상무를 방문하였다. 이 회사는 아이신 그룹의 MT전문 서플라이어이지만, 동시에 세계적으로도 몇 안 되는 MT전문 기업이다. MT/DCT 특집 기획에 즈음하여 절대적으로 빼놓을 수 없는 취재 회사이기도 하지만 무슨 일이 있어도 MT계의 앞날에 대한 구상을 꼭 물어보고 싶기도 했다.

일본에서 살고 있으면 승용차는 대부분이 유단 AT 또는 CVT이고 MT는 지극히 적다. 자동차 기술 중에서 멸종 위기에 처한 종류라고 해도 과언이 아닌 상태이다. 그러나 세계를 보면 거의 반수가 MT이고, MT 베이스의 DCT / AMT는 성장 중이다. 미국에서조차도 사용자가 선택할 수 있는 MT차의 수는 일본보다 많다. 일본시장 만이 세계에서 유별나게 「MT 기피」로 되어버렸다. 이러한 현재의 상황을 MT전문 서플라이어는 어떻게 생각하고 있을까? 그것을 우선 코이데 상무에게 물었다.

"확실히 MT의 비율은, 긴 기간 바라보면 내려갔습니다. 그러나 전세계의 자동차 생산대수가 증가하고 있기 때문에 MT차의 절대수량은 줄지 않았습니다. 근래에는 중국 및 인도라는 신흥국이 자동차 수요를 끌어올리고

있지만, 이들 나라에서는 MT가 주류입니다. 아직까지도 일본 이외에서는 MT가 주류인 시장이며, 이런 경향은 적어도 2015년쯤 까지 변함이 없다고 예측하고 있습니다. 일본만을 보고 MT를 논할 수는 없습니다."

필자도 동감이다. 코이데 상무는 말을 이어나갔다.

"2010년의 중국자동차 시장은 약 1800만대입니다. 이것이 2015년에는 2500만대로 될 것이라고 말들 하지만, 그것이 조금 더 빨라질 것이라고 보는 견해도 있습니다. 중국에 대해서 말하자면, 불과 수년전의 예측이 점점 상향으로 수정되고 있습니다. 예측에서 상승분 정도만 따내도 큰 비즈니스입니다."

중국내 로컬 브랜드의 MT차를 운전해보면 기어소음의 크기에 두 손을 들게 된다. 눈썰미로 보고 제품의 형태만은 만들 수 있지만, 품질이나 신뢰성에는 관심이 없다. 그러한 나라와 비즈니스를 하게 된다면 가격 승부로 되어버린다. 그래도 좋으니까 중국시장에 깊게 파고들려면, 상당한 각오가 필요하다.

"중국 기업 중에서도, 열처리나 기계가공에 대해 논의 할 수 있는 회사가 속출하고 있습니다. 대단한 기세

로 진보하고 있습니다. 여하튼 중국 자동차 메이커는 지금 이대로는 안 된다고 생각합니다. 서플라이어도 빼앗기고 말겠지요. 싼 제품도 남을 것이라고 생각하지만, 주류는 변할 것입니다. 중국에는 큰 비즈니스 찬스가 있습니다."

중국 자동차시장은 어떻게 변할 것인가? 1990년대 중반 이후, 적극적으로 해외 자동차 메이커를 불러들이고, 중국 국영 자동차 메이커가 자본의 반을 차지하는 스타일로 합작회사를 여러 개 설립하여, 확실히 연안의 대도시들은 외국 브랜드차로 넘쳐나고 있다. 2009년에 엔진 배기량 1600cc 이하의 승용차가 구입세 반액 감면이 시행된 이후는 중소도시에서 승용차의 1차 구매자가 탄생하였다. 내륙에서는 이제부터 1차 구매자가 탄생하고, 동시에 연안부에서는 제 2의 구매자, 제 3의 구매자가 단숨에 늘어났다. 한 번 자동차를 경험한 층이, 시끄러운 소리가 나는 중국 로컬 브랜드차를 살 것이라고는 생각되지 않는다. 상급으로의 이행은 확실하게 일어난다.

"여러 가지 타입의 사용자가 혼재하는 시장으로 될 것입니다. 거기에 우리가 들어가고, MT를 팔려고 한다면

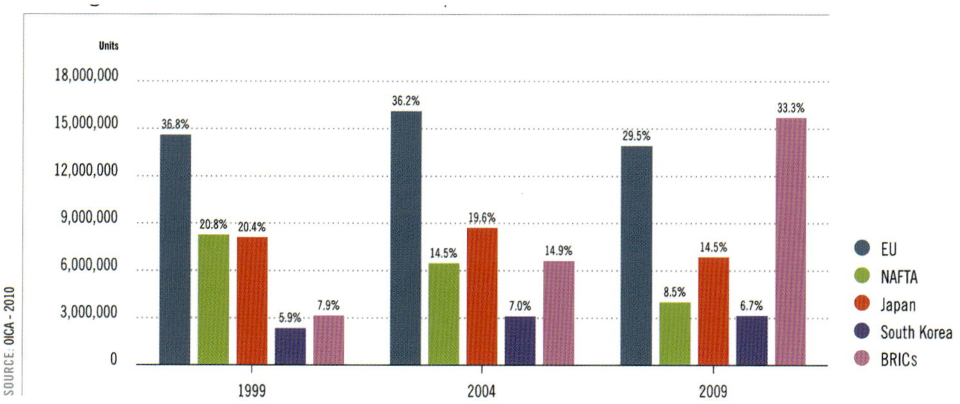

ACEA(유럽자동차공업회)가 작성한 이 그래프는, BRICs(브라질 / 러시아 / 인도 / 중국)라 부르는
신흥국의 지위가 자동차 산업에서 얼마만큼 높아졌는지를 여실히 말해주고 있다. 지금은 전세계
자동차 생산량의 3분의1이 BRICs이다. 더욱이 생산대수의 신장이 현저하다. 그리고 일본의 생산
수량(KD세트 포함) 중의 반은 수출용이다. 이 그래프를 보는 것만으로도 MT 수요가 결코 축소되
지 않는다는 것을 확인할 수 있다.

AMT의 액추에이터 부분이다. 이 유닛은 도요타에 공급되어 유럽시장용
모델에 탑재되고 있지만, 일본에서는 판매되지 않는다. 보다 많은 사람
의 눈에 띔으로써 상품은 더욱 개선될 것이다. 반드시 일본에서의 판매
를 희망해본다.

AISIN AI는 4WD용 트랜스퍼 유닛도 담
당한다. 4륜구동 기술은 미래의 신흥국을
향한 비지니스로 이어질수 있다고 보고 있
는 것 같고, 중국 메이커와는 비즈니스 이
야기가 진행중인 것 같다. 계열을 넘어선
적극적인 개척은 본격화할 것이다.

『좋은 물건이므로 비싸다』라고 해서는 통하지 않습니다.
싼 제품이라도 품질을 공들여 만들지 않으면 안 됩니다."

그렇다. 일본은 「쌀 것이다」라는 제품을 만들어서는
안 된다. 필자도 그렇게 생각한다. 싸더라도 눈이 가는
제품이 아니면 안 된다. 그러나 말로 하기는 쉽지만…

"유닛 메이커 나름대로 특유의 살아갈 길이 있다고 생
각합니다. 현재 MT는 다품종 소량생산입니다. 작은 사
양 차이가 산만큼 있지요. 그러나 가령 기본적인 부분,
공통으로 사용할 수 있는 곳과 개개의 오더에 구애받는
곳을 확실하게 할 수 있다면, 경쟁력을 높이는 것이 가능
합니다. 일본이나 유럽에서도, MT를 자동차 메이커가
자체 생산하는 예는 제법 많습니다만, 하나의 유닛으로
많은 수를 소화시키는 것은 이미 어려운 상황입니다. 그
렇다면 우리 유닛 메이커의 찬스입니다. 많은 자동차 메
이커에서 사용할 수 있는 유닛을 제공하면 됩니다. 공통
부분으로 물량을 확보하고, 여러 가지의 주문에 응할 수
있는 영역을 부가가치로 만들 수 있다고 생각합니다. 실
제로 우리에게 그러한 타입의 상품이 있습니다."

코이데 상무는 앞으로도 MT생산은 더욱 확대될 것이
라고 단언한다. "보통의 MT뿐만 아니라 AMT나 DCT도
있기 때문에 전체적으로는 더욱 늘어납니다."라고. 일본
시장만을 보면 "어?"하고 고개를 갸웃할 발언이지만, 전
세계를 바라보면 당연한 결론이다. 그러나 AISIN AI는
DCT를 가지고 있지 않은데……

"연구는 하고 있습니다. 언제라도 착수할 수 있도록
준비는 해 왔습니다. 연구해보면, DCT의 결점도 알 수
있지만, 뭐니 뭐니 해도 『그 자체』로 기계효율이 좋게 발
휘되는 것도 알 수 있습니다. 특히 엔진 배기량이 축소되
는 추세 중에서는, 어느 일부분의 운전 영역만을 말하는
것이 아니라, 넓은 영역에서 연비가 개선됩니다. 일본시
장에서 과급 다운사이징이 받아들여질지 어떨지는 별도
로 하고, 과급다운사이징 엔진과 DCT의 조합은 확실히
연료소비의 저감으로 이어집니다."

그렇다고 하여도 교통 흐름의 평균속도가 낮은 일본에
서는 모드연비의 좋은 점을 어필하는 것만으로 족하다.
실용연비는 그다지 문제가 되지 않는다. 승용차 사용자
의 연간 주행거리 평균은 5000km대이다. 자동차의 판
매대수가 뚝 떨어지고, 평균 주행거리(km)도 감소하고
있는데도, 일본 국내의 가솔린 소비량은 줄지 않는다. 디
젤 배기가스 규제의 강화에 따라 거의 모든 밴과 소형트
럭의 일부가 가솔린을 이용하게 된 것 이외에도, 승용차
의 실용연비가 모드 연비로 내려가지 않는다는 사정이
있을 것이다.

"일본은 평균차속이 낮기 때문에 CVT의 장점은 나오
기 쉽지요. 그러나 우리에게는 MT밖에 없기 때문에, 이
것을 베이스로 한 선택지에서는 MT / DCT / AMT입니
다. 이것에 하이브리드 시스템을 조합하는 것도 가능하
기 때문에, 결코 비즈니스 찬스는 적지 않습니다."

그러나 AMT야말로 일본에서는 MT보다 소수파다.
MT의 전달효율을 그대로 활용하고, 왼쪽 발의 클러치
조작은 불필요한 변속기이므로, 더욱 주목받아도 좋다고
생각하지만, 유럽시장용에 AMT차를 준비하고 있는 일
본의 자동차 메이커도 일본에서는 팔지 않는다. 최근의
AMT는 등장했을 당시에 비하면 현격하게 진보하였다.
그러나 일본의 사용자는 피아트계의 몇 개의 모델을 제
외하면 AMT를 체험할 기회가 없다. "먹어보지도 않고
무작정 싫어한다."고 말하기보다는 "파는 가게가 없다."
라는 상태. 한 번도 시식해보지 못하면 평가할 수도 없
다.

"초기 AMT가 실패작이라고 받아들여진 탓일까요…

현재의 AMT는 진보했습니다. 앞날을 생각하더라도, 가
령 푸조 / 시트로엥은 AMT차에 후륜구동용 모터를 조
합한 하이브리드차를 생각하고 있는 것 같고, 기구 면에
서는 구동력 단절 시간은 종래보다 훨씬 더 짧아지고
있습니다."

코이데 상무가 말한 것처럼, 요즈음의 AMT는 몰라볼
정도로 진보하였다. 그러나 일본시장에서는 시간을 들
여 변속을 하고, 변속쇼크를 없애고, 오로지 「매끄러움」
「둥굴둥글」한 맛이 들어있는 유단 AT와 CVT가 압도적
으로 다수이다. AMT의 구동 끊김 시간이 거의 운전성
능에 영향을 주지 않을 정도로 짧아졌다고는 하지만, 토
크컨버터식 유단 AT에 익숙한 사용자는 「가속페달을 복
귀시키면서 변속을 기다린다」라는 동작 자체를 할 수가
없다. 여기에 대대적인 수정을 가하지 않는 한 일본에서
AMT가 인지되는 일은 없을 것이다. 동시에 의도하지 않
은 변속이 들어온다는 점은 MT에 익숙한 사용자에게 위
화감을 준다. 결국 AT사용자에게도 MT 사용자에게도
「어중간」하다고 생각되고 만다.

공급측의 사정으로 말하자면, AMT는 AT에 비해서 탑
재 모델별로 교정 작업이 적다는 점이 장점이지만, 애석
하게도 물량이 적습니다. AT는 교정 작업이 큰일이지만,
채용 대수가 늘어나서 공통부분이 많아지면 일손은 줄어
듭니다. AMT로 어떻게 표준화를 진행시키고, 모델별 교
정 방법을 어떻게 바꾸어 나갈 것인가? 여기에 무엇인가
하지 않으면 안 된다고 생각하고 있습니다."

코이데 상무에게 반드시 질문하고 싶었던 것은 '일본
시장에서 MT가 자취를 감춘 까닭'에 대해서이다. 평균
차속이 낮은 데도 「신호직후 돌진」으로 튀어나가고 싶어
하는 경향은, AT가 시장에 출시되기 시작했을 즈음부터
일본에 있었다. 거기에 엔진의 스타팅 토크를 극적으로

팽창 시킬수 있는 토크컨버터식 AT가 들어왔다. 처음에는 고가의 장비였지만, 설비투자를 수량으로 커버한다는 현재의 CVT와 비슷한 제품전략의 결과로, 유닛 가격은 점점 싸지고, 유단 AT의 보급은 가속화되었다. 과연 그런 과정에서 MT의 무엇이 꺼려진 것일까. 왜 MT를 만들어내는 것에 정진하지 않았던 것일까. 그것이 알고 싶었다.

"유감스럽게도 『꺼렸다』라는 관점으로 MT를 보지는 않았습니다만, 한 가지 짐작이 가는 것은, 1980년대에 자동차가 점점 고성능화하고 있었을 때, MT차에서는 클러치 직경이 커지면서 조작력이 필요해졌습니다. 변속조작도 점점 묵직해졌어요. 특히 스포츠카의 클러치는 발이 아플 정도로 무거웠지요. 자동차의 대형화·고성능화에 일본의 MT기술이 따라갈 수 없었던 것은, 그 시대일지 모르겠군요. 그 시절, 도요타는 Supra용의 MT를 독일의 Getrag Corporate Group에서 구입했지만, 유럽에서는 MT차의 개량이 꾸준히 진행되고 있었어요. 일본의 MT 기술은 공부가 부족했다고 말하더라도 어쩔 수 없습니다."

완전히 같은 현상이 DE(디젤엔진)에서도 일어났다. 유럽에서 유닛 인젝터가 나오고, 커먼 레일 시스템이 생겨난 것에 반해, 일본 자동차 메이커는 DE개발을 대부분 그만두어 버렸다. 회복하는 것은 대단히 어렵다. 지금도 일본의 DE 평균점과 유럽의 평균점을 비교해보면, 차이는 메워지지 않는다.

"유럽차의 MT는 잘 되어 있습니다. 엔진과 클러치 사이의 협조제어가 들어가고, 스타트 할 때에 엔진 스톱이 일어나지 않도록 되었으며, 연료 저감도 이루어지고 있습니다. 그러나 우리가 '새로운 MT차가 참 좋군요.'라고 말은 할 수 있어도 일본에서는 맛볼 수가 없습니다. AMT도 마찬가지입니다. AMT의 취약한 점은 발진과 클러치의 내구성이지만, 그것만을 강구하는 것이 아니라 Hill hold 기능을 넣어 비탈길에서의 불안감을 없앤다거나, 엔진과의 제휴를 적극적으로 하는 등, 전체적으로의 상품성을 높이는 수단은 여러 가지 있다고 생각합니다. 말씀하신 것처럼, 일본의 MT는 오랫동안 현상에 안주하며 노력하지 않았는지도 모르겠습니다."

AMT는 AISIN SEIKI가 클러치 부분을 담당하고 있다. AISIN SEIKI라고 하면, 엔진도 역시 자사에서 만들 수 있는 회사다. 엔진과 MT / AMT / DCT의 세트로 제어까지도 포함된 비즈니스가 가능할 것이다. 유럽의 서플라이어는 그러한 시스템의 비즈니스로 살아가고 있다.

이것은 필자의 지론이지만, 일본의 부품 메이커는 모두 「Tier 0」에 용납될만한 기술력을 가지고 있다. Tier 1이나 Tier 2도 아닌, Tier 0이다. 부품의 공급뿐만 아니고, 새로운 가치의 진원지이다. 특출하게 대단한 것이 없는 기술을, 데이터의 백그라운드와 정교한 프레젠테이션으로 세계로 널리 퍼지게 해온 것은 유럽과 미국의 서플라이어이며, 일본도 그 방식을 조금 본받아야 한다. 기술의 염가 판매, 인재(人材)의 낭비는 아니고, 일본의 종합력으로서의 서플라이어 집단을 어필할 찬스라고 생각하고 있다. "듣기 거북한 이야기겠지만, 우리가 노력하지 않으면 안 됩니다. 그 한 가지를 말해보면, 지금 우리는 변속감각의 정량(定量)화를 진행시키고 있는데, 여기에서 비즈니스 찬스를 넓힐 수 있다고 생각합니다. 같은 유닛으로, 다양한 자동차 메이커의 『취향』에 맞는 변속감각을 실현할 수 있습니다. 많이 팔아서 목표하는 이익을 내지 않으면 안 되는 유닛 메이커의 숙명을 장점으로 바꿀 수단의 하나입니다. 우리는 많은 제품을 가지고 있기 때문에, 자동차 메이커에 대해서는 MT계의 시리즈로서 제공할 수가 있어요. 이것도 큰 무기입니다. 신흥국 메이커에 대해서도, 위에서부터 아래까지의 모델 라인업에 송두리째 대응할 수 있어요. 비즈니스 찬스는 많이 있습니다. 그것을 어떻게 개척할지가 관건입니다."

2011년에 AISIN AI는 창립 20주년을 맞이했다. AISIN SEIKI 시로야마(城山) 공장에서 시작된 도요타용 MT의 생산이 이 회사의 원류(源流)이다. 그것이 분사된지 20년. 기술력을 인정받아 포르쉐 911용 MT 개발을 맡는 데에 이르고, 이 책이 발간될 즈음에는 한정발매가 되고 있는 렉서스 LFA에서도, AISIN AI제의 변속기가 채용되고 있을 것이다. 개인적으로는 반드시 AISIN AI제의 DCT를 보고 싶다. VW의 DSG는 「자사 내 생산 설비와 고용을 유지한다」고 하는 사내 '방어적'사정으로 시작되었지만, AISIN AI라면 '공격적'인 DCT가 가능할 것이다. 꼭 그렇게 되기를 기원해 본다.

이번 취재에서 MT개발 최전선의 모습을 만나볼 수가 있었다. 일본시장만을 보고 있어서는 상상도 못하는 상품성 추구의 자세가 그곳에는 있었다. 비책은 아직도 있을 것이다. 앞으로 등장하는 신규 개발 MT에 큰 기대를 가져본다.

효율 추구가 생명인 MT에서는 윤활도 재검토되고 있다. 사진의 수지부품은 최소한으로 필요한 오일만을 공급하기 위한 것이다. 원래부터 좋은 전달효율을 활용하기 위해서는 효율면에서 0.01%의 개선 추구가 MT의 상품성을 높이는 것이다.

📷 Portrait of **MT Specialists**

　MT / DCT의 특집에 즈음하여 아래의 여러분들의 협력을 받았으며, 일반론 뿐만 아니라 귀중한 이야기를 해 주셨다. 이 장을 빌어서 감사의 말씀을 드리고 싶다. 특집의 구상단계에서는 「어디까지 파고 들 수 있을까」라는 점에 일말의 불안이 있었지만 완전한 기우였다. 전문가 분들은, 먼 미래까지를 생각하고 있었다. 「MT차가 없어질지도 모르겠다」라는 걱정을 할 필요가 없으며 AT계와 MT / DCT / AMT는 앞으로도 당분간 계속해서 양대 산맥일 것이라는 확신을 얻을 수가 있었다. 본지 14호에서 유단 AT를 특집으로 했을 때, 변속기의 이상적인 형상이 「시장이나 지역별로 변한다」는 것을 전했었다. 그런 연장선상에서 말하자면, MT도 마찬가지이다. 일본과 북미가 특출나게 AT계 비율이 높다. 다만 일본에 비해서 자동차 교통 밀도가 낮은 북미에서는, 스포츠카 / 스포티 카의 분야에서는 스틱 시프트(MT)의 선택지가 의외로 많다. 포드 머스탱 V8은 MT에서 인기가 있고, 노력을 확대해 온 한국산 Coupe도 MT를 설정하고 있다. 지론을 말하자면, 특별히 MT이던지 AT이던지 상관은 없다. 운전성능이 뛰어난 자동차를 타고 싶다고 생각할 뿐이다. 경향으로 말하자면, VW Golf나 Mitsubishi Lancer Evolution X나, Alfa Romeo Mito나 DCT차의 운전성능은 대단히 좋다. 다이렉트감은 MT 베이스가 아니고는 할 수가 없으며 일정한 모델 레인지에서 앞으로는 점점 DCT가 늘어날 것이라고 생각하게 해 준다. VW으로 말하면, 과급 다운사이징 엔진과 DCT의 조합 이상으로 3600cc V6엔진을 탑재한 최대토크 350Nm Passat CC에서의 DCT가 손에 익숙한 방식에 놀랐다. 감속시에 다소의 머뭇거림은 있지만, 엔진 토크가 그대로 살아있기 때문에, 쓸데없이 가속페달을 밟을 필요가 없다. 시내 도로 50%+고속도로 50%를 주행해서 약 8km/ℓ인 성능은 훌륭하다. 큰 배기량, 큰 토크와 DCT의 조합도 「있다」. 동시에 라인업에 MT차를 설정하고, 이를 위하여 정확한 운전 자세(드라이빙 포지션)와 콕피트(Cockpit) 레이아웃이 요구되는 것은, 자동차의 기본적인 「약속」을 지키는 데에 필요한 것은 아닐까라고 생각해본다. 유감스럽게 일본에서만 팔리는 AT / CVT 모델은 패키징과 장착에서 세부적으로 약간의 차이를 느낀다. MT가 주류였던 시절의 일본차는 그렇지는 않았다. 변속기 본연의 모습뿐만 아니라 자동차 본연의 모습 전체에, MT베이스의 사고(思考)가 필요할 지도 모르겠다. MT 전문가 여러분들은 어떻게 생각하고 있을까?

타카하시(高橋由香里)
미츠비시자동차공업
개발본부 파워트레인 실험부
(드라이브 트레인 시험담당)

하야시(林 邦繁)
미츠비시자동차공업
개발본부 파워트레인 실계부
(드라이브 트레인 설계)

시라사와(白沢敏邦)
미츠비시 후소 트럭 · 버스
개발본부 파워트레인 개발통괄부
구동계 설계부 매니저
(소형구동계 설계담당)

기쿠치(菊池敏之)
마츠다
파워트레인 개발본부 주사

요시모토(吉本直晃)
마츠다
파워트레인 개발본부
드라이브 트레인 개발부 유닛개발
그룹 주간

오카도메(岡留泰樹)
마츠다
파워트레인 개발본부
드라이브 트레인 개발부 MT
설계그룹 어시스턴트 매니저

요시다(吉田一男)
AISIN AI
구동기술부 차장(겸) 제 7기술 그룹
그룹 매니저

나카하라(中原良仁)
AISIN AI
구동기술부 제 1기술 그룹
그룹 매니저

닛타(新田康博)
AISIN AI
구동기술부 제 5기술 그룹
그룹 매니저

스즈키(鈴木裕之)
AISIN AI
구동기술부 제 2기술 그룹
그룹 매니저

이토(伊藤隆充)
AISIN AI
구동기술부 제 4기술 그룹
그룹 매니저

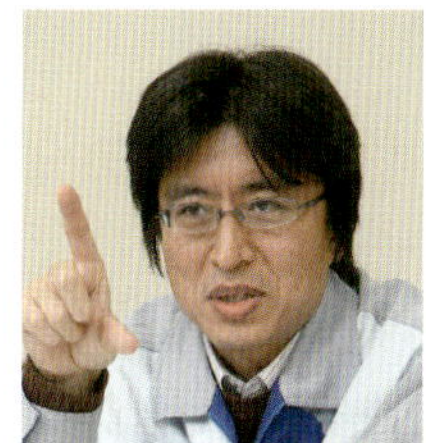

스즈키(鈴木康久)
AISIN AI
기어기술부 기술 그룹 차장

우에다(上田幸男)
AISIN AI
해석기술부 부장

가토(加藤浩美)
AISIN SEIKI
구동계기술부 구동 제 3그룹
그룹 매니저

미야자키(宮崎剛枝)
AISIN AI
구동기술부 제 8기술 그룹
그룹 매니저

나카가와(中川荘二)
AISIN SEIKI
구동계기술부 전도 제 1그룹 설계
제3팀 팀리더(과장급)

이노우에(井上敦之)
AISIN AI
구동기술부 부부장

순서 무작위, 경칭 생략

촬영 : 미즈카와(水川尚由)
MFi

All MT/AMT/DCT cars in Japan

Specifications

일본내 유통 전체 MT / AMT / DCT 차 제원 일람표 (2010년 12월·일본사양)

본 특집의 끝맺음으로서, 각 메이커의 MT / AMT / DCT를, 2010년 12월, 일본 국내에서 유통되고 있는 탑재차의 제원 일람표로 정리해 기록한다.

MT = Manual Transmission / 매뉴얼 트랜스미션, AMT = Automated Manual Transmission / 자동화 매뉴얼 트랜스미션,
DCT = Dual Clutch Transmission / 2단 클러치식 자동화 매뉴얼 트랜스미션
N/A : Not Announced / 비공개

● TOYOTA

Vehicle	Name	Type	1st	2nd	3rd	4th	5th	6th	7th	Reverse	Final	Engine
iQ	6단 매뉴얼	6MT	3.538	1.913	1.31	1.029	0.875		–	3.333	3.736	I4:1329cc/69kW/118Nm
Rush	5단 매뉴얼	5MT	3.769	2.045	1.376	1	0.838	–	–	4.128	5.125	I4:1496cc/80kW/141Nm
Auris	6단 매뉴얼	6MT	3.538	1.913	1.31	0.971	0.818	0.7	–	3.333	4.294	I4:1496cc/80kW/141Nm
Corolla Fielder	5단 매뉴얼	5MT	3.545	1.904	1.233	0.885	0.725	–	–	3.25	4.312	I4:1496cc/81kW/140Nm
Corolla Axio	5단 매뉴얼	5MT	3.545	1.904	1.233	0.885	0.725	–	–	3.25	4.312	I4:1496cc/81kW/140Nm
Probox Wagon	5단 매뉴얼	5MT	3.545	1.904	1.31	0.969	0.815	–	–	3.25	4.132	I4:1496cc/80kW/141Nm
Probox Wagon	5단 매뉴얼	5MT	3.545	1.904	1.31	1.031	0.864	–	–	3.25	4.058	I4:1496cc/80kW/141Nm
Comfort	5단 매뉴얼	5MT	3.954	2.141	1.384	1	0.85	–	–	4.091	3.583	I4:1998cc/83kW/186Nm
Liteace Van	5단 매뉴얼	5MT	3.769	2.045	1.376	1	0.838	–	–	4.128	4.875	I4:1495cc/71kW/134Nm
Townace Van	5단 매뉴얼	5MT	3.769	2.045	1.376	1	0.838	–	–	4.128	4.875	I4:1495cc/71kW/134Nm
Townace Truck	5단 매뉴얼	5MT	3.769	2.045	1.376	1	0.838	–	–	4.128	4.875	I4:1495cc/71kW/134Nm
Succeed Van	5단 매뉴얼	5MT	3.545	1.904	1.31	0.969	0.815	–	–	3.25	4.132	I4:1496cc/80kW/141Nm
Succeed Van	5단 매뉴얼	5MT	3.545	1.904	1.31	1.031	0.864	–	–	3.25	4.058	I4:1496cc/80kW/141Nm
Quick Delivery-200	5단 매뉴얼	5MT	4.981	2.911	1.556	1	0.738	–	–	4.625	4.1	I4디젤 : 4009cc/ 100kW/ 353Nm
Costa	M551형	5MT	5.099	2.91	1.652	1	0.674	–	–	4.625	4.875	I4디젤 : 4009cc/ 110kW/ 392Nm
Costa	M551형	5MT	4.535	2.858	1.6	1	0.744	–	–	5.043	5.625	I4디젤 : 4104cc/ 85kW/ 306Nm

● LEXUS

Vehicle	Name	Type	1st	2nd	3rd	4th	5th	6th	7th	Reverse	Final	Engine
LFA	ASG	6AMT	3.231	2.188	1.609	1.233	0.97	0.795	–	3.587	3.417	V10:4805cc/412kW/480Nm

● NISSAN

Vehicle	Name	Type	1st	2nd	3rd	4th	5th	6th	7th	Reverse	Final	Engine
Note	5단 매뉴얼	5MT	3.727	2.047	1.392	1.029	0.82	–	–	3.545	4.066	I4:1597cc/80kW/152Nm
Skyline Coupe	6단 매뉴얼	6MT	3.794	2.324	1.624	1.271	1	0.794	–	3.446	3.692	V6:3696cc/245kW/363Nm
GT-R	GR6형	6MT	4.056	2.301	1.595	1.248	1.001	0.796	–	3.383	3.7	V6:3799cc/390kW/612Nm
X-trail	6단 매뉴얼	6MT	3.727	2.043	1.322	0.947	0.723	0.696	–	3.641	4.266	I4디젤 : 1995cc / 127kW / 360Nm
NV200 Vanette	5단 매뉴얼	5MT	3.727	2.047	1.392	1.096	0.891	–	–	3.545	4.214	I4:1597cc/80kW/152Nm
Caravan 평상(平床)	5단 매뉴얼	5MT	4.225	2.341	1.458	1	0.796	–	–	4.225	4.875	I4:1998cc/96kW/178Nm
Caravan microbus / Coach	5단 매뉴얼	5MT	4.225	2.341	1.458	1	0.796	–	–	4.225	4.625	I4:1998cc/96kW/178Nm
Vanette Van	5단 매뉴얼	5MT	4.712	2.632	1.479	1	0.825	–	–	4.05	4.444	I4:1798cc/75kW/147Nm
Civilian TB45E	5단 매뉴얼	5MT	5.099	2.863	1.588	1	0.752	–	–	4.862	5.571	I6:4478cc/127kW/314Nm
Civilian ZD30DDTi	5단 매뉴얼	5MT	5.099	2.863	1.588	1	0.752	–	–	4.862	6.167	I4:2953cc/110kW/333Nm

● HONDA

Vehicle	Name	Type	1st	2nd	3rd	4th	5th	6th	7th	Reverse	Final	Engine
CR-Z	6단 매뉴얼	6MT	3.142	1.869	1.303	1.054	0.853	0.688	–	3.307	4.111	I4+모터/ 84+10kW/ 145+78Nm
Fit 1.3G	5단 매뉴얼	5MT	3.307	1.75	1.171	0.853	0.727	–	–	3.307	4.294	I4:1339cc/73kW/127Nm
Fit 1.5RS	6단 매뉴얼	6MT	3.461	1.869	1.235	0.948	0.809	0.727	–	3.307	4.625	I4:1496cc/88kW/145Nm
Civic Type R	6단 매뉴얼	6MT	3.266	2.13	1.517	1.147	0.921	0.738	–	3.583	5.062	I4:1998cc/165kW/215Nm
Vamos / Vamos Hobio	5단 매뉴얼	5MT	4.083	2.5	1.68	1.133	0.911	–	–	4.3	5.714/4WD:3.272(F), 6.230 (R)	I3:656cc/33kW/59Nm
Vamos Hobio Pro / Acty Van	5단 매뉴얼	5MT	4.083	2.5	1.68	1.133	0.911	–	–	4.3	6.230/4WD:3.272(F), 6.230 (R)	I3:656cc/33kW/59Nm

● SUZUKI

Vehicle	Name	Type	1st	2nd	3rd	4th	5th	6th	7th	Reverse	Final	Engine
Swift XG / XL	5단 매뉴얼	5MT	3.454	1.857	1.28	0.966	0.757	–	–	3.272	4.388	I4:1242cc/67kW/118Nm
Escudo XG	5단 매뉴얼	5MT	4.545	2.354	1.693	1.241	1	–	–	4.431	3.727	I4:2393cc/122kW/225Nm
Jimny Sierra	5단 매뉴얼	5MT	4.425	2.304	1.674	1.19	1	–	–	5.151	3.416	I4:1328cc/65kW/118Nm
Alto F	5단 매뉴얼	5MT	4.3	2.47	1.521	1.093	0.897	–	–	3.583	4.526/4WD:4.937 (F), 2.562 (R)	I3:658cc/40kW/63Nm
Jimny -XG / XC	5단 매뉴얼	5MT	5.106	3.017	1.908	1.264	1	–	–	5.151	4.3	I3:658cc/47kW/103Nm
WagonR FX	5단 매뉴얼	5MT	4.3	2.47	1.521	1.093	0.897	–	–	3.583	4.526/4WD:4.937 (F), 2.562 (R)	I3:658cc/40kW/63Nm
Alto van VP	5단 매뉴얼	5MT	4.3	2.47	1.521	1.093	0.897	–	–	3.583	4.526	I3:658cc/40kW/63Nm
Every Non-turbo	5단 매뉴얼	5MT	5.106	3.017	1.908	1.264	1	–	–	5.151	5.125/4WD:5.375	I3:658cc/36kW/62Nm
Every Turbo	5단 매뉴얼	5MT	5.106	3.017	1.908	1.264	1	–	–	5.151	4.3/4WD:4.3	I3:658cc/47kW/95Nm

● 후지중공업(SUBARU)

Vehicle	Name	Type	1st	2nd	3rd	4th	5th	6th	7th	Reverse	Final	Engine
Impreza 2.0GT	5단 매뉴얼	5MT	3.166	1.882	1.296	0.972	0.738	–	–	3.333	4.111	F4:1994cc/184kW/333Nm
Impreza Anesis	5단 매뉴얼	5MT	3.454	1.947	1.296	0.972	0.78	–	–	3.333	4.444	F4:1498cc/81kW/144Nm
Legacy B4	6단 매뉴얼	6MT	3.454	1.947	1.296	0.972	0.78	0.666	–	3.636	4.111	F4:2457cc/210kW/350Nm
Legacy Touring Wagon	6단 매뉴얼	6MT	3.454	1.947	1.296	0.972	0.78	0.666	–	3.636	4.111	F4:2457cc/210kW/350Nm
WRX STI 4door	6단 매뉴얼	6MT	3.636	2.375	1.761	1.346	1.062	0.842	–	3.545	3.9	F4:1994cc/227kW/422Nm
WRX STI 5door	6단 매뉴얼	6MT	3.636	2.375	1.761	1.346	1.062	0.842	–	3.545	3.9	F4:1994cc/227kW/422Nm
WRX STI 5door spec C	6단 매뉴얼	6MT	3.636	2.375	1.761	1.346	1.062	0.842	–	3.545	3.9	F4:1994cc/227kW/430Nm

Vehicle	Name	Type	1st	2nd	3rd	4th	5th	6th	7th	Reverse	Final	Engine
Impreza XV 1.5i	5단 매뉴얼	5MT	3.454	1.947	1.296	0.972	0.78	–	–	3.333	4.444	F4:1498cc/81kW/144Nm
Forester 2.0	5단 매뉴얼	5MT	3.454	1.947	1.296	0.972	0.78	–	–	3.333	4.444	F4:1995cc/109kW/196Nm
Forester 2.0 XT	5단 매뉴얼	5MT	3.454	1.947	1.296	0.972	0.738	–	–	3.333	4.444	F4:1994cc/169kW/319Nm
Sambar / Dias	5단 매뉴얼	5MT	4.09	2.47	1.615	1.125	0.861	–	–	4.166	6.5	I4:658cc/35kW/58Nm
Sambar SC / Dias SC	5단 매뉴얼	5MT	4.09	2.352	1.518	1.06	0.81	–	–	4.166	6.166	I4:658cc/43kW/74Nm

● MAZDA

Vehicle	Name	Type	1st	2nd	3rd	4th	5th	6th	7th	Reverse	Final	Engine
Demio 13C	5단 매뉴얼	5MT	3.416	1.842	1.29	0.972	0.775	–	–	3.214	3.85	I4:1348cc/67kW/124Nm
Demio SPORT / 15C	5단 매뉴얼	5MT	3.416	1.842	1.29	0.972	0.775	–	–	3.214	4.105	I4:1498cc/83kW/139Nm
Mazda Speed Axela	6단 매뉴얼	6MT	3.214	1.913	1.386	1.025	0.948	0.79	–	3.456	4.187(1-4단),3.526(5-6단, 후진)	I4:2280cc/194kW/380Nm
Atenza Sport 25Z	6단 매뉴얼	6MT	3.454	1.842	1.31	0.97	0.795	0.68	–	3.198	4.388	I4:2488cc/125kW/226Nm
RX-8 Type S/RS	6단 매뉴얼	6MT	3.815	2.26	1.536	1.177	1	0.787	–	3.603	4.777	I2RE:654cc×2/173kW/216Nm
Roadster S / NR-A	5단 매뉴얼	5MT	3.136	1.888	1.33	1	0.814	–	–	3.758	4.1	I4:1998cc/125kW/189Nm
Roadster RS / RS RHT	6단 매뉴얼	6MT	3.815	2.26	1.64	1.177	1	0.787	–	3.603	4.1	I4:1998cc/125kW/189Nm:4805cc/412kW/480Nm

● MITSUBISHI

Vehicle	Name	Type	1st	2nd	3rd	4th	5th	6th	7th	Reverse	Final	Engine
Colt Ralliart Ver.R	5단 매뉴얼	5MT	3.538	1.913	1.344	1.027	0.833	–	–	3.357	3.737	I4:1468cc/120kW/210Nm
Garant Fortis	TC-SST	6DCT	3.655	2.368	1.754	1.322	0.983	0.731	–	4.011	4.062	I4:1998cc/177kW/343Nm
Lancer Evolution X	TC-SST	6DCT	3.655	2.368	1.754	1.322	1.008	0.775	–	4.011	4.062	I4:1998cc/221kW/422Nm
Lancer Evolution X	5단 매뉴얼	5MT	2.857	1.95	1.444	1.096	0.761	–	–	2.892	4.687	I4:1998cc/221kW/422Nm
Pajero Long 가솔린차 GR	5단 매뉴얼	5MT	4.234	2.238	1.398	1	0.819	–	–	3.553	4.272	V6:2972cc/131kW/178Nm
eK Wagon M	5단 매뉴얼	5MT	3.545	2.055	1.391	0.964	0.781	–	–	3.5	5.461	I3:657cc/37kW/62Nm
Pajero Mini VR / ZR	5단 매뉴얼	5MT	4.2	2.45	1.524	1	0.807	–	–	3.776	5.625	I4:659cc/47kW/88Nm

● DAIHATSU

Vehicle	Name	Type	1st	2nd	3rd	4th	5th	6th	7th	Reverse	Final	Engine
Copen	5단 매뉴얼	5MT	3.181	1.842	1.25	0.916	0.75	–	–	3.142	5.545	I4:659cc/47kW/110Nm
Esse Custom / D	5단 매뉴얼	5MT	3.416	1.947	1.25	0.916	0.75	–	–	3.142	4.933	I3:658cc/43kW/65Nm
Mira L	5단 매뉴얼	5MT	3.416	1.947	1.25	0.916	0.75	–	–	3.142	4.933/4WD:5.545	I3:658cc/43kW/65Nm
Terios Kid / Custom L	5단 매뉴얼	5MT	4.059	2.389	1.457	1	0.838	–	–	4.128	6.666	I3:658cc/47kW/107Nm
Mira Van	5단 매뉴얼	5MT	3.416	1.947	1.25	0.916	0.75	–	–	3.142	4.933/4WD:5.545	I3:658cc/43kW/65Nm
Hijet Cargo	5단 매뉴얼	5MT	4.059	2.389	1.636	1	0.838	–	–	4.128	6.666	I3:658cc/37kW/64Nm
Hijet Cargo Cruise turbo	5단 매뉴얼	5MT	3.769	2.389	1.636	1	0.838	–	–	4.128	5.571	I3:658cc/47kW/103Nm

● ALFA ROMEO

Vehicle	Name	Type	1st	2nd	3rd	4th	5th	6th	7th	Reverse	Final	Engine
Mito Sprint / Competizione	ALFA TCT	6DCT	3.9	2.269	1.522	1.116	0.915	0.767	–	4	4.118	I4:1368cc/99kW/230Nm
Mito 1.4T Sport	6단 매뉴얼	6MT	3.818	2.158	1.475	1.067	0.875	0.744	–	3.545	4.176	I4:1368cc/114kW/230Nm
147	Selespeed	5AMT	3.909	2.238	1.52	1.156	0.946	–	–	3.909	3.733	I4:1969cc/110kW/181Nm
159 2.2 JTS Selespeed TI	Selespeed	6AMT	3.818	2.353	1.571	1.146	0.943	0.861	–	3.545	4.176	I4:2198cc/136kW/230Nm
Brera 2.2 JTS Selespeed	Selespeed	6AMT	3.818	2.353	1.571	1.146	0.943	0.861	–	3.545	4.176	I4:2198cc/136kW/230Nm
Spider 2.2 JTS Selespeed	Selespeed	6AMT	3.818	2.353	1.571	1.146	0.943	0.861	–	3.545	4.176	I4:2198cc/136kW/230Nm

● BMW

Vehicle	Name	Type	1st	2nd	3rd	4th	5th	6th	7th	Reverse	Final	Engine
130i	6단 매뉴얼	6MT	4.35	2.496	1.665	1.23	1	0.851	–	3.926	3.462	I6:2996cc/190kW/310Nm
320i	6단 매뉴얼	6MT	4.323	2.456	1.659	1.23	1	0.848	–	3.938	3.455	I4:1995cc/125kW/210Nm
135i Coupe	7단 DCT	7DCT	4.78	3.056	2.153	1.678	1.39	1.203	1	4.454	2.563	I6:2979cc/225kW/400Nm
135i Coupe	6단 매뉴얼	6MT	4.11	2.315	1.542	1.179	1	0.846	–	3.727	3.077	I6:2979cc/225kW/400Nm
320i Coupe	6단 매뉴얼	6MT	4.323	2.456	1.659	1.23	1	0.848	–	3.938	3.636	I4:1995cc/125kW/210Nm
335i Coupe / Cabriolet	7단 DCT	7DCT	4.78	3.056	2.153	1.678	1.39	1.203	1	4.454	2.563	I6:2979cc/225kW/400Nm
M3 Coupe / Sedan	7단 DCT	7DCT	4.78	3.056	2.153	1.678	1.39	1.203	1	4.454	3.154	V8:3999cc/309kW/400Nm
M3 Coupe / Sedan	6단 매뉴얼	6MT	4.055	2.396	1.582	1.192	1	0.872	–	3.678	3.846	V8:3999cc/309kW/400Nm
M6 Coupe / Cabriolet	7단 SMG 드라이브로직	7AMT	3.985	2.652	1.806	1.392	1.159	1	0.833	3.985	3.615	V10:4999cc/373kW/520Nm
Z4 sDrive 35i / 35is	7단 DCT	7DCT	4.78	3.056	2.153	1.678	1.39	1.203	1	4.454	2.563	I6:2979cc/225kW/400Nm

● BMW mini

Vehicle	Name	Type	1st	2nd	3rd	4th	5th	6th	7th	Reverse	Final	Engine
One	6단 매뉴얼	6MT	3.214	1.792	1.194	0.914	0.784	0.638	–	3.143	3.706	I4:1598cc/72kW/153Nm
Cooper	6단 매뉴얼	6MT	3.214	1.792	1.194	0.914	0.786	0.638	–	3.143	4.353	I4:1598cc/90kW/160Nm
Cooper S	6단 매뉴얼	6MT	3.308	2.13	1.483	1.139	0.949	0.816	–	3.231	3.706	I4:1598cc/135kW/240Nm
John Cooper Works	6단 매뉴얼	6MT	3.308	2.13	1.483	1.139	0.949	0.816	–	3.231	3.647	I4:1598cc/155kW/260Nm

● ASTON MARTIN

Vehicle	Name	Type	1st	2nd	3rd	4th	5th	6th	7th	Reverse	Final	Engine
DBS	6단 매뉴얼	6MT	N/A	N/A	N/A	N/A	N/A	N/A	–	N/A	3.71	V12:5935cc/380kW/570Nm
DB9 Coupe / volante	6단 매뉴얼	6MT	N/A	N/A	N/A	N/A	N/A	N/A	–	N/A	3.54	V12:5935cc/350kW/600Nm
V8 Vantage Coupe/ Roadster	6단 매뉴얼	6MT	N/A	N/A	N/A	N/A	N/A	N/A	–	N/A	3.909	V8:4735cc/313kW/470Nm
V8 Vantage Coupe/ Roadster Sport Shift차	Sport Shift	6AMT	N/A	N/A	N/A	N/A	N/A	N/A	–	N/A	3.909	V8:4735cc/313kW/470Nm

● AUDI

Vehicle	Name	Type	1st	2nd	3rd	4th	5th	6th	7th	Reverse	Final	Engine
A3 Sportback 1.4TFSI	7단 S트로닉	7DCT	3.765	2.273	1.531	1.122	1.176	0.951	0.795	4.17	4.438(1-4단),3.227(5-7단), 4.176(후진)	I4:1389cc/92kW/200Nm
A3 Sportback 1.8TFSI	7단 S트로닉	7DCT	3.765	2.273	1.531	1.122	1.176	0.951	0.795	3.811	4.438(1-4단),3.227(5-7단), 4.176(후진)	I4:1798cc/118kW/250Nm
A3 Sportback 2.0TFSI	6단 매뉴얼	6DCT	3.462	2.15	1.464	1.079	1.094	0.921	–	3.989	4.059(1-4단),3.136(5-6단, 후진)	I4:1984cc/147kW/280Nm

Vehicle	Name	Type	1st	2nd	3rd	4th	5th	6th	7th	Reverse	Final	Engine
S3 Sportback	6단 S트로닉	6DCT	2.923	1.957	1.4	1.032	1.077	0.871	–	3.263	4.769(1-4단),3.444(5-6단, 후진)	I4:1984cc/188kW/330Nm
A4/ A4 Avant 2.0 TFSI Quattro	7단 S트로닉	7DCT	3.692	2.238	1.559	1.175	0.915	0.745	0.617	2.944	4.093	I4:1984cc/155kW/350Nm
S4/ S4 Avant	7단 S트로닉	7DCT	3.692	2.238	1.559	1.175	0.915	0.745	0.617	2.944	3.875	V6:2994cc/245kW/440Nm
A5/A5C/A5SB	7단 S트로닉	7DCT	3.692	2.238	1.559	1.175	0.915	0.745	0.617	2.944	4.093	I4:1984cc/155kW/350Nm
S5 Cabriolet	7단 S트로닉	7DCT	3.692	2.238	1.559	1.175	0.915	0.745	0.617	2.944	3.86	V6:2994cc/245kW/440Nm
RS5	7단 S트로닉	7DCT	3.692	2.238	1.559	1.175	0.915	0.745	0.617	2.944	4.375	V8:4163cc/331kW/430Nm
TT 2.0 TFSI / Quattro	6단 S트로닉	6DCT	3.462	2.15	1.464	1.079	1.094	0.921	–	3.989	4.059(1-4단),3.136(5-6단, 후진)	I4:1984cc/155kW/350Nm
TT S Coupe	6단 S트로닉	6DCT	2.92	1.96	1.4	1.08	1.03	0.87	–	3.26	3.44	I4:1984cc/200kW/350Nm
TT RS Coupe	6단 S트로닉	6MT	3.57	2.16	1.89	1.43	1.16	0.97	–	4.5	3.765(1-4단),2.909(5-6단),3.2(후진)	I5:2480cc/250kW/450Nm
R8 4.2 FSI Quattro	6단 S트로닉	6MT	4.373	2.709	1.878	1.411	1.126	0.928	–	3.713	3.462	V8:4163cc/316kW/430Nm
Q5 2.0 TFSI Quattro	7단 S트로닉	7DCT	3.692	2.238	1.559	1.175	0.915	0.745	0.617	2.944	4.657	I4:1984cc/155kW/350Nm
Q5 3.2 FSI Quattro	7단 S트로닉	6DCT	3.692	2.238	1.559	1.175	0.915	0.745	0.617	2.944	4.657	V6:3196cc/199kW/330Nm

● BUGATTI

Vehicle	Name	Type	1st	2nd	3rd	4th	5th	6th	7th	Reverse	Final	Engine
Veyron 16.4	7단 DSG	7DCT	3.18	2.26	1.68	1.29	1.06	0.88	0.8	N/A	3.64	W16:7993cc/746.4kW/1250Nm

● CHEVROLET

Vehicle	Name	Type	1st	2nd	3rd	4th	5th	6th	7th	Reverse	Final	Engine
Corvette Z06	6단 매뉴얼	6MT	2.66	1.78	1.3	1	0.74	0.5	–	2.9	3.42	V8:6997cc/376kW/637Nm
Corvette ZR1	6단 매뉴얼	6MT	2.289	1.611	1.208	1	0.818	0.675	–	3.106	3.42	V8:6156cc/476kW/819Nm

● CITROEN

Vehicle	Name	Type	1st	2nd	3rd	4th	5th	6th	7th	Reverse	Final	Engine
DS3 Sport Chic	6단 매뉴얼	6MT	3.538	1.92	1.323	1.025	0.822	0.68	–	3.307	3.562	I4:1598cc/115kW/240Nm
C4 Picasso	6 EGS	6AMT	3.683	1.92	1.332	1.025	0.822	0.68	–	3.307	4.176	I4:1598cc/110kW/240Nm

● FERRARI

Vehicle	Name	Type	1st	2nd	3rd	4th	5th	6th	7th	Reverse	Final	Engine
612 Scaglietti	F1 Matic 6단	6AMT	3.15	2.18	1.57	1.19	0.94	0.76	–	2.41	4.18	V12:5748cc/397kW/589Nm
599	F1 Matic 6단	6AMT	3.15	2.18	1.57	1.19	0.94	0.76	–	2.41	4.18	V12:5998cc/456kW/589Nm
599GTO	F1 Matic 6단	6AMT	3.15	2.18	1.57	1.19	0.94	0.76	–	2.41	4.18	V12:5999cc/500kW/620Nm
458 Italia	F1 Matic 6 dual clutch 7단	7DCT	3.08	2.19	1.63	1.29	1.03	0.84	0.69	N/A	5.14	V8:4499cc/419kW/540Nm
California	F1 Matic 6 dual clutch 7단	7DCT	3.4	2.19	1.63	1.28	1.09	0.86	0.72	N/A	4.44	V8:4297cc/338kW/485Nm

● FIAT

Vehicle	Name	Type	1st	2nd	3rd	4th	5th	6th	7th	Reverse	Final	Engine
500/500C 1.2	5단 매뉴얼	5MT	3.909	2.158	1.48	1.121	0.897	–	–	3.818	3.438	I4:1240cc/51kW/102Nm
500/500C 1.4	5단 듀얼로직	5AMT	3.545	2.158	1.48	1.121	0.897	–	–	3.818	3.733	I4:1368cc/74kW/131Nm
Panda / Panda Maxi	5단 듀얼로직	5AMT	3.909	2.158	1.48	1.121	0.897	–	–	3.818	3.438	I4:1240cc/44kW/102Nm
Panda Evo	5단 듀얼로직	5AMT	3.909	2.158	1.48	1.121	0.897	–	–	3.818	4.071	I4:1368cc/57kW/115Nm

● HUMMER

Vehicle	Name	Type	1st	2nd	3rd	4th	5th	6th	7th	Reverse	Final	Engine
H3	5단 매뉴얼	5MT	3.754	2.258	1.374	1	0.729	–	–	3.673	4.56	I5:3653cc/180kW/328Nm

● LAMBORGHINI

Vehicle	Name	Type	1st	2nd	3rd	4th	5th	6th	7th	Reverse	Final	Engine
Gallardo LP 560-4 / Spyder	e-gear	6AMT	3.091	2.105	1.565	1.241	1.065	0.939	–	2.692	N/A	V10:5204cc/412kW/540Nm
Murcielago LP640	e-gear	6AMT	3.091	2.105	1.565	1.241	1.065	0.939	–	2.692	N/A	V12:6496cc/471kW/660Nm

● LANCIA

Vehicle	Name	Type	1st	2nd	3rd	4th	5th	6th	7th	Reverse	Final	Engine
Ypsilon 1.3	5단 매뉴얼	5MT	3.909	2.238	1.444	1.029	0.767	–	–	3.909	3.353	I4:1248cc/66kW/200Nm
Ypsilon 1.3 D.F.N	D.F.N	5AMT	3.909	2.238	1.444	1.029	0.767	–	–	3.909	3.353	I4:1248cc/66kW/200Nm
Ypsilon 1.4	6단 매뉴얼	6MT	3.545	2.158	1.48	1.121	0.921	0.766	–	3.818	4.071	I4:1368cc/70kW/128Nm
Ypsilon 1.4	5단 매뉴얼	5MT	4.1	2.158	1.48	1.121	0.897	–	–	3.818	3.438	I4:1368cc/70kW/128Nm
Ypsilon 1.4 D.F.N	D.F.N	5AMT	3.545	2.158	1.48	1.121	0.921	–	–	3.818	4.071	I4:1368cc/70kW/128Nm
Musa	D.F.N	5AMT	3.909	2.158	1.48	1.121	0.897	–	–	3.818	3.867	I4:1368cc/70kW/128Nm
Delta 1.4 Turbo 16V	M32형	6MT	N/A	N/A	N/A	N/A	N/A	N/A	–	N/A	N/A	I4:1368cc/110kW/206Nm
Delta 1.6 Turbo 디젤16V	D.F.N	6AMT	N/A	N/A	N/A	N/A	N/A	N/A	–	N/A	N/A	I4디젤 : 1598cc / 89.5kW / 304Nm

● MASERATI

Vehicle	Name	Type	1st	2nd	3rd	4th	5th	6th	7th	Reverse	Final	Engine
Gran Turismo S	MC 시프트	6AMT	3.21	2.05	1.43	1.1	0.9	0.76	–	3.29	N/A	V8:4691cc/323kW/490Nm

● PORSCHE

Vehicle	Name	Type	1st	2nd	3rd	4th	5th	6th	7th	Reverse	Final	Engine
Boxster / Cayman	6단 매뉴얼	6MT	3.667	2.05	1.407	1.133	0.972	0.841	–	3.333	3.875	F6:2892cc/188kW/290Nm
Boxster / Cayman	PDK	7DCT	3.909	2.292	1.654	1.303	1.081	0.881	0.617	3.545	3.25	F6:2892cc/188kW/290Nm
Boxster S / Cayman S / Spyder	6단 매뉴얼	6MT	3.308	1.95	1.407	1.133	0.95	0.814	–	3	3.889	F6:3436cc/228kW/360Nm
Boxster S / Cayman S / Spyder	PDK	7DCT	3.909	2.292	1.654	1.303	1.081	0.881	0.617	3.545	3.25	F6:3436cc/228kW/360Nm

Vehicle	Name	Type	1st	2nd	3rd	4th	5th	6th	7th	Reverse	Final	Engine
911 Carrera	6단 매뉴얼	6MT	3.91	2.32	1.56	1.28	1.08	0.88	–	3.59	3.44	F6:3613cc/254kW/390Nm
911 Carrera	PDK	7DCT	3.91	2.29	1.65	1.3	1.08	0.88	0.62	3.55	3.44	F6:3613cc/254kW/390Nm
911 Carrera S	6단 매뉴얼	6MT	3.91	2.32	1.56	1.28	1.08	0.88	–	3.59	3.44	F6:3799cc/283kW/420Nm
911 Carrera S	PDK	7DCT	3.91	2.29	1.65	1.3	1.08	0.88	0.62	3.55	3.44	F6:3799cc/283kW/420Nm
911 Carrera cabriolet	PDK	7DCT	3.91	2.29	1.65	1.3	1.08	0.88	0.62	3.55	3.44	F6:3613cc/254kW/390Nm
911 Carrera S cabriolet	PDK	7DCT	3.91	2.29	1.65	1.3	1.08	0.88	0.62	3.55	3.44	F6:3799cc/283kW/420Nm
911 Carrera 4	6단 매뉴얼	6MT	3.91	2.32	1.56	1.28	1.08	0.88	–	3.59	3.33(F), 3.44(R)	F6:3613cc/254kW/390Nm
911 Carrera 4/ cabriolet	PDK	7DCT	3.91	2.29	1.65	1.3	1.08	0.88	0.62	3.55	3.45(F), 3.44(R)	F6:3613cc/254kW/390Nm
911 Carrera 4S	6단 매뉴얼	6MT	3.91	2.32	1.56	1.28	1.08	0.88	–	3.59	3.33(F), 3.44(R)	F6:3799cc/283kW/420Nm
911 Carrera 4S/ cabriolet	PDK	7DCT	3.91	2.29	1.65	1.3	1.08	0.88	0.62	3.55	3.45(F), 3.44(R)	F6:3799cc/283kW/420Nm
911 Carrera GTS / cabriolet	PDK	7DCT	3.91	2.32	1.56	1.28	1.08	0.88	–	3.59	3.44	F6:3799cc/300kW/420Nm
911 Targa 4	PDK	7DCT	3.91	2.29	1.65	1.3	1.08	0.88	0.62	3.55	3.45(F)、3.44R)	F6:3613cc/254kW/390Nm
911 Targa 4S	PDK	7DCT	3.6	2.19	1.41	1	0.83	0.88	0.62	3.17	3.45(F)、3.56(R)	F6:3799cc/283kW/420Nm
911 Turbo	6단 매뉴얼	6MT	3.82	2.14	1.48	1.18	0.97	0.79	–	2.67	3.33(F), 3.44(R)	F6:3799cc/368kW/650Nm
911 Turbo / cabriolet	PDK	7DCT	3.9	2.29	1.58	1.18	0.94	0.79	0.62	3.55	3.33(F), 3.44(R)	F6:3799cc/368kW/650Nm
911 Turbo S / cabriolet	PDK	7DCT	3.91	2.29	1.65	1.3	1.08	0.88	0.62	3.55	3.44	F6:3799cc/390kW/700Nm
911 GT3	6단 매뉴얼	6MT	3.82	2.26	1.64	1.29	1.06	0.92	–	2.86	3.44	F6:3797cc/320kW/430Nm
Panamera	6단 매뉴얼	6MT	4.68	2.53	1.69	1.21	1	0.84	–	4.27	3.7	V6:3604cc/220kW/400Nm
Panamera / Panamera 4	PDK	7DCT	5.97	3.31	2.01	1.37	1	0.81	0.59	4.57	3.9	V6:3604cc/220kW/400Nm
Panamera S/ 4S	PDK	7DCT	5.97	3.31	2.01	1.37	1	0.81	0.59	4.57	3.55	V8:4806cc/294kW/500Nm
Panamera Turbo	PDK	7DCT	5.97	3.31	2.01	1.37	1	0.81	0.59	4.57	3.15	V8:4806cc/368kW/700Nm
Cayenne	6단 매뉴얼	6MT	4.68	2.53	1.69	1.21	1	0.84	–	4.27	3.7	V6:3598cc/220kW/400Nm

● LOTUS

Vehicle	Name	Type	1st	2nd	3rd	4th	5th	6th	7th	Reverse	Final	Engine
Elise	6단 매뉴얼	6MT	3.538	1.913	1.31	0.971	0.818	0.7	–	3.333	4.294	I4:1598cc/100kW/160Nm
Elise R / SC	C64형	6MT	3.116	2.05	1.481	1.166	0.916	0.815	–	3.25	4.529	I4:1795cc/141kW/181Nm
Exige S	C64형	6MT	3.116	2.05	1.481	1.166	0.916	0.815	–	3.25	4.529	I4:1795cc/162kW/210Nm
Exige Cup 260	C64형	6MT	3.116	2.05	1.481	1.166	0.916	0.815	–	3.25	4.529	I4:1795cc/191.5kW/236Nm
Evora	6단 매뉴얼	6MT	3.538	1.913	1.218	0.86	0.79	0.638	–	3.831	3.777(1-4단, 후진), 3.238(5-6단)	V6:3456cc/206kW/350Nm
Europa	M32형	6MT	3.818	2.158	1.475	1.067	0.875	0.744	–	3.545	3.941	I4:1998cc/165kW/287Nm
2- Eleven	C64형	6MT	3.116	2.05	1.481	1.166	0.916	0.815	–	3.25	4.529	I4:1795cc/141kW/181Nm

● PEUGEOT

Vehicle	Name	Type	1st	2nd	3rd	4th	5th	6th	7th	Reverse	Final	Engine
207 Style 1.4	5단 RMT	5AMT	3.416	1.809	1.281	0.975	0.767	–	–	3.583	4.538	I4:1360cc/65kW/133Nm
308 Premium	6단 매뉴얼	6MT	3.538	1.92	1.322	1.025	0.822	0.68	–	3.307	4.052	I4:1598cc/115kW/240Nm
RCZ LHD	6단 매뉴얼	6MT	3.538	2.041	1.433	1.102	0.88	0.744	–	3.307	4.533	I4:1598cc/115kW/240Nm

● RENAULT

Vehicle	Name	Type	1st	2nd	3rd	4th	5th	6th	7th	Reverse	Final	Engine
Twingo	Quickshift 5	5AMT	3.727	2.047	1.321	0.966	0.794	–	–	3.545	3.866	I4:1148cc/56kW/107Nm
Twingo GT	5단 매뉴얼	5MT	3.727	2.048	1.393	1.029	0.795	–	–	3.545	4.214	I4:1148cc/74kW/145Nm
Twingo RS	5단 매뉴얼	5MT	3.091	1.864	1.321	1.029	0.821	–	–	3.545	4.357	I4:1598cc/98kW/160Nm
Lutecia	5단 매뉴얼	5MT	3.727	2.047	1.392	1.096	0.891	–	–	3.545	3.866	I4:1598cc/82kW/151Nm
Lutecia RS	6단 매뉴얼	6MT	3.364	2.105	1.519	1.206	0.971	0.811	–	3.292	4.312	I4:1998cc/148kW/215Nm
Kangoo Bebop	5단 매뉴얼	5MT	3.727	2.047	1.392	1.096	0.891	–	–	3.545	4.5	I4:1598cc/78kW/148Nm
Kangoo	5단 매뉴얼	5MT	3.727	2.047	1.392	1.096	0.891	–	–	3.545	4.357	I4:1598cc/78kW/148Nm

● TVR

Vehicle	Name	Type	1st	2nd	3rd	4th	5th	6th	7th	Reverse	Final	Engine
Sagaris	5단 매뉴얼	5MT	2.95	1.95	1.34	1	0.8	–	–	N/A	3.73	I6:3966cc/283.4kW/473.3Nm
Tuscan 2	5단 매뉴얼	5MT	2.95	1.95	1.34	1	0.8	–	–	N/A	3.73	I6:3966cc/272.2kW/393.2Nm
T350	5단 매뉴얼	5MT	2.95	1.95	1.34	1	0.8	–	–	N/A	3.73	I6:3605cc/261kW/393Nm
Tamora	5단 매뉴얼	5MT	2.95	1.95	1.34	1	0.8	–	–	N/A	3.73	I6:3605cc/261kW/393Nm

● VOLVO

Vehicle	Name	Type	1st	2nd	3rd	4th	5th	6th	7th	Reverse	Final	Engine
C30 2.0e Active	6단 DCT	6DCT	3.583	2.048	1.37	1.029	1.161	0.971	–	4.843	4.533(1-4速), 3.238(5-6速, 後退)	I4:1998cc/107kW/185Nm
S40 2.0e Power shift / Active plus	6단 DCT	6DCT	3.583	2.048	1.37	1.029	1.161	0.971	–	4.843	4.533(1-4速), 3.238(5-6速, 後退)	I4:1998cc/107kW/185Nm
V50 2.0e Power shift / Active plus	6단 DCT	6DCT	3.583	2.048	1.37	1.029	1.161	0.971	–	4.843	4.533(1-4速), 3.238(5-6速, 後退)	I4:1998cc/107kW/185Nm

● VOLKSWAGEN

Vehicle	Name	Type	1st	2nd	3rd	4th	5th	6th	7th	Reverse	Final	Engine
Polo TSI	7단 DSG	7DCT	3.764	2.366	1.575	1.111	1.142	0.944	0.779	4.28	4.105(1-4단),3.120(5-7단),3.9(후진)	I4:1197cc/77kW/175Nm
Crosspolo	7단 DSG	7DCT	3.764	2.366	1.575	1.111	1.142	0.944	0.779	4.28	4.105(1-4단),3.120(5-7단),3.9(후진)	I4:1197cc/77kW/175Nm
Polo GTI	7단 DSG	7DCT	3.5	2.272	1.531	1.121	1.176	0.951	0.795	2.045	4.437(1-4단),3.227(5-7단),4.176(후진)	I4:1389cc/132kW/250Nm
Golf TSI Trendline	7단 DSG	7DCT	3.764	2.272	1.531	1.121	1.176	0.951	0.795	2.045	4.437(1-4단),3.227(5-7단),4.176(후진)	I4:1197cc/77kW/175Nm
Golf TSI Comfortline	7단 DSG	7DCT	3.764	2.272	1.531	1.121	1.176	0.951	0.795	2.045	4.437(1-4단),3.227(5-7단),4.176(후진)	I4:1389cc/90kW/200Nm
Golf TSI Highline	7단 DSG	7DCT	3.764	2.272	1.531	1.121	1.176	0.951	0.795	2.045	4.437(1-4단),3.227(5-7단),4.176(후진)	I4:1389cc/118kW/240Nm
Golf GTI	6단 DSG	6DCT	3.461	2.15	1.464	1.078	1.093	0.921	–	3.989	4.058(1-4단),3.136(5-7단, 후진)	I4:1984cc/155kW/280Nm
Golf R	6단 DSG	6DCT	2.923	1.956	1.4	1.032	1.076	0.87	–	3.263	4.769(1-4단),3.444(5-6단, 후진)	I4:1984cc/188kW/330Nm
Golf Variant TSI Trendline	7단 DSG	7DCT	3.764	2.272	1.531	1.121	1.176	0.951	0.795	2.045	4.437(1-4단),3.227(5-7단),4.176(후진)	I4:1389cc/90kW/200Nm
Golf Variant TSI Comfortline	7단 DSG	7DCT	3.764	2.272	1.531	1.121	1.176	0.951	0.795	2.045	4.437(1-4단),3.227(5-7단),4.176(후진)	I4:1389cc/118kW/240Nm
Golf Variant 2.0 TSI Sportsline	6단 DSG	6DCT	3.461	2.15	1.464	1.078	1.093	0.921	–	3.989	4.058(1-4단),3.136(5-7단, 후진)	I4:1984cc/147kW/280Nm
Scirocco TSI	7단 DSG	7DCT	3.764	2.272	1.531	1.121	1.176	0.951	0.795	2.045	4.437(1-4단),3.227(5-7단),4.176(후진)	I4:1389cc/118kW/240Nm
Scirocco 2.0 TSI	6단 DSG	6DCT	3.461	2.15	1.464	1.078	1.093	0.921	–	3.989	4.058(1-4단),3.136(5-7단, 후진)	I4:1984cc/155kW/280Nm
Scirocco R	6단 DSG	6DCT	2.923	1.956	1.4	1.032	1.076	0.87	–	3.263	4.769(1-4단),3.444(5-7단, 후진)	I4:1984cc/188kW/330Nm
Jetta Premium Edition	7단 DSG	7DCT	3.764	2.272	1.531	1.121	1.176	0.951	0.795	2.045	4.437(1-4단),3.227(5-7단),4.176(후진)	I4:1389cc/118kW/240Nm
Passat CC 2.0 TSI	6단 DSG	6DCT	3.461	2.05	1.3	0.902	0.914	0.756	–	3.989	4.058(1-4단),3.333(5-6단, 후진)	I4:1984cc/147kW/280Nm
Passat CC V6 4Motion	6단 DSG	6DCT	2.923	1.791	1.185	0.828	0.862	0.685	–	3.263	4.769(1-4단),3.444(5-6단, 후진)	V6:3598cc/220kW/350Nm
Passat Variant Premium Edition	7단 DSG	7DCT	3.764	2.272	1.531	1.121	1.176	0.951	0.795	2.045	4.437(1-4단),3.227(5-7단),4.176(후진)	I4:1798cc/118kW/250Nm
Golf Touran TSI Comfortline / Highline	7단 DSG	7DCT	3.764	2.272	1.531	1.121	1.176	0.951	0.795	2.045	4.437(1-4단),3.227(5-7단),4.176(후진)	I4:1389cc/103kW/220Nm
Sharan	6단 DSG	6DCT	3.461	2.15	1.464	1.078	1.093	0.921	–	3.989	4.375(1-4단),3.333(5-6단, 후진)	I4:1389cc/110kW/240Nm
Tiguan Leistung / R Line	7단 DSG	7DCT	3.526	2.526	1.678	1.021	0.788	0.76	0.634	2.789	4.733(1,4,5단 & 후진),3.944(2,3,6,7단)	I4:1984cc/125kW/280Nm

사진 & 일러스트로 보는 꿈의 자동차 기술

Motor Fan
illustrated

서울 모터쇼에서 호평

MFi 과월호 안내

구입은 www.gbbook.co.kr 또는 영업부 Tel_ 02-713-4135로 연락주시길 바랍니다.
본 서적은 일본의 삼영서방과 도서출판 골든벨의 재고량에 따라 미리 소진될 수 있음을 알려 드립니다.

Vol.1 — 디젤 신시대
Vol.2 재고없음 — 하이브리드차의 능력
Vol.3 — 최신 서스펜션도감
Vol.4 — 패키징 & 스타일링론
Vol.5 재고없음 — 엔진 기초지식과 최신기술
Vol.6 — 4WD 최신 테크놀로지
Vol.7 — 안전기술의 현재
Vol.8 재고없음 — 트랜스미션

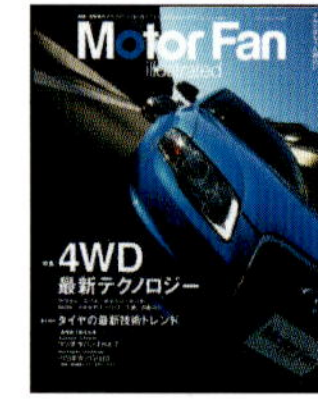

Vol.9 — ITS 고도정보화 교통시스템
Vol.10 재고없음 — 보디 컨스트럭션
Vol.11 — 조향·브레이크의 테크놀로지
Vol.12 — 쇽업소버의 테크놀로지
Vol.13 — 과급 엔진 테크놀로지
Vol.14 — 엔진의 배기다기관 디자인
Vol.15 — 최신 자동차기술총감
Vol.16 — Electric Drive

Vol.17 — 랜서 에볼루션
Vol.18 — 자동차의 플랫프레임
Vol.19 — 로터리 엔진
Vol.20 — 수평대향 엔진 테크놀로지
Vol.21 — 변속기 진화론
Vol.22 — 차세대 자동차 개발 최전선
Vol.23 — 에어로 다이나믹스 자동차의 공력 개발
Vol.24 — 구동계 완전 이해

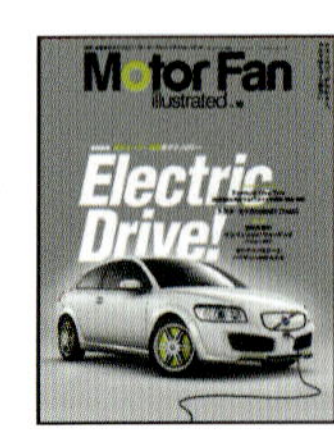
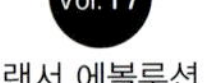

Vol.25 — 디젤의 역량
Vol.26 — 가솔린의 테크놀로지
Vol.27 — 최신 자동차기술총감 (2008~2009)
Vol.28 — 배기열 이용의 테크놀로지
Vol.29 — 시트의 테크놀로지
Vol.30 — 레이싱 엔진
Vol.31 — 독일 엔진
Vol.32 — 미드십 레이아웃

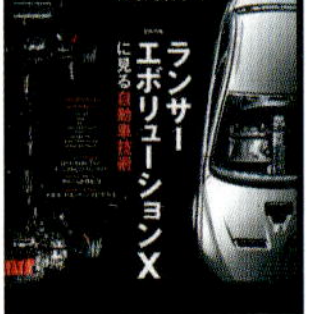
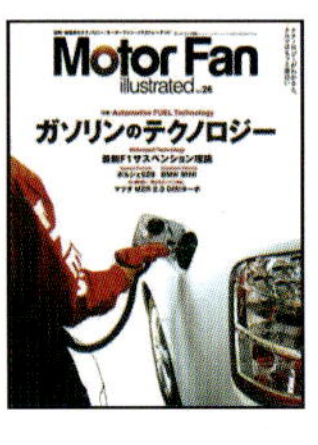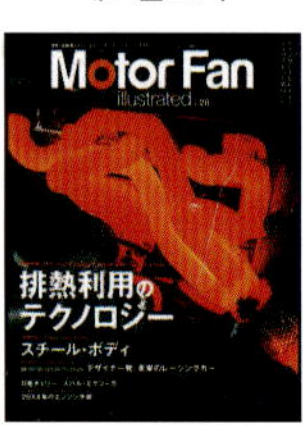